海洋哺乳动物的崛起

海洋哺乳动物的崛起
5000万年的进化

The Rise of Marine Mammals: 50 Million Years of Evolution

［美］安娜丽莎·伯塔（Annalisa Berta） 著
［美］雷·特罗尔（Ray Troll） 等绘
［美］詹姆斯·L. 舒米奇（James L. Sumich） 插图编辑

王文潇 译

电子工业出版社
Publishing House of Electronics Industry
北京·BEIJING

THE RISE OF MARINE MAMMALS: 50 MILLION YEARS OF EVOLUTION
ANNALISA BERTA (Author), JAMES L. SUMICH (Graphics Editor), RAY TROLL et al.
(Illustrator)
Original English language edition Copyright © 2017 Johns Hopkins University Press
All rights reserved. Published by arrangement with Johns Hopkins University Press, Baltimore, Maryland

本书中文简体字版由Johns Hopkins University Press通过a division of The Yao Enterprises, LLC 授予电子工业出版社独家出版发行。未经书面许可，不得以任何方式抄袭、复制或节录本书中的任何内容。

版权贸易合同登记号　图字：01-2018-2396

图书在版编目（CIP）数据

海洋哺乳动物的崛起：5000万年的进化/（美）安娜丽莎•伯塔（Annalisa Berta）著；（美）雷•特罗尔（Ray Troll）等绘；王文潇译. —北京：电子工业出版社，2019.2
书名原文：The Rise of Marine Mammals: 50 Million Years of Evolution
ISBN 978-7-121-35516-5

Ⅰ.①海… Ⅱ.①安… ②雷… ③王… Ⅲ.①水生动物－海洋生物－哺乳动物纲－普及读物 Ⅳ.①Q959.8-49

中国版本图书馆CIP数据核字（2018）第252501号

书　　名：海洋哺乳动物的崛起：5000 万年的进化
作　　者：［美］安娜丽莎•伯塔（Annalisa Berta）
策划编辑：龙凤鸣
责任编辑：郑志宁　特约编辑：兰　茵
印　　刷：中国电影出版社印刷厂
装　　订：中国电影出版社印刷厂
出版发行：电子工业出版社
　　　　　北京市海淀区万寿路173信箱　　邮编：100036
开　　本：787×1092　1/16　　印张：13.25　　字数：308千字
版　　次：2019年2月第1版
印　　次：2021年4月第3次印刷
定　　价：68.00元

凡所购买电子工业出版社图书有缺损问题，请向购买书店调换。若书店售缺，请与本社发行部联系，联系及邮购电话：(010) 88254888，88258888。
质量投诉请发邮件至zlts@phei.com.cn，盗版侵权举报请发邮件至dbqq@phei.com.cn。
本书咨询联系方式：(010) 88254210，influence@phei.com.cn，微信号：yingxianglibook。

凡是过去,皆为序章
　　——莎士比亚《暴风雨》

目录
Contents

前言 / xi

致谢 / xiii

第一章 绪论 / 001

岩石、化石和进化 / 001

命名、描述和分类 / 002

与大陆的密切关系 / 007

发现、收集和准备 / 008

地质年代表,构造地质学和海洋哺乳动物 / 013

多样性的历史变迁:岩石的偏见? / 013

第二章 最古老的海洋哺乳动物 / 017

鲸和海牛 / 017

从陆地行走到半水生鲸目干群物种 / 018

Pelagiceti:全水生鲸目干群 / 024

移动模式、后肢退化和性别二态性 / 026

始新海牛属和原海牛属:行走的海牛 / 031

海牛目哺乳动物移动方式的进化过程 / 033

目录
Contents

第三章 后来分化的鲸类 / 035

Neoceti / 035

Neoceti 的进化 / 037

鲸的基本骨骼构造 / 038

有齿鲸类：齿鲸亚目 / 043

回声定位的起源 / 044

须鲸类：须鲸亚目 / 069

第四章 水生食肉动物 / 091

鳍足类食肉目和类熊食肉目 / 091

鳍足类动物的进化 / 092

鳍足类动物的基本解剖结构 / 093

海狮科：海狗和海狮 / 098

海豹科：海豹 / 100

皮海豹科：一个已灭绝的谱系 / 107

海象科：海象 / 108

其他海洋食肉目：类熊的水生食肉目（獭犬熊） / 111

第五章　海牛目冠群及其索齿兽目近亲 / 113

儒艮科：儒艮 / 115

海牛目哺乳动物的基本解剖结构 / 116

海牛科：海牛 / 123

索齿兽目 / 124

第六章　水生树懒和最近的海洋居住者，海獭和北极熊 / 129

会游泳的树懒 / 129

海獭类动物 / 133

海貂 / 135

北极熊 / 135

第七章　生物多样性的变化过程 / 138

气候变化和人类活动的影响 / 138

全球模式 / 138

气候变化及其对物种分布的影响 / 139

搁浅 / 149

疾病 / 150

污染物和压力 / 151

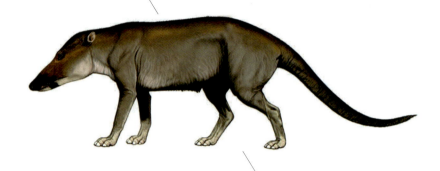

物种灭绝和人类与海洋哺乳动物之间的互动 / 151

最后的思考 / 154

化石海洋哺乳动物的分类 / 155

术语表 / 179

参考文献 / 182

前言 Foreword

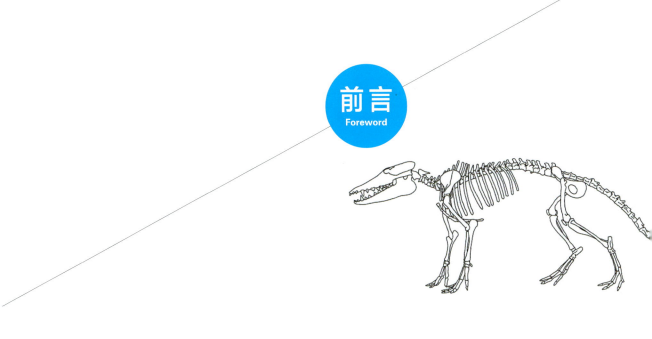

50多年前,我参与了俄勒冈州中部汉考克营地(俄勒冈科学与工业博物馆)克拉诺哺乳动物遗址的夏季古生物发掘工作。也是从那时起,我对古生物学产生了兴趣。也正是在那里,我发现了马、雷兽、貘和食肉动物等哺乳动物的骨骼化石和牙齿化石,它们大约有4000多万年历史。当时的那种兴奋感,点燃了我解读生命历史的热情,激发了我解读生命历史的兴趣。在此期间,我有幸得以与当时就读于加州大学伯克利分校的两位研究生罗恩·沃尔夫、布鲁斯·汉森一起工作。取得生物学与地质学本科学位之后,他们两位鼓励我攻读加州大学伯克利分校的研究生。而加州大学伯克利分校是当时美国唯一一所拥有古生物学博士点的高校。读研期间我学习了有关食肉动物进化以及系统学方面的知识,着重进行基于数据收集的研究工作。取得博士学位之后,我就在佛罗里达自然历史博物馆开始了为期两年的博士后生活。此后,我前往圣地亚哥州立大学生物系任教,并有幸从1982年起被聘用至今。

几年之后,在史密森学会与脊椎动物古生物学家克莱顿·雷的一次偶然的会面,促成了后来我们对鳍足目动物米尔赛海熊兽化石的描述工作。史密森学会脊椎动物古生物学系有大量保存完好的鳍足目动物化石,由业余化石收藏家道格拉斯·埃隆收集。后来,在克莱顿的鼓励,以及国家科学基金会的资助下,我开始对这些化石进行研究。此外,我当时还开始了另一项海洋哺乳动物化石群的研究工作。这批化石收藏于圣地亚哥自然历史博物馆,由脊椎动物古生物学家汤姆·德梅尔收集和管理。我们也由此展开了30多年的合作研究。在20世纪90年代中期,我开始与功能解剖学家泰德·克兰福德、泰德·汤姆合作,并指导了圣地亚哥州立大学不止25名研究生有关化石解剖、化石进化、化石分类,以及现存海洋哺乳动物(特别是鳍足目动物与鲸目动物)方向的硕士学位论文写作。

本书是对化石海洋哺乳动物的赞颂——赞颂该领域各项重大发现,以及研究这些动物的科学家。是他们丰富了我们的认知,让我们对海洋哺乳动物的起源、进化与多样性有了更多了解。我希望本书能给下一代海洋哺乳动物古生物学家以灵感,激励他们在海洋哺乳动物的发现、收集和研究之旅上继续前行。尽管海洋哺乳动物古生物学已取得很大进展,但仍有许多地方需要我们在详图和描述的基础上,将传统解剖学研究方法与最新研究技术(包括三维成像、分子分析、有限元分析和形态测量分析)相结合,进行探究。或许,最重要的是,我想鼓励发育生物学、分子生物学、遗传学、地质学和生态学等相关学科的同仁和同学彼此之间展开合作。本

人已经认识到,在古生物学中采用综合方法,可以为我们提供宝贵的机会,从全新的、不同的角度解决研究问题。最后,引用莎士比亚在《暴风雨》中的一句话——"凡是过去,皆为序章"。用这句话来概括本书似乎再适合不过,意在表达:从很多方面来讲,海洋哺乳动物的进化史影响着它们的现在与未来。

安娜丽莎·伯塔(Annalisa Berta)

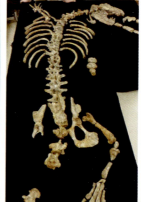

致谢
Acknowledgement

我的长期合作伙伴詹姆斯·L.舒米奇素描技术精湛、插图处理水平高超,广受业界认可。大概20年前,他和我首次合作出版有关海洋哺乳动物的教科书,现在已经是第3版了。而且,他总能一如既往地给出建议,并将文本信息准确生动地呈现出来,也因此广受赞誉。

我要感谢往届和在读研究生——彼得·亚当、威尔·阿里、西莉亚·巴罗索、布丽姬特、博尔斯、摩根·丘吉尔、丽莎·库珀、莉莉安娜·法哈多、梅勒、贾科莫、佛朗哥、里根、弗毕绮、嘉莉、菲勒、安德斯、加拉提乌斯、弗朗西斯、约翰逊、卡西、约翰斯顿、曼蒂、基奥、莎拉、基恩勒、爱格妮斯、兰泽蒂、杰西卡、马丁、迈克尔·麦高恩、梅根、麦凯纳、莎伦、梅辛杰、瑞秋、雷西科、阿曼达、莱切尔、亚历克斯、桑切斯、梅根、斯莫科博、布莱达、沃尔什、乔希、约纳斯、萨曼莎、扬、尼克·泽尔默,以及博士后埃里克·埃克代尔。在圣地亚哥州立大学,他们曾在我的实验室中工作,他们积极上进、刻苦努力,对科学研究满怀热忱。

我衷心感谢伊莱·阿姆松、安藤达郎、布莱恩·贝蒂、乔万尼、比亚努奇、米开朗基罗、比斯康提、罗伯特·博森克、卡尔、比尔、布莱恩、周、丽莎·库珀、汤姆·德姆、卡罗琳、厄尔、茱莉亚、法奥克、埃里希·菲茨杰拉德、约翰·弗林、安德鲁、富特、尤恩、弗迪斯、阿里、弗里德兰德、约翰·盖特西、丹尼斯、杰拉德、菲尔·金格里奇、帕维尔、戈尔丁、尤克、戈特、理查德·赫伯特、奥利维尔·兰伯特、比尔·蒙泰莱奥、菲尔·莫林、村上瑞树、玛丽·帕里什、克劳斯·波斯特、尼克·派森、蒂姆·斯切尔、埃里克·斯科特、阿特·斯皮思、威廉·斯托特、汉斯·德威森、道尔·特兰基纳、蔡政修、安娜·M. 巴伦苏埃拉及乔治·维莱斯·尤尔贝为本书提供插图,感谢雷·特罗尔为本书提供精美绝伦、独具特色的封面绘画。

许多同仁提供了宝贵的意见和建议,帮助完善了本书的内容。我特别要感谢以下各位,为各章节的草稿提出了宝贵的意见和建议。他们是布莱恩·贝蒂、罗伯特·博森克、摩根·丘吉尔、汤姆·德姆、埃里克·埃克代尔、保罗·科赫、汉斯·德威森、马克·尤恩和乔治·维莱斯·尤尔贝。经协议许可,佛罗里达自然历史博物馆、史密森学会和足寄町古生物博物馆允许在本书中使用相关图像。我要感谢圣地亚哥州立大学科学学院院长斯坦·马洛伊为本书的出版提供资金。我还要感谢约翰·霍普金斯大学出版社的编辑团队,特别感谢玛丽·卢·肯尼、珍·玛拉特、朱莉安娜·麦卡锡和米根·M. 斯泽克利为我提供专业的建议和帮助,感谢琳达斯·特兰奇对本书认真细致地进行编辑,感谢编辑文森特·伯克和蒂凡尼·加斯巴里尼在本书筹备过程中对我的支持和鼓励。

安娜丽莎·伯塔(Annalisa Berta)

第一章

绪论

岩石、化石和进化

长久以来,海洋哺乳动物都是人类关注的焦点之一。早在旧石器时代,人类就开始观察海豹和海豚,并将之蚀刻在洞穴墙壁和洞顶上。到了21世纪,人类更是通过卫星和微处理器来追踪这些深海居民的水下活动。人类和海洋哺乳动物早已紧密地纠缠在了一起。这种关系如同一个扣人心弦的故事,讲述着人类对那些魅力非凡的大型海洋生物进行探索与科学研究的历程。它们曾经历过更黑暗的时代,饱受人类大肆捕杀的磨砺,许多物种都因此徘徊在灭绝的边缘。

需要多加注意的是,了解海洋哺乳动物的进化历史——即这些物种过去所面临的环境挑战和生物胁迫(如竞争和捕猎),以及它们为生存下去而做出的构造和生理上的适应性变化——有助于我们了解海洋哺乳动物现今是如何应对全球气候变化的,以及未来将会如何应对。海洋哺乳动物能够反映它们所处的生态系统的健康状况,在反映气候变化上更是起着至关重要的作用。也许最重要的是,只有了解了海洋哺乳动物的生理,我们才能最大程度地保护这些动物。尤其值得一提的是,通过研究海洋哺乳动物的化石,我们可以得知以往生物群落经历的历史变化,这为预测未来可能导致物种灭绝的因素提供了极有价值的背景。

海洋哺乳动物由至少7种不同的进化谱系组成，它们各自独立返回海洋，大部分时间都在水中。如今，全世界约有125种海洋哺乳动物。从近岸浅海和海湾到开阔的深海，从淡水水域、河流入海口到海洋栖息地，各种环境下都能看到它们的身影。海洋哺乳动物已经在地球上居住了5000多万年。它们的进化始于陆地，共同的祖先有着发达的四肢和脚。从陆地到海洋的过渡涉及了不同的哺乳动物谱系，每一谱系的水下生活方式逐渐趋同，并在运动、摄食、呼吸和听力等方面做出了形形色色的适应性变化。这些变化令它们成功地演化为海洋巨兽，从而在海洋食物网络中占据了生态意义上的重要角色。

本书的第一个目的，是介绍有关海洋哺乳动物化石的一些重要发现，特别是现存谱系和已灭绝谱系的起源、多样性和系统发育关系。化石提供了灭绝的物种及其过去形态的唯一直接资料。透过化石，我们可以窥见那些早已灭绝的演化支和生物学特性。同时，化石也透露了有关动物行为和栖息地的信息，有助于我们重现已灭绝的海洋哺乳动物的生活方式。本书的第二个目的，就是将化石发现与地球史上那些决定了海洋哺乳动物进化历程的大事件联系到一起。大陆和海洋边缘位置的变化影响了海洋环流模式，进而影响了食物的供应和海洋哺乳动物的分布。

近年来，古生物学、分子生物学、生态学、行为生物学、遗传学和发育生物学的综合与协同研究取得了极大的进展。本书最后一个目的，便是阐述这些进展是怎样促进海洋哺乳动物进化生物学研究的。例如，通过CT扫描和三维成像等现代技术，科学家对蓝鲸胎儿的身体结构和生长发育的研究取得了令人振奋的突破（图1.1）。同位素研究揭示了海洋温度随时间而变化，为海洋哺乳动物各谱系的多样化与食物数量增加具有相关性的观点提供了佐证，同时也提供了有关各种海洋物种的古生态学信

图1.1 在CT图像基础上经三维重构复原的蓝鲸胎儿图。标本收集于1936年，保存于酒精中，美国国家博物馆260581号藏品。本图由史密森学会M.大和拍摄。

息。遗传学和基因组研究探索了海洋哺乳动物之间的进化关系和化石记录中展现的重要转变（例如鲸类后肢退化），并提供了宝贵的生命史信息和族群数据，这对制定细致的管理和保护计划至关重要。

在本章中，我将对海洋哺乳动物化石做简要的介绍——它们在进化层次体系中的命名、描述和组织结构，以及发现、收集和处理这些化石的方法。博物馆标本的数据资料为解释当今的生物多样性和生物学特性提供了历史背景，并能帮助我们了解现存物种是如何进化的。近几十年来，随着技术的进步，人们对现存物种行为的认知也愈发深刻。比如说，20世纪90年代，数字化声学标签等监测设备问世。将标签贴到海洋哺乳动物身上后，人们看到了它们非同寻常的摄食行为和觅食策略（图1.2）。这些标签不仅能提供有关它们身体动向（加速、俯仰、翻滚和行进）的信息，还能记录被标记的海洋哺乳动物发出和听到的声音，并记录诸如水温和水深等环境参数（图1.3）。

命名、描述和分类

现存的海洋哺乳动物主要分为三类。数量最

图1.2 艺术家数据记录器上威德尔海豹捕获猎物的图像。本图由W.蒙特利尔提供。

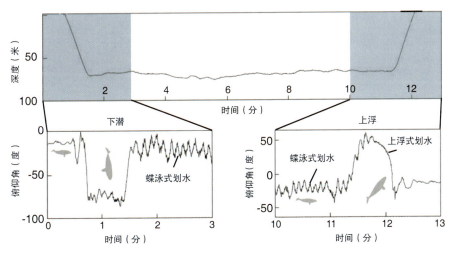

图1.3 被标记的北大西洋露脊鲸的游泳和潜水数据。本图修改自诺克特等人,2001年。

大的一类是鲸目（Cetacea，来自希腊语cetus，意为"鲸"），目前公认的现存鲸类有89种，包括鲸鱼、海豚和鼠海豚。数量第二大的是鳍足目（Pinnipedia，来自拉丁语pinna，意为"鳍""脚"），包括36个现存的物种。鳍足类水生食肉动物包括海豹、海狮和海象。第三大类是海牛目（Sirenia），它的名字来源于希腊神话传说中的塞壬（半人半鸟的海妖），包括4种现存的物种：一种是海马，另三种均为海牛。在其他谱系的海洋哺乳动物中，北极熊和海獭在大多数情况下生存于水中，也属于食肉动物。在过去，海洋哺乳动物的种类在不同历史时期都丰富而多样。一些谱系在过去的物种数量甚至多于现在，比如形如河马的索齿兽、长相奇特的食肉动物獭犬熊、水生树懒海懒兽，以及最近消失的海貂类动物美洲水鼬。图1.4显示的是现存的和一些已灭绝的海洋哺乳动物的类别划分及物种层级。

要想将过去与现在的生物多样性联系起来，重要的是定义物种。尽管人们在物种的构成要素上意见各不相同，但却普遍认为，命名物种、划分类别是至关重要的第一步。因为这最终可以指导人们进行物种保护工作。而物种内的个体数量则是确定其保护地位的主要依据，例如，现在世界上小头鼠海豚还不到30只，是世界上最濒危的海洋哺乳动物。林奈氏系统（一种生物分类系统），以17世纪瑞典植物学家卡尔·冯·林奈命名，是一种二项式命名系统，包括一个属名和一个有拉丁语词根或希腊语词根的种名，也称为学名，例如*Phocoena sinus*就是小头鼠海豚的学名。学名具有独特性，这样就可以保证不同母语的学者之间能够用一种通用语言畅通无阻地进行交流。同一物种可能有不同的俗称。例如，*Phocoena sinus*也被称为海湾鼠海豚或沙漠鼠海豚。但是，说到*Phocoena sinus*，世界各地的生物学家都会想到某一特定类型的鼠海豚。根据物种共有衍生性状（即"共源性状"）的分布，我们可将其分为嵌套的层次结构。具有可遗传属性的性状包括解剖特性、DNA序列和行为特性。从同一祖先遗传下来的性状可以看作同源性状。共有衍生性状与祖

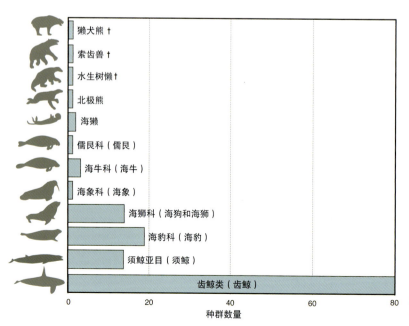

图1.4　现存及灭绝海洋哺乳动物的主要谱系划分

先性状不同（并不表示亲缘关系），可以用来进行种群内部的类别划分。例如，鳍足类海洋哺乳动物的前鳍状肢具有某些特征，如它们第一足趾细长（与拇指等长）。正是这一共源性状将它们与自己的陆上近亲——熊类相区别。具有共有衍生性状的物种种群可称为单源种群或单源进化支，说明它们来自同一祖先。进化分支图显示了物种获得性状的时间序列——即某一进化种群内部共有衍生性状的层级结构，称之为"谱系"。图1.5所示即为鳍足类动物的谱系。要推断某一种群内不同物种之间的进化关系，即它们的系统发育，就必须判断哪种性状是衍生的，哪种性状是遗传的。如果某一性状的遗传状态业已建立，那么就可以从中判断祖先物种到衍生物种的进化方向（或极性），并从中识别共源性状。外群对比是最常用的方式。其原理是，外群（被研究种群的近亲，但非内群）中发现的性状可能就是内群分支中的遗传性状，同时也具备内群的派生性状。在图1.5中，鳍足类动物的主要谱系为内群，其他所有熊类食肉动物为外群。将外群与内群对比就可以确定哪些是遗传性状，进而把握性状的进化方向（或极性）。接下来，根据所选性状对内群和外群进行分析，构建性状模型。

现代技术采用计算机程序，结合大量复杂数据，分析物种性状，确定物种间的亲疏关系，进行现存物种、灭绝物种（或两者）的支序分析。在可能的情况下，我选择通过组合形态（解剖学）数据和分子（遗传）数据的结果，来呈现不同海洋哺乳动物的系统发育关系。由于化石是这本书的主题，我将物种的化石纳入到系统发育关系中，并利用它们来确定遗传分化的日期，以从整体上展示海洋哺乳动物谱系的起源和多样性。然而，化石类群通常只存在基于形态的系统发育关系。关于各种化石类群系统发育关系的地位问题，学界仍有争议。我将讨论这些问题以期推动进一步的研究。此外，还会探讨运用系统发育关系解决有关海洋哺乳动物进化、生态和行为方面的问题，比如它们在运动、体型、进食和听力方面的演变过程。有两个概念对于定义进化支的成员至关重要，一个是冠群，另一个是干群。冠群是最小的进化支。它是由所有现存成员的最后一个共同祖先和该祖先的全部后代组成。例如，所有现存鳍足类动物和化石类群的最后一个共同祖先的分支是鳍足类动物的冠群，而非主干谱系。干群包括接近某一特定冠群但不属于该冠群的类群。例如，鳍足类动物海熊兽的化石可以与鳍足类动物的干群归为一类。与其他的食肉动物相比，该物种已灭绝的遗传形态更接近于现存类群（图1.5）。只有单系群能准确反映进化关系；缺少共有性状的物种种群称为非单系群。有两种类型的非单系群，一种是并系群，另一种是多系群。并系群包括最近的共同祖先和这一祖先的部分后代。举一个例子，古鲸类是已经灭绝的鲸类，属于并系群。它们与后来分化出的须鲸和齿鲸不同。由于一些"古鲸类"与其他的"古鲸类"相比，更接近于须鲸和齿鲸，因而该种群属于并系群（图1.6，左图）。相比之下，多系群是基于逐渐进化的非同源性状。以河豚为例，按照一直以来的划分方式，所

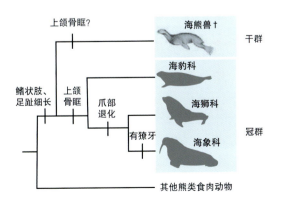

图1.5 鳍足类动物的进化分支图。本图修改自贝塔等人，2015年。

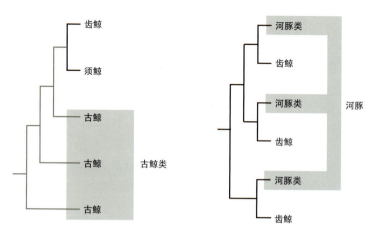

图1.6 "古鲸类"属于并系群,因为它不包括"古鲸类"共同祖先的一些后代(如须鲸和齿鲸)。本图修改自贝塔雷特,2015年。"河豚"属于多系群,因为河豚没有共同祖先,并且解剖学上的各种相似特性都独立进化而成。

有河豚都属于同一种群。这是因为它们都适应淡水环境(图1.6,右图)。目前,基于形态学和分子数据的共识是,与适应淡水环境相关的特性是在不同谱系的河豚中分别进化出来的,因此所有河豚所共有的这些特征并非同源。大多数系统学家并不认可非单系群,因为这些种群有可能会歪曲进化史。

在林奈氏系统命名法下,生物种群(如种)可以被组织到更高的类别或等级(科、目、纲等)。由于种之上的等级有任意性——例如,一个鲸科可能只包含一个物种,比如灰鲸科(Eschrichtiidae);而一个科的鳍足类动物可能会包含19个物种,比如海豹科(Phocidae),这两者并不能相提并论——因而许多生物学家并不在物种之上再划分等级(表1.1)。这样一来,在支序分类中,基于共同祖先的物种等级划分就可以由所列名称而非所属类别体现出来。现存物种和与之密切相关的灭绝物种被称为冠群,已经灭绝的化石物种处于进化的最低端,出现在冠群分支之前(如所有现存物种最近的共同祖先),被称为干群。

支序分类法可以反映系统发育,并用于重建进化分支图。第2章到第6章,涵盖了现存海洋哺乳动物和化石海洋哺乳动物谱系的进化过程及与之相关的古生物学知识。主要内容根据进化支系的系统框架确定。该系统框架取材于目前最受认可的进化关系假说,反映了最前沿的研究成果(参见本书末尾的化石海洋哺乳动物分类)。

表1.1 林奈氏分类法与支序分类法的比较。

林奈氏分类法		支序分类法
目	食肉目	食肉目
亚目	足亚目	鳍足形类
		海熊兽
科	海狮科	海狮科
属和种	海狗属	海狗属

与大陆的密切关系

海洋哺乳动物的祖先大多生活在陆地上。事实上，在进化过程中，海洋哺乳动物最让人感到神奇的转变之一就是，它们对水生生活方式的二次适应。一些生物的体型在此过程中发生了巨大的变化。简要回顾主要的海洋哺乳动物的陆上亲缘关系，可以为我们提供一个框架。这个框架帮助我们了解它们各自进化历史的广阔背景。芝加哥大学的生物学家尼尔·舒宾于2001年指出了鲸类动物陆上遗址的重要性。他将鲸的进化描述为"对陆地哺乳动物进化的完善……以旧造新。"

在海洋哺乳动物中，鲸的系统发育地位一直饱受争议。早期的研究人员认为，它们既与海洋爬行动物有亲缘关系，又与各种哺乳动物——包括有袋类动物、食虫动物、已灭绝的原始食肉哺乳动物、鳍足类动物、贫齿类动物、偶蹄类动物和奇蹄类动物有亲缘关系。特别是在过去的几十年中，有关鲸鱼化石的相关发现证明鲸属于鲸偶蹄类动物。其所在分支也包括河马、长颈鹿等偶蹄类动物。传统观点认为，有一种叫做中爪兽的已灭绝陆栖踝节类动物是鲸最亲近的近亲。然而，现在人们普遍认为，已经灭绝的偶蹄类动物Raoellid artiodactyls才是鲸最亲近的近亲（图1.7）。Raoellids生活在5200万年到4600万年前，其化石发现于南亚、巴基斯坦和印度。尽管没有对印度一个关键的化石产地——卡拉科特进行过沉积研究，也没有多少人对这些动物所居住的栖息地有了解，但是基于在这个地点发现的数百具骸骨，我们可以推断出这里曾经是一片水草丰茂的平原，有动物在此繁衍生息。我们已经划分出一些当地动物的属类，包括印多霍斯、*Khirtharia*、*Kunmunella*和*Metkatius*。最著名的物种——印多霍斯就像一只体型巨大的鹿，长着一条长长的尾巴（图1.8）。印多霍斯的鼻子长而尖，前牙（门齿）较下排牙齿更突出。它不像大多数哺乳动物那

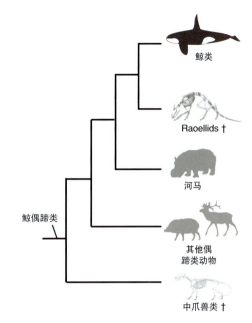

图1.7 描述鲸与其陆栖亲属的进化分枝图。本图修改自德威森和巴杰尔，2009年。

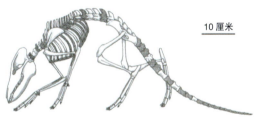

图1.8 Raoellids骨骼复原图。结合相关类群及生物修复技术将其复原。骨骼复原图由德威森等提供，2007年. 生物复原图由C. 比尔提供.

样，上下排牙齿相对。这表明它的牙齿可能是专门用来啃咬庄稼的。根据海洋哺乳动物的骨骼化石和牙齿化石中各种同位素（如氮、氧和氢）的浓度，我们可以掌握它们所消化的食物和水的信息。这样一来，同位素数据就证实了印多霍斯和偶蹄类动物都以陆上植物为食的说法。

印多霍斯四肢修长，有五个手指和四个或五个脚趾，属于趾行类动物，行走时并不像有蹄类动物那样踮起脚尖，而是像狗一样四掌抓地。raoellids的肢体骨骼密度高，它们可以在水底行走。这表明在鲸进化之前，水生的生活方式就已经出现了。raoellids的上踝骨由一个"双滑轮"组成，类似于其他偶蹄类动物和灭绝的鲸类动物。踝骨的这种形状使该物种足部的前后移动空间更大。根据骨骼形态我们可以推知，或许raoellids和最早的鲸类动物能够利落地涉水、游泳。此外，它们的耳部结构特殊，能听到水下的声音。鲸类古生物学家J. G. M. 汉斯·德威森（2015年）提出了一种鲸类动物的进化设想：它们的陆生偶蹄动物祖先第一次到水里是为了躲避捕食者。这一设想同样适用于一些现存的鼠鹿。从那时起，早期鲸类动物呆在水中的时间就越来越长，像现代的河马一样，最终开始在水中觅食，从食草动物变成食肉动物。

2013年，生物学家斯科特·米尔凯塔和他的同事在一项新研究中，将动物躯体质量数据与推算的肌红蛋白（肌肉细胞中一种与氧结合的分子）浓度相结合，对灭绝海洋哺乳动物和现存海洋哺乳动物的潜水能力加以研究。根据对化石动物躯体质量的估算，这些科学家估算出印多霍斯的潜水时长可达约1.6分钟，与河马的潜水时间接近，说明鲸类最亲近的陆地哺乳动物无法长时间持续潜水。这一研究也表明了一个重要观点，即重建现存物种的进化史可以推测灭绝物种的行为。过去关于水生食肉动物、鳍足类动物（或鳍足形类，包括它们已经灭绝的干群亲属）与其他食肉动物之间的关系问题现在已经解决。传统的观点认为，鳍足类动物起源于两种不同谱系的食肉动物：来自熊类的海狮科（毛皮海豹和海狮）和海象科（海象），以及来自鼬科（如水獭、鼬鼠、獾）的海豹（图1.9b）。尽管关于熊科或鼬亚科哪个才是它们最亲近的陆上伙伴，分歧仍然存在，但形态学资料和分子数据显示了鳍足类动物的单系来源，它们从熊类食肉动物进化而来（图1.9a）。根据分子数据进行估计，大约在3570万年前，熊科动物与鳍足类动物开始分化。鳍足类动物与鼬亚科动物之间的分化稍晚一些，大约在2995万年前。这一结论与化石记录大体相符。根据形态学和分子系统发育关系可知，海牛类哺乳动物的近亲是长鼻类动物（大象），蹄兔类动物（蹄兔），以及已经灭绝的索齿兽目（图1.10），它们被统称为近有蹄类进化支（图1.10）。非洲兽类进化支是更大的进化支，包括近有蹄类哺乳动物+非洲食虫类动物（土豚、马岛猬、金毛鼹鼠、象鼩），这些物种的联合被称为非洲兽总目，以这些动物的非洲起源命名。根据化石记录可知，非洲兽类大约起源于6000万年前。分子数据表明，海牛目哺乳动物大约在6500万年前从近有蹄类动物中分化出来，这比早期化石记录所显示的约5200万年前要早得多。

发现、收集和准备

海洋哺乳动物的化石是它们远古历史的唯一直接记录。保存最完好的部分是骨头和牙齿等坚硬的部分。化石的发现和收集需要投入大量的时间、相当的精力和十足的运气。全球范围内，从热带到两极，以及每一块大陆，都有埋藏海洋哺乳动物化石的地方。通常，这些化石是在沉积岩中发现的。沉积岩是由先前存在的沉积物，如沙子、泥沙或泥浆，与化学溶液（如碳酸钙）黏合，硬化而成的岩石。由于地壳隆起、风化和侵蚀，沉积岩就会暴露在陆地上。也有一些海洋哺乳动物化石来自深海淤泥之中（见第3章）。有的发现来自当地的小

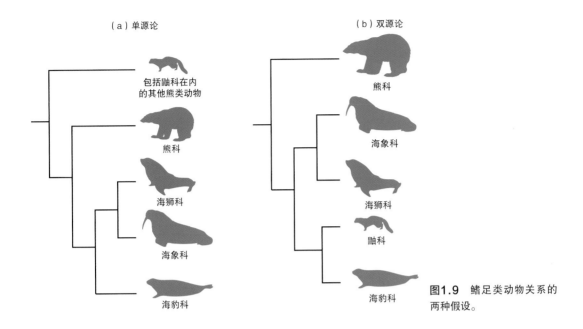

图1.9 鳍足类动物关系的两种假设。

型遗址区（图1.11），有的来自数公里外埋藏有骨骼成分的零散地点（图1.12）。骨骼外层和骨骼内部沉积物的相关数据（如同位素值）可以显示沉积环境，如可以显示海洋哺乳动物是生活在陆地上还是海洋里，生活在咸水中还是淡水中。在某些情况下，它还可以揭示动物的死因。例如，可能有证据表明食骨蠕虫会吃掉鲸鱼尸体（这一过程被称为生物侵蚀，在现代鲸落群落中也有记录；见第7章），或证明有些皮壳状无脊椎动物，如藤壶、海绵和双壳类动物，可以用皮壳来支撑自己或掩护自己，以免成为鲨鱼的盘中餐。这些信息均可用于古环境重建。

一旦化石骨骼暴露出来，它们外围的岩石就会在古生物学家的挖掘过程中被刮走。直到化石和基体完全暴露，挖掘工作才会停止，只留下一些岩石基质作为支撑（图1.11，图1.12）。下一步是在化石周围上一层石膏夹套，保证它在送往博物馆的过程中不与外界接触。化石送到博物馆后，要经过一系列的准备工作，然后进行保存（图1.13）。

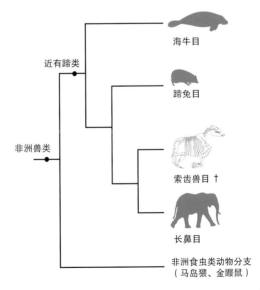

图1.10 海牛目哺乳动物及其近源类群进化关系图。本图来自昆特内特等人，2010年。

图1.11 巨头鲸化石利维坦鲸属的野外挖掘准备,于秘鲁科罗拉多塞罗。本图由G.比亚努奇提供。

图1.12 在智利挖掘鲸鱼化石的史密森学会工作人员。本图由尼克·派森和史密森学会提供。

图1.13 圣地亚哥自然历史博物馆的工作人员正在为一块须鲸化石制作灰泥夹套。本图由T.德梅尔提供。

化石运送到实验室后,准备工作就开始了(图1.14)。通过一系列的机械工具,包括划线器和研磨材料,小心翼翼地将化石周围的岩石移除,露出骨头。如今,在化石制备方面的进展还包括非侵入性技术,如微型CT和三维激光扫描。例如,在智利,如果高速公路建设会破坏数量可观的须鲸化石群,史密森学会的科学家和工作人员就会在挖掘之前,采用三维激光扫描技术来记录这些骨骼的排列情况(派森等,2014年)(图1.15)。

准备过程的最后一步是化石的管理,即将其放置在某个公共机构,以供展览或研究。管理包括识别和标记标本,提供标本和相关数据(物种、地点和收集者)信息,保管化石以便能够长期保存。有些标本是为公开展览而准备的,而另一些标本则

图1.14 新西兰博士生加布里埃尔·阿吉雷·费尔南德斯对齿鲸(Otekaikea①)化石进行处理。本图由R.E.福代斯提供。

专门保存在博物馆的收藏设施中。由于化石骨骼本身易碎,而且需要用于研究,所以安装的标本通常是用玻璃纤维或其他树脂制成的模型,看上去栩栩如生(图1.16)。自然历史博物馆的收藏专业人员有责任保存、编目、组织和储存化石及自然界的其他标本。展出的标本可供公众观赏、为公众提供灵感,而存放在收藏设施中的化石则用于科学研究。无论现在还是将来,都是如此(图1.17)。在未来的研究中,必须要确认标本的身份并防止错误识别。标本的身份资料包括某一类群的代表性物种,

---

① 一种已灭绝的齿鲸,与怀佩什海豚属关系密切。发现于渐新世晚期(夏特阶)的新西兰。——译者注

图1.15 史密森学会工作人员在智利对须鲸进行激光扫描。本图由尼克·派森和史密森学会提供。

图1.16 圣地亚哥自然历史博物馆鲨齿山异索兽。本图由E.斯科特提供。

图1.17 圣地亚哥自然历史博物馆古生物学馆馆长汤姆·德梅尔与海洋哺乳动物化石。

其发现地点及其他相关数据的详细资料。这对稀有类群或灭绝类群而言尤为重要。在收集的基础上进行研究能够使化石的用途变得多样，包括提供关于生物种群多样性和生物种群演化的相关知识，以及其随时间变化的形态变化模式。数字技术和互联网技术的普及（例如，在没有实物标本的情况下搜索在线图像）提供了新的途径，使我们能够通过研究化石和其他自然历史标本进行自主学习。

地质年代表，构造地质学和海洋哺乳动物

地质年代表将地球历史从古到今划分为不同的时间间隔，并对每个时间间隔进行了精确测量。相对年代表对每个时间间隔（时期；图1.18）进行命名。就海洋哺乳动物而言，我们主要关注的是新生代。它分为古新世、始新世、渐新世、中新世、上新世和更新世六个时期。这些时期通常分为早期、中期和晚期。地质分期（如兰海阶）和陆地哺乳动物分期（如伊尔文登期）的内部划分则更精细。通过测量岩石中某些同位素的放射性衰变（图1.18），可以确定每个时期的精确日期。由于放射性同位素的分解和衰变以可预测的速率（以半衰期为特征）进行，因而，通过测定矿物或岩石中记录的衰变速率，就可以推断出岩石的年龄和包含在其中的化石的年龄。所以说，海洋哺乳动物的进化与地球的历史密切相关。

从板块构造学说中我们可以了解到，地球表面分为几大板块，板块之间相互碰撞或分离，形成了现在的海洋，重新呈现出当今各大洲的版图——各大板块在运动中也携带着各种各样的动物群，包括海洋哺乳动物。如后面的章节所述，地质事件和气候事件，如海平面的上升和下降、地质构造事件、海洋环流模式也影响着海洋哺乳动物的起源与多样性（图1.19）。

最早影响海洋哺乳动物生物多样性的主要地质事件就是渐新世晚期（3000万年—2300万年前）南极洲和南美洲的分离。这一变化使南极洲的冰盖扩张，全球气候变冷，从而导致浮游动物数量增加。有假说认为，南极洲和南美洲的分离还导致了须鲸和齿鲸的大量出现。另一地质事件是中美海道（巴拿马海道）的开放。它将南北美洲隔离，使不同水域实现接通，生物群得以交换（直到1100万年前；于600万～400万年前再次开放），成了僧海豹、海象、儒艮的一条传播路线。白令海峡是阿拉斯加和西伯利亚之间的一条航道，因中新世晚期至上新世早期（530万～480万年前）的板块运动而形成，是现存的海象、露脊鲸、无齿海牛、灰鲸和一些海豹的重要传播路径。在更新世时期（160万年前），冰川期和间冰期的交替减少了孤立种群之间的基因流动，而且可能导致了一些北极海豹物种的形成。

多样性的历史变迁：岩石的偏见？

古生物学家早就注意到岩石记录和化石记录之间的紧密联系。这一看法依据一种假说。该假说认为：含化石的沉积岩积累的厚度越厚，采样时能收集到的化石数量就越多。也有可能沉积物的丰富程度和物种多样性都受到气候变化、物种竞争和物种更替等其他因素的影响。脊椎动物古生物学家菲利克斯·马克思（2009年）通过时间测算了主要的海洋哺乳动物——鲸目、鳍足目、海牛目动物——的种群多样性。该研究基于西欧的岩石记录，发现鲸类动物与鳍足类动物的生物多样性曲线大致相似，在中新世早期（布尔迪加尔阶）生物多样性达到峰值，紧接着在中新世晚期（墨西拿阶）出现明显下降（图1.20）。

与鲸目动物和鳍足目动物相比，海牛目哺乳动物的曲线图在中新世早期就达到了峰值，而在中

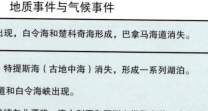

时间（百万年）	世	期	阶	地质事件与气候事件
0	更新世	更新世	格拉斯阶 / 皮亚琴察阶	白令海峡出现，白令海和楚科奇海形成，巴拿马海道消失。
5	上新世	晚期 / 早期	赞克尔阶	
		晚期	墨西拿阶	
10			托尔托纳阶	白令海峡，特提斯海（古地中海）消失，形成一系列湖泊。
	中新世	中期	塞拉瓦莱阶	巴拿马海道和白令海峡出现。
15			兰海阶	澳大利亚继续向北漂移。澳大利亚和亚洲之间印度洋－太平洋地峡消失，阻碍了印度洋和太平洋之间的赤道环流。
20		早期	布尔迪加尔阶	白令海峡出现。
			阿基坦阶	
25		晚期	夏特阶	南极洲与南美洲分离，南极绕极流开始呈东西流向。
30	渐新世	早期	鲁培勒阶	澳大利亚从南极洲分离，向北漂移，南大洋的一部分出现，导致气候发生了变化，潮湿温暖的"温室"世界变成了寒冷干燥的世界。
35		晚期	普利亚本阶	
40			巴顿阶	由于印度板块与亚欧板块相撞，特提斯海大部分消失，导致气候变冷和海洋结构重组。
45	始新世	中期	卢泰特阶	
50				
55		早期	伊普里斯阶	太平洋到地中海之间浅而宽广的特提斯海道开放。

图1.18 地质年代表中影响海洋哺乳动物分布的主要地质事件和气候事件。

新世中期出现了急速下降，在后来一直保持较低水平。

马克思的研究结果证实了古生物学家马克·尤恩和尼克·派森（2007年）的研究。但他们没能发现北美岩石外露区和古代鲸类动物的生物多样性之间的紧密联系。考虑到这些结果与海洋无脊椎动物（从寒武纪开始以来就一直存在）的多样性存在差异，就说明也可能有其他原因造成这样的差异。例如，通过分析古生物数据库（https://paleobiodb.org）2007海洋哺乳动物的数据我们发现，在129个鲸鱼类动物中，有近三分之二的物种出现次数少于5次，40%的物种只出现过1次。这些数据与鳍足目动物（62%的物种出现次数少于5次；31%的物种只出现过1次）和海牛目哺乳动物（80%的物种出现次数少于5次；33%的物种只出现过1次）的数据接近。古生物数据库2016年9月19日的数据显示，鲸类动物属的数量几乎增加了一倍，但出现次数与之前却相差无几。超过三分之二（接近70%）的物种出现次数少于5次，34%的物种只出现过1次。这些数据与鳍足目动物和海牛目哺乳动物的数据接近，但却低于鲸类动物（50%的物种出现次数少于5次；20%的物种只出现过1次）的数据。鉴于生物多样性如此之少，似乎不太可能存在数量巨大的潜在物种。这也有可能是受环境变化或生物变化的影响（或者两者兼而有之）。而且生物上密切相关的种群对于这种变化会做出类似的反

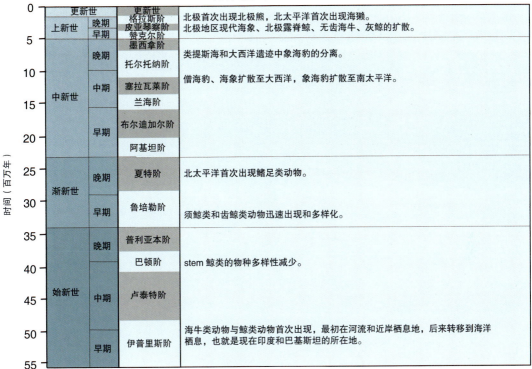

图1.19 地质年代表及海洋哺乳动物进化过程中的主要事件

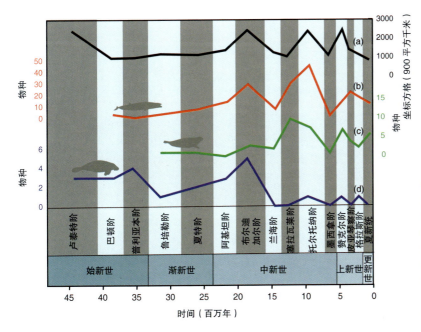

图1.20 根据它们的相对时间和数量，结合地质时期绘制的欧洲海洋沉积物原始数据图，如图（a）所示。图（b）是鲸类动物曲线图，图（c）鳍足类动物曲线图，图（d）是海牛目哺乳动物曲线图。本图来自马克思，2009年。

应。相比之下，生物特性差异广泛的种群则更有可能对特定的环境变化作出不同的反应。这样看来，鲸目动物和鳍足目动物的生物多样性曲线表明，这二类动物对海平面变化等外部影响因素的反应类似，而海牛目哺乳动物的生物多样性曲线却与之不同。这是因为两者在饮食（一种食草，一种食肉）和栖息地（一种栖息在热带附近的浅海地区，一种栖息在近海地区和外海）上存在差异。如第7章所述，环境因素和生物因素对海洋哺乳动物多样性的影响，还需要进一步探索与检测。

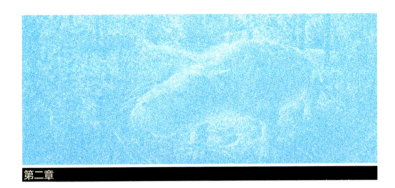

第二章

最古老的海洋哺乳动物

鲸和海牛

海洋哺乳动物的首次进化开始于始新世早期（5400万~3400万年前），那时广阔的特提斯海（以希腊神话中的海洋女神命名）从太平洋延伸到现在的地中海地区。鲸目干群物种起源于特提斯海的东岸（现在的印度和巴基斯坦），并从此处开始出现多样化。海牛类干群物种也起源于旧世界，首先出现在非洲北部和西部，然后很快通过大西洋扩散到加勒比海（图2.1）。在诸多有化石的地点中，最著名的是始新世中晚期（4800万~3700万年前）埃及的法雍盆地。法雍盆地内有个地方叫鲸鱼谷，在那里出土了大量种类繁多的鲸类化石和海牛化石。古生物学家菲尔·金格里奇（1992年）从海平面变化的角度对化石层进行了解释。这里的海平面变化是指从海洋浅层大陆架环境的离岸沉积到近岸环境、潟湖环境沉积的变化。当时的气候比现在要温暖得多，当时热带动物群栖息地的纬度相当于现在北极圈的位置。在中始新世时期，最初海牛目干群物种和鲸目干群物种的扩散是由河流到沿海，然后到开放的海洋，并且这两种海洋哺乳动物的种群都在全球有广泛分布。

鲸目和海牛目哺乳动物的陆上生活到全水生生活的过渡涉及广泛的形态适应和生理适应，包括进食、移动、呼吸和听觉等方面。研究化石的新技术（如CT和三维重构）结合了分子、生理学和进化的方

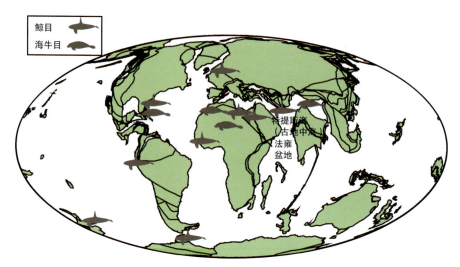

图2.1 海洋哺乳动物化石的主要分布，从始新世早期至晚期（5400万～3400万年前）。本图修改自福代斯，2009年；贝努瓦等人，2013年。大地构造图选自www.odsn.de odsn about.html。

法，与化石一同为我们了解这些适应性的演变提供了全新的视角。我们对鲸目干群物种的了解，主要基于20世纪90年代从巴基斯坦和印度收集的令人印象深刻的鲸鱼化石，以及由鲸鱼古生物学家汉斯·德威森及其同事们所进行的解剖学研究，后者在《行走的鲸》（德威森，2015年）一书中曾有记述。

从陆地行走到半水生鲸目干群物种

英国博物学家约翰·雷（1693年）认为鲸属鱼类，但亚里士多德是第一位意识到鲸与哺乳动物有许多共同特征并将这些动物定为鲸或鲸类（参见金格里奇，2015b）的人。最古老的化石鲸，通常被称为"古鲸亚目"，因祖先特征不同而与现存鲸类有所区别。比如它们的鼻孔位置靠近鼻尖，一些"古鲸亚目"保留了发达的后肢，而另一些的后肢则出现退化，盆骨和后肢也不与脊椎相连。基于系统研究，有四科的鲸目干群物种得到识别：巴基鲸科、陆行鲸科、原鲸科以及雷明顿鲸科。这些类群的出现始于始新世早期和中期（5000万年前）的巴基斯坦和印度（图2.2）。

在20世纪70年代，脊椎动物古生物学家罗伯特·麦克·韦斯特通过探索始新世早期巴基斯坦的地层形态，成为首个在巴基斯坦发现鲸类的人。一年后，金格里奇发现了一块头骨，它看起来是踝节类中爪兽，但却有着鲸一样的耳朵。金格里奇和拉塞尔（1981年）将这一化石物种命名为巴基鲸，意思是"巴基斯坦的鲸"。巴基鲸及其同类的体型如狼大小（巴基鲸、娜拉鲸）或如狐狸大小（鱼中兽），鼻子和尾巴较长（图2.3，图2.4）。巴基鲸的眼距近，双目朝上（在背侧）。由于眼距近，巴基鲸双眼间的区域十分狭小。虽然鼻子很长，但嗅觉却很有限。它的鼻孔是有神经穿过的喷气小孔，说明巴基鲸嗅觉灵敏、有鼻毛（腮须），或许就像现代鳍足类动物一样，专门用来探测水中运动。巴基鲸的牙齿利如刀片（图2.5），牙齿上的磨损印证了其以鱼为食的饮食习惯，同时牙齿同位素值印证了该物种以淡水水生猎物为食的习性（图2.6）。

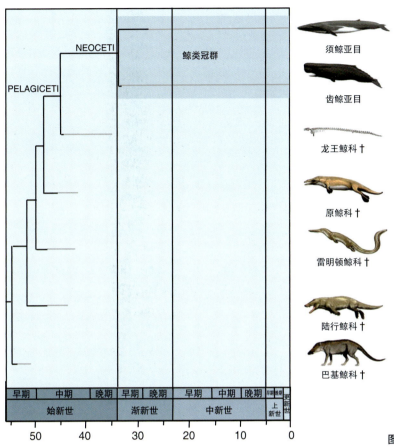

图2.2 鲸目干群系统发育图。本图来自盖特西等人，2013年。

通过研究巴基鲸的骨骼，人们发现该物种有发达的四肢（图2.3，图2.4）。巴基鲸的颅后骨类似于偶蹄类动物，表明其骨骼适应（如细而长的足趾）与陆上行走（奔跑）有关。巴基鲸的腰椎横肌和相关部位发达，为强健的上椎骨肌肉组织提供了更大的空间。它的脊柱特征与游泳时使用尾巴带动的背腹运动相一致。巴基鲸的足部细长，足趾尖部的肌肉发达，说明该物种有蹼，可以提高在潮湿、泥泞地面上行走的稳定性。同位素分析表明，大部分巴基鲸是淡水动物，能在溪流中自由穿行（图2.6）。

陆行鲸科包括3个属，出现于始新世早中期的印度和巴基斯坦，分别是：陆行鲸、甘达克鲸和喜马拉雅鲸。甘达克鲸于1958年被发现，是首个被发现的陆行鲸科，只有几颗牙齿。喜马拉雅鲸，下颌位置偏低，因发现于喜马拉雅山脉而得名，最初被认为属于巴基鲸科。人们认为喜马拉雅鲸是最古老的鲸类，大约生活在5350万年前。现在看来，这个时间主要是根据被冲进较老岩层中的相关化石推断出来的。根据后来的系统研究，喜马拉雅鲸被划分到陆行鲸科中，大约生活在4800万年前。

根据德威森及其同事们（1994年）的描述，陆行鲸科因陆行鲸而为人熟知，也被称为"能够

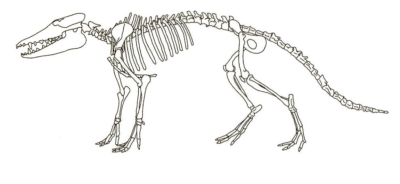

图2.3 巴基鲸骨骼图。本图来自德威森，2015年。

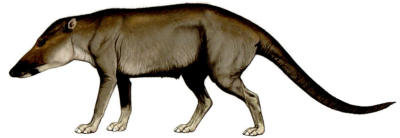

图2.4 巴基鲸生物复原图。本图由C. 比尔绘制。

行走、游泳的鲸类"。它形如鳄鱼，鼻子长，前肢短，尾巴有力（图2.7，图2.8）。陆行鲸科的体型比巴基鲸科的体型大得多——和大型雄性海狮差不多大。陆行鲸科动物的牙齿和表皮与其他鲸目干群动物的差不多。虽然陆行鲸的标本发现于浅海环境中形成的岩石，但牙齿同位素值表明，陆行鲸科动物以淡水水生脊椎动物为食（图2.6）。陆行鲸的肢体比例表明，就像水獭用后肢和尾部游泳那样，它较短的后肢和宽阔的脚掌可以方便游泳。而它健壮的四肢表明，它和鳄鱼一样，属于伏击型捕食者，能在陆地上或水中追捕猎物。

雷明顿鲸科出现于始新世中期的印度和巴基斯坦，包括6个属，它们分别是：安德鲁斯鲸、阿托克鲸、大连特鲸、库奇鲸、*Rayanistes*[①]和雷明顿鲸

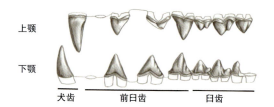

图2.5 巴基鲸上、下颚牙齿排列图。本图来自德威森，2015年。

（图2.9）。它们通常被认为是包括原鲸科、龙王鲸科和Neoceti[②]在内的进化支的姐妹群（图2.2）。雷明顿鲸科的体型丰富多样，最小的（如库奇鲸）只有海獭大小（图2.10）；最大的（如大连特鲸）重量相当于一只雄性海狮。它们形如鳄鱼，头骨狭长（长是宽的6倍），吻部细长、眼睛小、耳朵大。

[①] 属雷明顿鲸科的一种，发现于埃及始新世中期的沉积物中。——译者注
[②] 一种生物分类群，包括齿鲸和须鲸这两种现存的鲸类，但不包括古鲸亚目。——译者注

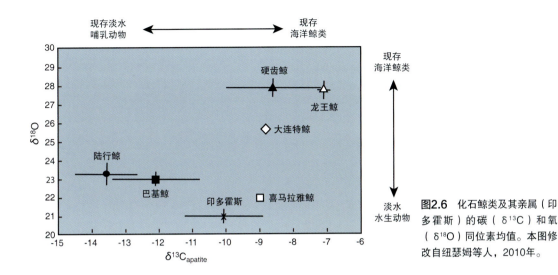

图2.6 化石鲸类及其亲属（印多霍斯）的碳（$\delta^{13}C$）和氧（$\delta^{18}O$）同位素均值。本图修改自纽瑟姆等人，2010年。

在雷明顿鲸科中，最著名的是雷明顿鲸。雷明顿鲸科的耳部结构特殊，在下颌部位有一个大开口，叫作下颌孔。下颌孔在听力中发挥着重要的作用。陆行鲸和喜马拉雅鲸也有下颌孔，其大小介于陆上哺乳动物的下颌孔与龙王鲸和齿鲸的下颌孔之间。在鲸目冠群物种（尤其是现存的齿鲸亚目）中，巨大的下颌孔含有一层脂肪，将下颌与中耳相连，形成一条传递水下声音的通道。雷明顿鲸的臼齿分布较散，没有研磨平面，表示它们丧失了巴基鲸和陆行鲸研磨食物的特性。这一差异说明了它们与早期鲸类动物在饮食上有所不同。雷明顿鲸巨大而狭长的牙齿可能是用来捕捉和固定猎物的。丽莎·库博及其同事（2014年）对雷明顿鲸科的摄食结构（例如，它们长长的下颌骨、牙齿的排列、下颌联合和狭窄的腭弓）进行了研究。结果表明，雷明顿鲸科就像河豚那样，通过撕咬的方式进食（图2.11）。进一步的研究发现，雷明顿鲸科动物细长吻部（如安德鲁斯鲸、库奇鲸）的尖端骨骼纹理结构特殊，可能长有鼻毛。但与陆行鲸科的情况（如大连特鲸）不同的是，在近海沿岸也发现了雷明顿鲸科物种，表明雷明顿鲸科在很大程度上以海洋猎物为

食，这一结果与牙齿同位素值是一致的（图2.6）。古生物学家瑞恩·贝贝伊和他的同事们（2012年）对雷明顿鲸属新种 *Remingtonocetus domandaensis* 的部分骨骼进行了研究，研究表明，这头鲸四肢健壮，具有一定的负重能力，游泳时主要依靠后肢进行有力的运动，而非靠后脊柱进行摆动。

Rayanistes afer，是埃及始新世中期唯一的雷明顿鲸科物种。该物种将雷明顿鲸科的地理范围扩展到非洲地区（贝贝伊等人，2016年）。与其他密切相关的类群不同的是，它的移动模式很特殊。它有宽阔的坐骨和发达的肌肉组织，说明在游泳时，后肢能有力地收缩。此外，它腰椎的神经棘突位置靠后，说明在用骨盆划水时，能够游出更远的距离。非洲 *R. afer* 这一物种的恢复表明，雷明顿鲸科游泳能力强，能够穿越印度-巴基斯坦和非洲之间的南特提斯海；另一种更大的可能是，它们游过了列岛，即现在伊朗、伊拉克和阿拉伯半岛所在的位置。

尽管原鲸科起源于印度和巴基斯坦，但后来有一些半水生原鲸出现在亚洲、非洲、欧洲、北美洲和南美洲等地，表明鲸类跨越了海洋盆地，并在

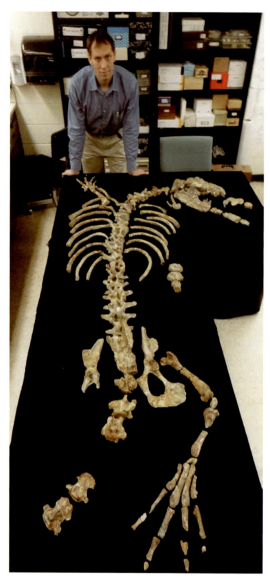

图2.7 脊椎动物古生物学家汉斯·德威森与实验室的陆行鲸骨架。

4900万～4000万年前扩散到了世界各地。原鲸科最初是由施特罗默于1908年以其属类原鲸命名的。其依据是发现于埃及默卡塔姆组的一个头骨及许多骨节组成的标本。原鲸科动物数量大、种类繁多，属鲸目干群（目前已知的有20个属）中最具代表性的物种。印度和巴基斯坦原鲸科有：熊神鲸、巴比亚鲸、*Dhedacetus*、加伏特鲸、印支鲸、*Kharodacetus*[①]、慈母鲸、麦卡鲸、乔丹斯鲸、罗德侯鲸和泰卡鲸。非洲原鲸科有埃及鲸、柏普鲸、原鲸和多哥鲸。北美原鲸科有卡罗纳鲸、圆齿鲸、乔治亚鲸和那支特鲸。与其他早期的鲸目动物不同，它们眼睛大、鼻孔（喷气孔）移向颅骨后方。原鲸科的吻部强壮有力、牙齿巨大，表明该物种以鱼类或其他脊椎动物为食。原鲸科牙齿同位素值更加能够证实它们全水生的生活方式。虽然大多数原鲸科的牙齿都细长而锋利，但从某些类群（如巴比亚鲸）磨损变钝、破碎不齐的牙齿中可以看出，它们的捕猎对象也包括如海洋鲶鱼一类挣扎力气大的大型动物。在原鲸科中最著名的是*Kharodacetus*。它是已知最大的原鲸科之一，大小与龙王鲸科的轭根鲸相似。

最非同寻常的化石鲸发现之一就是原鲸科的塔尔法埃及鲸。该物种是采石场工人从埃及始新世中期的一块石灰岩中发现的。这一有幸留存下来的标本得到了特殊保护。它的横断面显示，埃及鲸有发达的筛鼻甲骨，说明该物种保留着嗅觉功能（图2.12）。喙部和前额面向腹部偏转表明埃及鲸具有底栖的特性，这一特殊结构也有可能是为了听到并定位声音。

与嗅觉相关的肢体结构已经在其他几种鲸目干群中见到过，包括雷明顿鲸科、巴基鲸科（鱼中兽），以及颅骨暂时被归类到原鲸科的一个物种（戈弗雷等人，2012年）。这些结构，包括筛鼻甲骨、嗅道及嗅径和嗅球所在的内腔，进一步证明了嗅觉在鲸类早期进化过程中的重要性。嗅觉器官出现于鲸类干群中，大约从雷明顿鲸科开始丧失功能

[①] 属原鲸科的一种，出现于始新世中期（卢泰特阶晚期，4200万年前）印度的喀奇、喆拉特及印度西南部地区。——译者注

第二章 最古老的海洋哺乳动物 | 023

图2.8 陆行鲸生物复原图。本图由C. 比尔绘制。

图2.9 汉斯·德威森在野外对安德鲁斯鲸遗骸进行分类。本图由J. G. M. 德威森提供。

图2.10 库奇鲸生物复原图。本图由C. 比尔绘制。

10厘米

图2.11 雷明顿鲸的头骨及下颌骨。本图由J. G. M. 德威森提供。

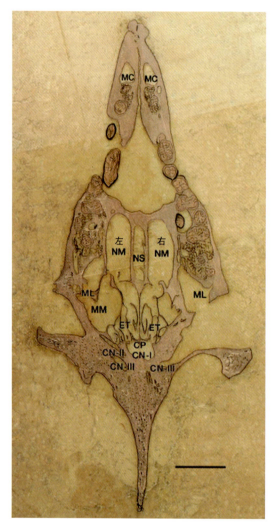

图2.12 塔尔法埃及鲸头骨横截面图,可以看到鼻甲骨。缩写:CN-I,脑神经I(嗅觉);CN-II,脑神经II(视觉);CN-III,脑神经III(动眼神经);CP,在嗅径尾部前端的筛状板(脑神经I);ET,前额窦内的筛状鼻甲;MC,下颌管;ML,侧上颌窦;MM,内侧上颌窦;NM,鼻咽道;NS,鼻隔有软骨核。比例尺=5厘米。本图来自比亚努奇和金格里奇,2011年。

(图2.13)。人们越来越普遍地认为,须鲸亚目拥有嗅觉系统,具备嗅觉功能。而且它们似乎保留了嗅觉,这反过来也使它们能够探测自己的猎物——浮游生物(磷虾)的气味。尽管一些齿鲸干群动物(如鲛齿鲸)有相对较大的嗅球腔和发育良好的筛孔板,但齿鲸冠群动物的化学感官能力却进一步退化,丧失了整个嗅球和大多数嗅觉感受器。根据遗传数据可以推测,在鲸类从陆地到水域的过程中,随着嗅觉发生变化,另一种化学感官能力——味觉也发生了退化(图2.13;参见第3章,图3.44)。

Pelagiceti:全水生鲸目干群

Pelagiceti是鲸类后期衍化出的分支,包括已灭绝的龙王鲸科和Neoceti(鲸目冠群动物;图2.2)。从原鲸科进化而来的龙王鲸科,在龙王鲸科特征的基础上,同时具备了原鲸科(如巴比亚鲸和乔治亚鲸)的一些特征。大多数的龙王鲸科与原鲸科相比,胸椎和腰椎位置更靠后。龙王鲸科生活于始新世中晚期到渐新世晚期(4800万~3600万年前),分布于世界各地。根据牙齿同位素值可推知,它们是首批全水生鲸。在从陆地到水域的转变过程中,龙王鲸科的身体质量在不断增加,储氧能力也在逐步提升。以储氧量为衡量标准,最早的鲸类动物——如狼大小的巴基鲸,潜水时长为1.6分钟,而体重有6400千克(超过1.4万磅)的伊西斯龙王鲸潜水时长为17.4分钟。由此可知,鲸的潜水能力在不断提升。

一些工作人员识别出龙王鲸科的两个亚科:龙王鲸亚科和硬齿鲸亚科。龙王鲸亚科动物躯干修长、腰椎节数多(20节,而大多数哺乳动物只有5节),最大的体长达17米(56英尺)。最初,自然历史学家理查德·哈兰认为龙王鲸是爬行动物,因此他在1834年出版的著作中,将其称为"帝王蜥蜴"。但后来英国皇家外科医学院的著名解剖学教

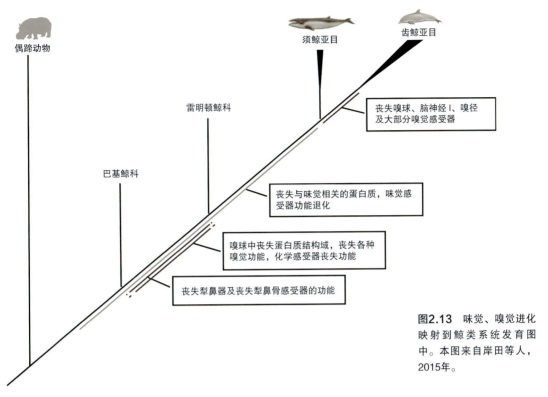

图2.13 味觉、嗅觉进化映射到鲸类系统发育图中。本图来自岸田等人，2015年。

图2.14 于埃及鲸鱼谷挖掘伊西斯龙王鲸遗骸。本图由P.金格里奇提供。

授理查德·欧文（1839年）检验发现龙王鲸是一条鲸。最著名的是伊西斯龙王鲸，人们在埃及中北部鲸鱼谷，距离首都开罗大约170千米（105英里）的地方，发现了几百块伊西斯龙王鲸的骨骼化石（图2.14）。最大、最完整的伊西斯龙王鲸标本约20米（65英尺）长，陈列在2016年最新开放的鲸鱼谷化石及气候变化博物馆中，该博物馆被列为联合国教科文组织世界自然遗产。德龙王鲸只分布在北美（可能埃及也有），与体型较小的伊西斯龙王鲸有关。德龙王鲸骨骼化石是阿拉巴马州官方的化石，发现于杰克逊组（亚祖组帕丘塔泥灰岩与舒布塔黏土段）的岩石中，出现于始新世墨西哥湾的浅滩底部。据巴基斯坦报道，龙王鲸有第三种物种——德勒津达龙王鲸。但这一说法还存在争议。

2011年，古脊椎动物学家茱莉亚·法奥克和她的同事们，根据龙王鲸科和原鲸科头骨三维图中出现的扭曲（图2.15）判定，这两种鲸类的头骨是明显不对称的。2015年，法奥克和汉佩的一项研究通过对此类动物的更多样本进行检测，修正了之前的结论，并提出"古鲸亚目"的头骨存在不对称

移动模式、后肢退化和性别二态性

通过对化石进行详细的解剖研究，我们已经对鲸类动物移动模式的进化过程了解了很多。鲸类的祖先在水中游泳时，同时使用前肢与后肢划水，现存鲸用尾巴推水游泳的特性就是从其祖先那里演变过来的。古生物学家汉斯·德威森和E. M. 威廉姆斯（2002年）及马克·D.尤恩（2007年），追溯了鲸类动物从陆地到水中的演变过程，并将其特征映射到系统发育关系图上，如本栏上图所示。最早显示出用骨盆划水特征的鲸类是陆行鲸科。接着是后肢退化和尾部摆动的减少，如在雷明顿鲸和库奇鲸中所见。在下一个阶段原鲸科动物的移动模式发生了进化。通过对原鲸科动物遗骸的研究发现，大多数的原鲸科动物既可以在陆上行走，也可以在水中移动。原鲸科动物的腰部、髂骨和股骨都比较短，但是足趾和趾骨相对较长。它们在游泳时很可能并用后肢和尾部，并且也很有可能花大量时间在水中，追捕游速快的猎物，就像现在的海狮一样。鲸科动物的髋关节形态多样，这影响了它们的移动能力。例如，一些原鲸科物种（比如慈母鲸和乔丹斯鲸）的骨盆与坚固的骶骨之间，有发育良好的关节将两者连起来。这表明它们在使用后肢划水的同时盆骨也在运动，就像河獭（水獭属）一样。人们最初认为，罗德侯鲸是最早拥有尾叶的鲸类，但其他一些标本以及古生物学家埃米莉·布赫茨在2007年对鲸类动物脊柱组织的研究结果与这种说法相矛盾。人们发现罗德侯鲸与慈母鲸和乔丹斯鲸不同的是，它有用关节进行连接的独立的骶椎，因此假定罗德侯鲸能够同时运用骨盆划水（见本栏下图）。乔治亚鲸以及后来衍化出的原鲸科巴比亚鲸和龙王鲸科动物的骨盆和骶骨之间没有关节相连，人们猜测它们是通过背腹侧骨盆的摆动来游泳的。在目前已知的原鲸科中，乔治亚鲸的背部最为灵活，但由于缺少尾叶，所以该物种很可能保留了用后肢推水的本领。借助后脊柱的摆动，它得以在水中移动。

2015年，亚历山德拉·侯赛因和她的同事们研究了鲸目干群物种骨骼的显微结构，在鲸类移动模式中增加了相关的地质学数据和解剖学数据。骨量高、髓腔开阔，脊椎骨多空等微组织结构特征，证实了雷明顿鲸科和原鲸科动物均在浅水水域游行的说法，同时也说明它们在陆上的移动能力有限。

骨骼化石的比例通常可以提供有关性别二态性和交配系统的信息。雄性慈母鲸标本的体长与雌性慈母鲸标本的体长差异（雄性比雌性长12%），已经成为中度性别二态性的证据。这一差异也有可能限

第二章 最古老的海洋哺乳动物 | **027**

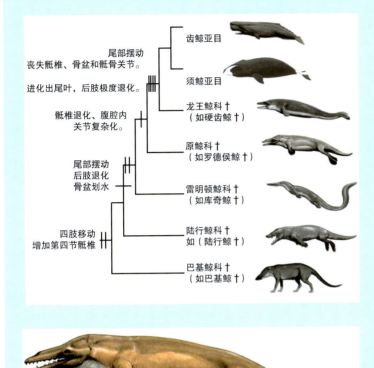

（上图）脊椎特征与后肢特征映射到鲸类系统发育图中和鲸类动物移动方式的进化重构图。本图基于德威森和威廉姆斯，2002年；尤恩，2007年。本图由C. 比尔绘制。
（下图）原鲸科罗德侯鲸生物复原图。本图由C. 比尔绘制。

制了雄性之间为争夺配偶而产生的竞争。独占配偶的有限机会反过来证明了在原鲸科动物的栖息地中，食物和住所都是分散的。原鲸科动物遗骸的发现地点在地理上分布广泛，但分布环境具有类似的特征，即遗骸都来自浅海沉积物。

在一具慈母鲸的遗骸中发现了一个"接近足月"的胎儿，该胎儿的分娩位置是头部朝下，与典型的陆上哺乳动物相同，与鲸鱼并不相同。这就证明早期鲸类动物是在陆地上进行分娩。但这一说法存在争议，有人认为留存于慈母鲸体腔内的微小个体可能并非是胎儿，而是消化道中未消化掉的猎物遗体。不过，这个相对较大的"胎儿"，总长约66厘米（约2英尺），是普通胎儿长度的两倍多，更有可能是慈母鲸的猎物。

性的看法。不过这种不对称性在大部分头骨中并不明显，在喙部上可能更明显。在齿鲸类动物身上与方向听觉有关的复杂特性是头骨不对称、下颚骨变薄、下颌有脂肪垫和耳部分离等（图2.16；请参阅第3章的进一步讨论）。

法奥克和他的同事（2013年）对龙王鲸科动物的牙齿微磨损结构进行了研究，研究表明该鲸类动物能强力粉碎如哺乳类动物骨头之类的十分坚硬的物质。这在后来的一项研究中得到证实，该研究由斯奈维及其同事（2015年）使用有限元建模进行，研究对象为伊西斯龙王鲸标本的咬痕。他们的研究表明，伊西斯龙王鲸与现代虎鲸一样，在上颌颊牙的位置上能施重达1632千克以上的力（图2.17）。正如研究者所说，龙王鲸就像虎鲸一样，用颚部

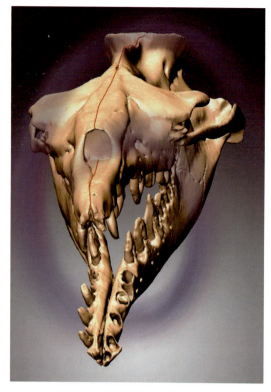

图2.15 伊西斯龙王鲸头骨的三维模型。本图由 J. 法奥克提供。

的一部分撕裂猎物皮肤，扯断它们的肌肉，咬碎它们的骨头，然后吃掉。与龙王鲸同时期的青年硬齿鲸也是如此。龙王鲸在进食时通常使用前牙咬住猎物，然后用臼齿将猎物撕碎。

龙王鲸科的第二种类型是硬齿鲸亚科，这种鲸身体较短，像海豚。硬齿鲸亚科是始新世晚期主要的鲸类，包括硬齿鲸属、海乡鲸属、辛西娅鲸属、轭根鲸属、撒格哈鲸属和弯臂鲸属。虽然硬齿鲸属通常被认为是Neoceti的姐妹类群，但是乌克兰古生物学家帕维尔·高尔丁和叶夫根尼·茨沃诺克（2013年）通过一项进化支研究，将奥库卡赫龙王鲸鲸属（图2.18）——以标本发现地秘鲁沙漠旁的小镇奥库卡赫命名——归类为龙王鲸科并系群的最早的分支。但这一假设需要在更广泛的分类样本的基础上进行进一步调查。上颌骨移至鼻腔的后缘这个特征表明，奥库卡赫鲸属与Neoceti有更密切的关系。来自秘鲁的另一个体型更大的龙王鲸科成员是慕氏死神鲸，它以印加死亡之神的名字和巴黎国家自然历史博物馆的克里斯蒂安·德·慕森命名，以纪念慕森对南美洲海洋哺乳动物古生物学长期以

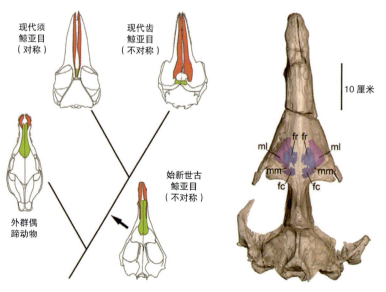

图2.16 鲸类进化的不对称。左图，头骨不对称映射到鲸类系统发育图上。右图，古鲸亚目原鲸科熊神鲸头盖骨背视图显示其有上颌和额窦，可见于三维显微CT重构图。显示出头盖骨中部右偏。缩写：fc，额前窦；fr，吻侧额窦；ml，侧上颌窦；mm，内侧上颌窦。本图来自法奥克等人，2011年。

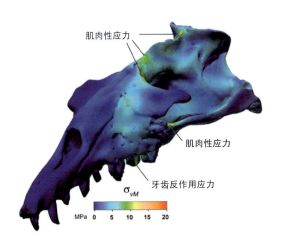

图2.17 伊西斯龙王鲸头骨上有咬痕（有颜色区分）。冯·米塞斯应力（缩写：σ_{vM}）（最大20兆帕）。本图来自斯奈维等人，2015年。

图2.18 秘鲁始新世古鲸亚目奥库卡赫鲸属（中）和死神鲸属（下）的生物复原图，本图由C.比尔绘制。

来的贡献。相比冠群中的撒格哈鲸属、弯臂鲸属、辛西娅鲸属、龙王鲸属、金鲸属，以及轭根鲸属、死神鲸属、奥库卡赫龙王鲸属可以算作是龙王鲸科的早期分支。龙王鲸科中分布更加广泛的一种鲸就是帝王鲸属，在非洲、欧洲和北美洲都发现了它们的身影。这一类群的一个显著特点是胸椎和腰椎的延伸，说明它们就像现存的鲸类一样，脊柱的灵活性很强。

北美和北非的硬齿鲸亚科最为著名，但在印度-巴基斯坦地区、欧洲和新西兰也有分布。起初，人们根据柏林自然历史博物馆里的一块头骨将轭根鲸判定为龙王鲸属中的一种。长期以来，雷明顿·凯洛格都是史密森学会脊椎动物古生物学部的馆长，他于1936年在北美洲海湾滨海地区发现了始新世晚期轭根鲸的部分遗骸。我们现在对于轭根鲸的大部分了解都源于此标本。轭根鲸比硬齿鲸要小，根据其脊椎测算，轭根鲸体重大约为998千克（2200磅）。

先前的研究表明，轭根鲸能捕捉高频超声或低频超声。有假说认为，鲸类的低频敏感特性是从祖先身上继承下来的，这一特性保留在须鲸亚目中，后来又在齿鲸亚目中进化出了高频敏感特性。古生物学家埃里克·埃克代尔和雷切尔·拉西科特在2015年，对轭根鲸的内耳（尤其是耳蜗卷曲部分）进行了CT扫描，研究结果与该假说一致。然而，这个问题还没有解决。2016年，摩根·丘吉尔及其同事在另一项内耳研究中发现，"古鲸亚目"也可以捕捉到高频超声。这一结果与之前的假说恰恰相反。因此需要与其他的"古鲸亚目"进行对比研究才能解决这一争议。有关鲸类冠群物种水下听力的进化过程将在第3章中进一步讨论。

最著名的硬齿鲸亚科动物就是硬齿鲸，鲸鱼古生物学家马克·D.尤恩于2004年对其进行了细致的研究。硬齿鲸的身长约为5米（16英尺），体重为2240千克（4938磅），与白鲸的大小差不多。眼睛分布在头的两侧，表明这些动物是在水下捕捉猎物的。鼻子的开口位于鼻尖和眼睛的中间。从颅腔模型来看，与现代鲸类动物相比，硬齿鲸的大脑较小。在"古鲸亚目"进化的过程中，从始新世中期的罗德侯鲸、雷明顿鲸，到始新世晚期的硬齿鲸、哥式轭根鲸，以及奥西里斯撒格哈鲸，在这1000万年的时间里，相比身体的尺寸变化，它们大脑的尺寸翻了一番（金格里奇，2016年）。这些鲸类动物口腔侧面的颊齿扁平而细长，就像龙王鲸科一样，还有许多副牙（尖牙），牙齿有磨损，表明这些牙齿是用来撕咬猎物的（图2.19）。它们的颌骨和牙齿以及胃中未消化的残留物表明，这些动物用前牙捕获猎物，然后用后牙咀嚼进食。

龙王鲸科的前肢逐渐退化为鳍。据尤恩（2004年）描述，硬齿鲸有可移动的肩关节，就像现代的鲸鱼一样。前肢短而扁平，肘关节能在有限范围内弯曲，不像现存的鲸鱼，肘部那么僵硬固定。硬齿鲸的腕关节几乎不能活动，但与现存鲸鱼不同的是，它们的足趾具有不同程度的灵活性。

龙王鲸科的盆骨与脊柱并不相连，脊柱节数的增加或许提高了其尾部摆动的灵活性。特别是来自埃及的施特勒默尔鲸的脊柱形态，表现出了一些新特点，即脊柱上的metaphyses在变长，而且轴上肌附着在相应位置上。龙王鲸科（如龙王鲸属、金鲸属、硬齿鲸属）的后肢很小，在移动时并不发挥作用。在龙王鲸科中，像硬齿鲸属和辛西娅鲸属这样的鲸类动物，躯体比例与海豚和鼠海豚相似（图2.20，图2.21），但龙王鲸属动物的身体和尾巴特别长，它如蛇形一般的躯体和其他属种的动物并不相同。硬齿鲸属进化出了尾叶（三角形的尾巴），表明现存鲸类主要依靠尾巴游泳。鲸类动物可以通过尾部推水进行纵向移动，扩大活动范围。侯赛因及其同事在2015年进行了一项骨骼显微结构的研究，研究结果表明，龙王鲸科的一些身体结构特征与现存的鲸类相似，证明了它们在开阔的海洋中更活跃。

新西兰渐新世（2800万～2700万年前）的一些不完整的、神秘莫测的"古鲸鱼"化石，曾被称

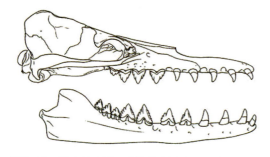

图2.19　硬齿鲸头骨。头骨长度约为95厘米（3.1英尺）。本图来自尤恩，2004年。

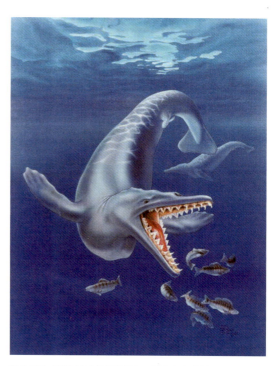

图2.20　硬齿鲸生物复原图。本图来自尤恩，2004。

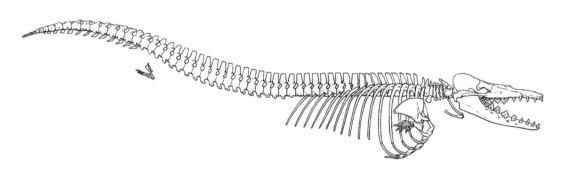

图2.21 硬齿鲸骨架。骨架长度为4.85米（15.9英尺）。本图来自尤恩，2004年。

为奥氏吉肯鲸（吉肯鲸亚科）。它们最初一度被认为属于有齿的须鲸亚目，但现在人们将其判定为"古鲸亚目"，出现在龙王鲸科与Neoceti之间。

始新海牛属和原海牛属：行走的海牛

海牛目哺乳动物的化石记录可以追溯到始新世早期，约5000万年前。贝努瓦等人最近发现了来自西非和北非的海牛目哺乳动物化石（2013年），填补了海牛目哺乳动物进化史上的一个重要空白。虽然人们认为海牛目哺乳动物起源于非洲种群，但到目前为止，有关该种群的最早证据是在牙买加发现的。海牛目哺乳动物最原始的遗骸是在突尼斯发现的，是一块听小骨，该化石发现于某湖泊里的一块石灰岩中。这就表明海牛目哺乳动物在从非洲扩散开来之前可能生活在淡水环境中。海牛目干群哺乳动物包括两个科：始新海牛科和原海牛科（图2.22）。尽管化石海牛目哺乳动物和现存的海牛目哺乳动物的生物多样性比鲸类动物的要少，但是海牛目哺乳动物的化石记录包含了一些重要的演变形式，记录了它们从陆地上的始新海牛属动物、到半水生原海牛属动物、再到全水生海牛目哺乳动物这一重要的宏观进化过程。

已知最古老的海牛目干群哺乳动物是一组并系群，叫作始新海牛属。该物种出现在始新世早期和中期，发现于牙买加、佛罗里达和非洲（突尼斯）约4700万～5000万年前的岩石中。由于已知最早的海牛目哺乳动物出现于突尼斯昌比的湖泊沉积物（石灰质石灰岩）中，因此海牛目哺乳动物很可能和鲸类动物一样，首先出现在淡水环境中。后来，海牛目哺乳动物从非洲扩散到北大西洋（牙买加），证明它们已经适应了海洋环境。始新海牛属动物的肋骨高且密集，表明它是一种半水生生物，而在潟湖沉积物中可以找到它们的化石。理查德·欧文（1855年）将其命名为*Prorastomus sirenoides*[①]，意思是"下颌前突"，指的是它的喙部朝下。在牙买加的一块灰色的石灰石中，发现了该物种的头骨和颌骨。*Prorastomus sirenoides*的体长约为1.5米（5英尺），与现代的海牛目哺乳动物不尽相同，反倒与早期的鲸类动物更为相似。该物种腿部发达，能够在陆上行走，也能在水中移动，游泳通过脊柱摆动和后肢推水共同完成。从它们狭窄而无偏转的喙部以及冠状臼齿来判断，*Prorastomus sirenoides*很可能以漂浮在水面上的水生植物为食。缩小范围来说，是以海草为食，也就是后来分化出来的海牛目哺乳动物吃的东西。后来人们发现了一块始新世中期的海草化石，证实了这一观点，表明

---

① 是一种已灭绝的原始海牛目哺乳动物，出现于4000万年前始新世时期的牙买加。——译者注

这种植物在大西洋西部——加勒比地区就有分布。始新海牛属动物与鲸类动物的进化趋同。有独立的耳朵，是为水下听力而保留的一种特性。鼻部内缩，是海牛目哺乳动物的一种典型性状。

*Pezosiren portelli*①，一种发现于牙买加始新世的如猪大小的动物，体长约为2.1米（6.9英尺），躯干较长，有四条相对较短的腿（图2.23）。类似于始新海牛，它的喙部细长无偏转，表明该物种为食草动物。*Pezosiren portelli*可在陆上行走，也可在水中移动。游泳时像水獭一样，通过脊柱和后

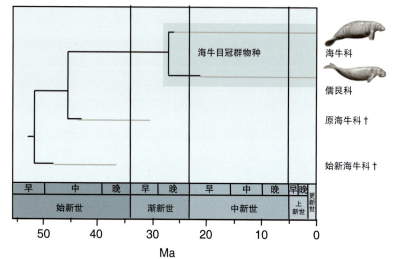

图2.22 海牛目干群系统发育图。本图来自维莱斯·尤尔贝和杜姆宁，2015年。

图2.23 海牛目干群物种*Pezosiren portelli*的生物复原图。本图由卡尔费特海洋博物馆的蒂姆·斯切尔提供。

---

① *Pezosiren portelli* 属海牛目哺乳动物基层物种，生存于5000万年前始新世早期的牙买加。该物种的标本是一具发现于牙买加的化石骨架。古生物学家达里尔·杜姆宁于2001年描述。——译者注

肢的摆动再加上长长的尾巴来回起伏，从而得以在水中游动——这是早期鲸类的共同特征。人们发现Pezosiren肌肉的储氧能力比现存的海牛目哺乳动物的要强，这大概是因为它们能同时在陆地和水中移动因而代谢值较高。然而，Pezosiren的肋骨很稠密、外鼻孔可收缩、无鼻旁窦，表明它们已经完全适应水生生活。这些特征以及骨盆的恢复，表明这种动物的陆上活动能力有限，也说明它们更多时候是在水中而非陆上度过的。

原海牛属是始新海牛属的冠群物种，出现在始新世中晚期，主要栖息在大西洋、地中海和印度洋沿岸的地区。原海牛属是建立在其余海牛目哺乳动物基础上的并系类群。该物种前肢短小，后肢退化，主要生活在水中，是一种水陆两栖动物。在游泳时，通过长尾巴的摆动以及两侧的后肢推水进行移动。原海牛属动物在陆地上的时间可能比始新海牛属还要少。原海牛属动物具备海牛目哺乳动物头部上的一些典型特征，如喙部向下翻转，下颌联合部宽大。这表明它们以水体底部的海草为食。原海牛属动物的牙齿同位素的测量结果，与以海草为食的饮食结构相吻合。

原海牛种中的原海牛属是最著名的种群，

海牛目哺乳动物移动方式的进化过程

如图所示，海牛目干群动物与鲸类动物一样，从在陆地上爬行逐步过渡到在水中游行。在进化起始阶段，代表性的物种就是始新海牛，该物种在水中移动时是通过后肢推水而非尾部摆动。下一阶段的代表性物种是原海牛属，典型特征是后肢退化。原海牛属动物以及后来进化出的海牛目哺乳动物的典型特征是尾椎骨发达，这表明尾巴已经成为游泳时推水的主要器官，后肢的作用则退居其次。后来，在海牛目干群物种中，海牛和儒艮的种类变得更加多样，骨盆和后肢也进一步退化。这些特征在儒艮上体现得尤为明显。这就是进化的最后一个阶段：只靠尾部摆动游泳。

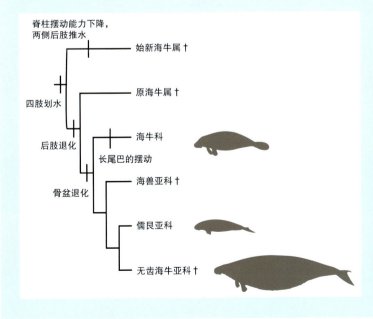

将脊柱和后肢特征映射到海牛目哺乳动物的系统发育中，重新构架海牛目哺乳动物移动方式的进化过程。本图改编自杜姆宁，2000年.

包括四个物种。*Protosiren eothene*[①]生存于始新世中期的巴基斯坦，是最古老、体型最小的原海牛种。原始鲸由英国古生物学家C. W. 安德鲁斯（1902a, 1902b, 1904）发现于埃及默卡塔姆石灰岩中。C. W. 安德鲁斯在大约100年前描述了这个物种。通过CT扫描原始鲸的头骨我们发现，这种动物的嗅觉器官和视神经束较小，但上颌神经较大。这与它们在水中的嗅觉和视觉出现退化的特征相吻合（图2.24）。再加之原始鲸吻部较大、向下翻转，说明该物种的触觉敏感度较高。后来衍生出的物种包括*Protosiren smithae*，出现于始新世中期末至晚期初埃及的法雍盆地；还有更古老、体型更大的*Protosiren sattensis*，出现于始新世中期末的巴基斯坦。原海牛类不同物种的骨盆形态与大小各不相同，这种差异也可视为是性别二态性的证明。

到了渐新世，始新海牛属和原海牛属灭绝。在它们消失的同时，海牛目哺乳动物出现，其身体构造已适应水生环境，属海兽亚科和儒艮亚科（见第5章）。

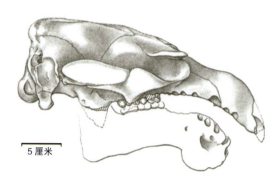

5厘米

图2.24 原始鲸（*Protosiren fraasi*）的头骨与颌骨。本图来自金格里奇等人，1994年。

---

① 是出现于卢泰特阶的海牛目哺乳动物，发现于巴基斯坦。——译者注

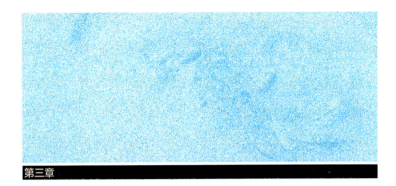

第三章

后来分化的鲸类

Neoceti

在海洋哺乳动物中,使生物多样性增加的另一类主要物种是鲸类冠群物种,或者称为Neoceti:包括齿鲸亚目(odontocete)和须鲸亚目(mysticete)两种。这两种谱系都曾经历过渐新世晚期(约3000万~2300万年前)的种系大繁衍。它们的生物多样性与南大洋生态系统的重组以及上升流区域日渐增多的浮游生物有关。由于有了更加宽广的地质环境,在渐新世晚期,南极洲和南美洲分离,南大洋部分地区开放,继而也出现了自西向东流的南极绕极流(图3.1,上)。南极绕极流使南极洲成为一片孤立的大陆,或许还使南极冰盖扩张,全球气候变冷,海水相互混合,使高纬度地区有了更丰富的养料并确立了上升流的位置。对于须鲸亚目动物而言,鲸须的出现和吞咽的摄食方式,使它们能够利用气候寒冷但食物丰富的上升流地区的优势。而对于齿鲸亚目而言,回声定位是一项关键的形态创新,推动了它们生物多样性的发展。此外,全球海平面的上升可能使它们的大陆架栖息地变得更为广阔。

最著名的渐新世化石区是新西兰的怀塔基谷(3300万~2300万年前),该地区出土了保存完好的须鲸亚目干群物种的化石与齿鲸亚目

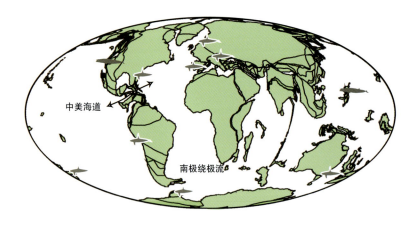

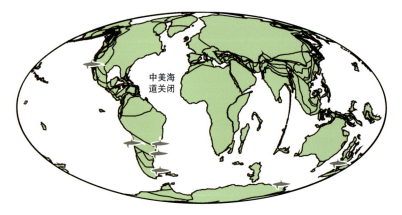

图3.1 渐新世晚期至中新世早期（上图）的主要鲸类冠群物种化石区，以及中新世中期至上新世（下图）的主要鲸类冠群物种化石区。本图修改自福代斯，2009年。大地构造图选自www.odsn.de/odsn/about.html。

干群物种的化石（图3.1所示为渐新世晚期至中新世早期的化石区所在地）。这些化石区散布在新西兰南岛西海岸几十公里范围内。以中小型须鲸亚目（如始弓鲸属）和齿鲸亚目（如鲛齿鲸属、角齿海豚属和怀佩什海豚属）为主的动物化石群，均发现于瓦里库里绿砂岩和覆盖其上的较新的沉积物科科阿穆绿砂岩和奥泰凯克石灰岩中。在更高纬度的地区，最早为人们所知的须鲸叫作刻齿鲸，生存于始新世晚期到渐新世早期（约3500万年前），发现于在南极洲的拉梅塞塔组。南半球另一著名的渐新世晚期到中新世早期的化石发现地，是澳大利亚维多利亚州沿岸的简久克，该地出土了有牙齿的须鲸亚目干群物种乳齿鲸属和简君鲸属的化石。

北美洲渐新世时期的海洋记录还记载了不同种类的齿鲸亚目和须鲸亚目。齿鲸干群物种（*Ashleycetus*、沙拿鲸属、*Mirocetus*）的特征是根据渐新世早期美国东南部的化石，主要是南卡罗来纳州查尔斯顿附近的艾希礼组和覆盖其上的钱德勒桥组的化石进行描述的。在这一时间段内还出现了另一种齿鲸亚目干群物种，即艾什欧鲸属。其中一些化石发现于俄勒冈州阿尔西厄组，另一些发现于日本北海道同时期的沉积物中。

中新世早期的化石区在世界范围内比较罕见：包括阿根廷南部（巴塔哥尼亚）浅水湾中的地层沉积。到目前为止，该处只发现了鲸类的遗骸，其中有最古老的露脊鲸，细小毛诺鲸。鲸目、海牛目及鳍足目海洋哺乳动物，都出现于中新世早中期美国马里兰州和弗吉尼亚州切萨皮克群的地层中。在切萨皮克群卡尔弗特组的这些化石区内，大部分颗粒细密的浅水沉积物形成于亚热带气候区。在这里发现的齿鲸亚目物种至少包括三类：角齿海豚科、鲛齿鲸科和"淡水豚总科"。除了肯氏海豚属、delphinids和抹香鲸属之外，长鼻剑吻古豚属中的一些物种也在此处出现过。在须鲸亚目中还有"新须鲸类"，包括安格罗鲸属、蒂奥鲸属和隔板须鲸属三种。

也许海洋哺乳动物种类最繁多的时候是在中新世中期气候最适宜的时期（1400万～1200万年前），由于气候条件良好，食物产量有所提高，物种多样性也有增加。中新世中期海洋哺乳动物化石最富集的地点之一是加利福尼亚州中部的鲨齿山，鲸类动物、鳍足类动物和索齿兽目动物（很少）都曾发现于此处（图3.1下面的页首；参见第4章和第5章）。该化石富集地发现的物种主要为鲸类。在须鲸亚目中，发现了一些"新须鲸类"（安格罗鲸属、隔板须鲸属、特菲鲸属、帕普比鲸属）。齿鲸亚目包括中等大小的抹香鲸属、管状鲸属，以及体型较小的delphinids、肯氏海豚属、鲛齿鲸属和淡水豚属。尼克·派森和同事基于多重证据（沉积学、埋葬学），对鲨齿山的骨层进行了研究，结果表明此处的骨层并非是经过一次性的灾难性事件形成的，而是在1600万～1500万年前，经过长期累积而成。

Neoceti的进化
独特的齿形

在哺乳动物中，鲸的齿形很特殊，有的是同齿形，即单一的鼓形齿；有的是异齿形，齿数较多。由于鲸的牙齿不能精确咬合，造成其咀嚼功能丧失。而其特殊的齿形也与此相关。大多数鲸类动物不像一般的哺乳动物那样用牙齿咀嚼食物，它们的牙齿在把食物运送到胃里之前只负责捕捉猎物，而食物分解和消化的过程都在胃里完成。布鲁克·阿姆菲尔德和他的同事（2013年）研究了鲸类动物牙齿形态的进化及其潜在的发育控制机制。研究结果表明，在鲸类动物中，牙齿咬合的功能制约机制已经放松，从而导致牙齿早期发育的遗传控制发生变化。这些有关鲸类动物发育的发现得到了鲸类动物化石牙齿形态的证实。在始新世时期，臼齿的复杂性发生了变化，如在鲸类干群物种中长出了多余的齿尖（包括陆行鲸属、雷明顿鲸属、原鲸属，及龙王鲸属）。从渐新世开始，须鲸亚目干群物种（如艾什欧鲸属）和齿鲸亚目干群物种（如鲨齿鲸属）的牙齿数量开始增长（至15颗）。但同时齿冠的复杂性在减弱。这与鲸类干群物种（如巴基鲸属）的进化有所不同，鲸类干群物种有11颗牙齿，上下齿排列方式均为3、1、4、3，此类哺乳动物的牙齿数量相同。现存齿鲸亚目动物牙齿数量的种类非常多，上下颌齿数从0颗到50颗不等，而成年的须鲸亚目动物没有牙齿。须鲸亚目动物在胎儿状态时，牙齿就开始发育，但是在其出生之前就已经被重新吸收回去了。

水下听力

鲸没有外耳，在水下接收声音的方式与它们陆地上的亲戚完全不同，它们通过下颌孔中特殊的听觉脂肪传输声音。几乎所有鲸类动物都有一个巨大的下颌孔，表明这种听觉通道在鲸类进化的过程中很早就产生了。史密森学会的古生物学家尼克·派森和玛雅·大和（当时为史密森学会的博士后）利用创新的成像方法，在鲸类动物身上发现了物种进化上的新奇事物：一种能通向中耳的听觉漏斗（大和与派森，2015年）（图3.2）。这个漏斗的位置对于鲸类的听觉而言似乎十分重要。在一些须鲸亚目（须鲸属，如小须鲸类）动物中，这个漏斗朝向两侧，而所有齿鲸的这个漏斗都朝向前方。这个漏斗是在鲸类冠群物种中进化而来的，表明这一器官至少出现在3400万年前。基本的鲸类干群物种

鲸的基本骨骼构造

与典型哺乳动物的头骨相比，鲸类冠群动物的头骨是不对称的——鼻孔（外鼻孔）从喙部顶端移到头顶，形成气孔。过渡期的鲸类干群动物出现鼻孔后移的现象。在齿鲸亚目中，头骨的叠套作用包括前颌骨和上颌骨（大部分哺乳动物都有上颌齿）向后方和侧方延伸，压缩了额骨的位置（形成头盖骨），并从侧方压缩了顶骨（见下图）。须鲸亚目动物的头骨叠套作用与齿鲸亚目动物的不同，上颌骨会从额骨上下侧向后延伸。在须鲸亚目动物的头骨上，整个面部区域都在扩大，而喙部也有不同程度的弯曲，以适应从上颌垂下的鲸须板。

齿鲸亚目动物的典型特点是头骨和面部不对称——右侧的骨骼和软组织结构比左边的要大。有人推测，这种不对称使右侧的生物声呐功能和左侧的呼吸功能更加专业。当然，近来更多的研究（马德森等，2013年）表明，其中的一边是用于发出回声定位的吸气音，而另一边则用于发出呼气音。法奥克和汉佩（2015年），使用三维形态测量方法对化石鲸类和现存鲸类进行研究，结果证实定向的头骨不对称是齿鲸亚目动物的专有属性，须鲸亚目动物并不具备，并且不对称性很可能与回声定位（见第2章）有关。齿鲸亚目动物的高频超声系统位于软组织结构之中，能发出高频声音的嘴唇位于鼻腔中。声音脉冲，也称为吸气音，通过嘴唇在空气中发音产生。在齿鲸亚目动物的面部区域上有一个大的椭圆形额隆，位于头骨喙顶结缔组织的垫块上。该隆起含脂肪，对音频聚焦起到了至关重要的作用。

须鲸亚目与齿鲸亚目同样表现出对于水域生活的诸多适应性特征，如下图所示。它们的脊柱有大的棘状突起，能够固定强有力的尾部肌肉。对于这两种鲸而言，尾部肌肉是用来提供推进力的。在一些鲸中，如弓头鲸（*Balaena mysticetus*），部分颈椎或整个颈椎是融合的，这也限制了颈部活动，对于维持流体力学性能至关重要。它们的前肢退化，逐渐变得扁平，形成鳍，主要用于控制方向。鳍状肢的形状也各不相同，例如，蓝鲸的鳍状肢形态细

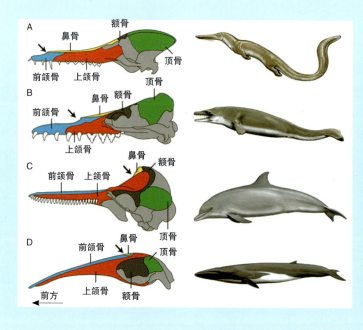

灭绝鲸类和现存鲸类的头骨叠套及鼻孔后移图。

A，始新世早期古鲸亚目（雷明顿鲸科）：安德鲁斯鲸属动物头骨。头骨图A修改自，巴杰帕伊等，2011年，图11；

B，始新世中期古鲸亚目（龙王鲸科）：硬齿鲸属动物头骨。头骨图B修改自尤恩，2004，图4；

C，现今齿鲸亚目：宽吻海豚属动物头骨。头骨图C修改自，米德和福代斯，2009年，图3；

D，现今须鲸亚目：须鲸属动物头骨。

粗箭头表示鼻孔位置，类似的骨头颜色表示同源。头骨图D修改自伯塔等，2015年，图4.10。

生物复原图由C.比尔绘制。

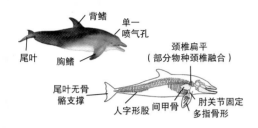

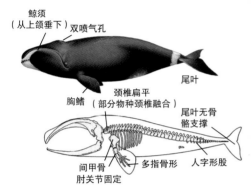

齿鲸亚目动物解剖特征（宽吻海豚；上部），以及须鲸亚目动物解剖特征（露脊鲸；下部）。本图由芝加哥大学出版社提供。

长、呈流线型，而须鲸属动物的鳍状肢长宽比值大（长/宽，代表在水中的升/降），有利于速游，而露脊鲸的鳍状肢则短而圆，长宽比值小，便于进行缓慢连续的移动。鲸类冠群动物的肘关节是固定的；肱骨和尺骨之间的关节是平形的，而不是半弧形的。由于肘关节被封闭在鳍状体中，因而鲸类冠群动物的前肢相对僵硬，但为多指形。前肢的多余骨素使得足趾变长，从而扩大了鳍状肢的表面积。在哺乳类动物中，只有鲸目动物中才会出现多指骨形，但有两种水生爬行动物——鱼龙和沧龙——也是如此。在鲸目动物中，齿鲸亚目动物的多指骨形出现在第二趾或第三趾上，而须鲸亚目动物的多指骨形出现在第二趾或第五趾上。库珀及其同事（2007年）对多指骨形进行研究发现，大多数鲸类动物没有第一趾，领航鲸（*Globicephala*）除外。而在须鲸亚目动物身上，没有第一趾的任何痕迹（露脊鲸除外）。多指骨形出现于800万~700万年前，分别在须鲸亚目和齿鲸亚目动物身上独立进化。最近的研究已经扩展到解剖学领域，数字模式控制的分子基础显示，有几个*Hox*基因可能在足趾缺失和多指骨形上扮演着重要的角色。

鲸目冠群动物的后肢退化为嵌在肌肉中的骨骼残留。第2章详细介绍了鲸目干群动物腰骨和后肢的退化。背鳍与尾叶的结缔组织构成成分相似，且都缺乏骨骼支撑。在哺乳动物中，背鳍经过了独特的发育，大小和形状各不相同，在游泳时可以防止翻转。有关背鳍的进化过程缺乏相应的化石证明，而且没有已知的骨学方面的证据可表明已灭绝的物种也有背鳍。

在鲸目动物、鳍足目动物和海牛目哺乳动物中，鳍片、鳍肢和尾叶在体温调节中也发挥着作用。这些部位有密集的血管和逆流交换器官，动脉中含有来自身体核心部位的温暖血液，周围众多的静脉循环系中为来自身体四肢的冷却血液。当血液在这些血管中向相反方向流动时，温暖的动脉血液将其大部分热量转移到鳍状肢冷却的静脉血液中，以确保不损失热量。虽然有关海洋哺乳动物血液逆流交换的化石证据并不充足，但是基于对各种进化谱系和生物多样化古环境条件的评估，它们的存在就是最好的假设。鲸脂和疏松的结缔组织构成了皮肤的内层，在绝缘方面作用重大。鲸脂厚度依季节变化；生活在极地水域的北极露脊鲸的鲸脂厚度可达0.5米（1.5英尺）。鲸脂也能储存能量，塑造流线型体廓，增加皮肤弹性。对于血液的逆流交换，必须根据一些间接证据（包括古生物环境和复原动物体型的大小），来推断鲸类动物鲸脂的厚度。

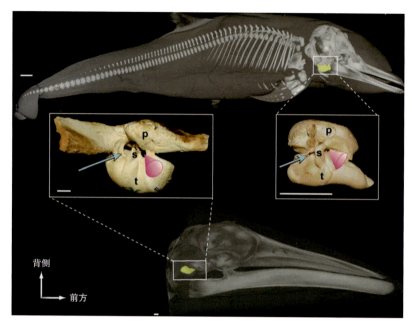

图3.2 一条齿鲸亚目点斑原海豚（顶部）右侧耳朵的三维重建图，基于CT扫描，及一条须鲸亚目小须鲸的幼体标本（底部）。中耳和内耳鼓室复合体结构图，以黄色突出显示。插入图像是成熟个体南极小须鲸（左）和原海豚属倭圆头鲸（右）的鼓室复合体的照片。蓝色箭头表示鼓膜孔，粉色圆锥表示声音漏斗。缩写：p，耳周的；s，S状弯曲；t，鼓膜的。比例尺=2厘米。本图来自大和与派森，2015年。

（如巴基鲸属）缺少用于水下听力的专门器官。鲸目干群和冠群（如安德鲁斯鲸属、雷明顿鲸属和龙王鲸属）动物以及一些有齿的须鲸亚目（如艾什欧鲸属）动物，有朝向前方的鼓室泡和声音漏斗，表明须鲸亚目中须鲸的侧部声音接收通道是最近才进化出来的。有一种假说认为，声音漏斗和声音接收通道首先在鲸目干群动物身上进化出来，后来才在齿鲸亚目中专门用于传输高度定向的声呐信号。为了捕食大量群聚的浮游动物（称为大容量捕食），须鲸的鲸须器官不断改进。在这一过程中，它们的声音接收通道可能已经移向了侧方，因此并不受回声定位需求的限制。除了拥有声音漏斗外，现存鲸类和灭绝鲸类的耳部内侧壁都变得更厚，人们普遍认为这是专门服务于听力的。

除了从解剖学的角度对鲸的听力提出新见解，还有人认为，回声定位的能力是在蝙蝠和齿鲸亚目两个物种身上独立进化出来的，源于相同的基因突变，这种观点是近年来最引人注目的研究发现之一。哺乳动物的深海潜水能力也是趋同进化的结果，根据第2章（麦高恩等，2015年）所讨论的内容，通过在肌红蛋白中替换氨基酸就可以记录有关深海潜水的情况。

脑的大小

鲸目动物包括脑最大的物种，也包括脑的大小仅次于人类的物种。这些物种脑的大小与身体大小的关系，通常被表示为脑化指数（EQ）。蒙哥马利和他的同事（2013年）在一项研究中分析了鲸类动物的大脑和体型的进化过程，他们既研究了现存类群，也研究了化石类群。尽管在某些情况下，大脑的颅腔模型——展现大脑外观的内部铸型——被保留了下来，但一般来说，对化石中鲸类大脑大小的估计主要是基于对头骨的CT扫描所获得的测量结果。EQ的变化与饮食、社会行为和生活史模式等各种因素有关。鲸目动物的EQ值显示出须鲸亚目和齿鲸亚目截然相反的发展趋势：从须鲸亚目干群到须鲸亚目冠群，EQ值呈下降趋势；而从齿鲸亚目干群到齿鲸亚目冠群，EQ值却呈上升趋势。

最早的齿鲸亚目动物要比龙王鲸这种"古鲸亚目"动物小得多，但其脑却没有小很多，EQ值反而还出现上升的情况；后一种趋势与这一谱系中回声定位的进化有关。须鲸亚目动物的EQ值降低是因为其体重迅速增加，并且体重增加的速度大于脑容量增加的速度，结果就是当今须鲸亚目动物的体型都十分庞大——所有须鲸亚目动物的EQ值都相对较低。最终，蒙哥马利等人的研究指出，直到几百万年前，大多数情商最高的哺乳动物都是海豚，而非灵长类动物（图3.3）。随后，金格里奇（2016年）的一项研究告诫人们，由于估计体重的方法不同，得出的体重结果也不相同。如果体重值被低估，那么脑容量值就会被高估。因此，在没有对化石鲸类和现存鲸类的脑和体型进行更多的研究之前，不要对鲸类动物的脑尺寸下结论。

后肢消失、腰骨退化和性别选择

虽然鲸类冠群动物通常没有后肢，但它们通常会有已经退化的后肢残留；但奇怪的是，人们却发现了带有后肢的鲸目冠群动物的胚胎，这个胚胎为我们展现了后肢的初始状态。汉斯·德威森和他的同事们（2006年）对基因表达进行了研究，发现在蛇类和鲸类动物中，后肢的缺失有共同的发展机制。研究结果表明：后肢芽发育，上皮细胞增厚，始于鲸目动物（图3.4），但在发育的第5周，肢芽生长受阻，发生退化；这是由音猬音子（*Shh*，一种*Hox*基因）减少和最终消失所控制的。使用鲸类动物化石记录，德威森和他的同事得以追踪到后肢退化及随后消失的路径模式（图3.5）。他们的研究发现表明，音猬因子的减少可能始于4100万年前的龙王鲸属，龙王鲸属是最早为鲸目冠群动物尾部推水这一特性提供骨骼证据的鲸类。龙王鲸科动物后肢末梢的消失包括一根脚骨（跖骨）和几根趾骨的缺失。与后肢消失相关的是椎骨消

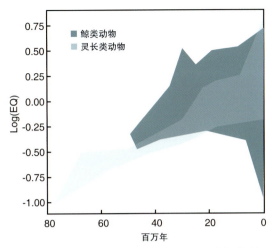

图3.3 灵长类动物和鲸类动物的EQ（脑化商）随时间变化的分布图。本图来自蒙哥马利等人，2013年。

图3.4 热带地区斑点海豚（热带斑海豚）胚胎显示前肢和后肢的发育过程。卡内基阶段（胚胎发育），左至右：CS13（最早），CN 14，CN 16，CN 17。本图由J. G. M. 德威森提供。

失，继鲸目冠群动物腰骨、骶骨和尾椎骨的分化完全消失之后，这一现象首先出现在龙王鲸科动物的身上（见第2章）。

除了后肢的丧失，鲸目动物的骨盆骨（髋骨）也发生退化。传统的解释认为，鲸的骨盆骨退化是因为它们是残留器官，毫无用处。哺乳动物学家吉姆·丹斯和他的同事（2014年）对这一假说进行了检验，他们研究了与交配系统有关的鲸类动物骨盆骨的大小，发现在一些鲸类（如北极露脊鲸属全部的种、拉普拉塔河豚）中，体型较大的骨盆骨和睾丸的出现与交配机制有关，这是一种竞争性的交配

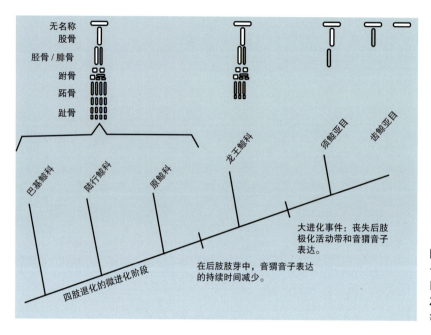

图3.5 热带始新世至今，鲸类后肢消失过程图。极化活动带缩写：ZPA。本图来自德威森等，2012。

机制，在这种机制下雄性会与几只雌性交配。

体型大小

Neoceti体型进化的主要特征表明，须鲸亚目动物巨大的体型特征是在其进化过程中较晚的时候——中新世（图3.6）才出现的。在渐新世晚期，须鲸亚目动物（如艾什欧鲸属）和齿鲸亚目动物（如西蒙海豚属）的体型十分相似，均为250厘米（8.5英尺）左右，大约与成年宽吻海豚属动物（*Tursiops truncatus*）的大小相近。与祖先龙王鲸属动物［据估计，总身长从485厘米（15.9英尺）到1600厘米（52英尺）不等］相比，鲸目干群动物在从龙王鲸属中分化出来时体型要小很多。在中新世早期，须鲸亚目动物的体型明显增大，似乎在当时体型达到了最大值，例如，安格罗鲸属动物的体长为750厘米（24.6英尺）。虽然齿鲸亚目动物现今的体型保留了其进化史上的最低值，但须鲸亚目动物在中新世晚期的体重与现在的体重差异十分明显。

体型极大的须鲸亚目动物，如长须鲸和蓝鲸，体长大于1500厘米（49英尺），是近来才进化出现的，在鲸类进化史上出现较晚，且与吞食的进化过程有关。这与陆生大型哺乳动物形成了鲜明的对比，后者较大的体型出现在进化早期，即在其起源后的1000万年（派森和彭斯伯格，2011年）。

潜水能力

通过分子标记，我们已经有了一些关于海洋哺乳动物潜水能力的发现（米尔凯塔等，2013年；另见第1章），除此之外，骨骼中的一项病理学发现——血管骨坏死，已被公认是海洋哺乳动物潜水习惯的标示。这种情况表明，骨组织由于缺乏血液供应而死亡。无缺血性坏死症状就说明动物有意避免自己患上减压综合征（DCS）。古生物学家布莱恩·比提和巴里·罗斯柴尔德（2008年）对鲸类动物的缺血性坏死症状进行研究，发现大部分的化石鲸鱼以及现存鲸鱼无此症状，在那些经常进行潜水

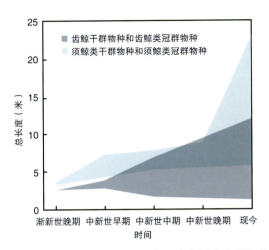

图3.6 鲸类体型进化图。本图来自派森和彭斯伯格，2011年。

活动的动物（如抹香鲸、剑吻鲸）身上更是如此。旧有假说认为，现存鲸类的生理机能可以避免患上减压综合征，布莱恩·比提和巴里·罗斯柴尔德的研究恰好为此说法提供了支撑。但齿鲸亚目基群动物与须鲸亚目冠群动物却是例外，它们身上确实会出现缺血性坏死的症状。这也说明，深海潜水所需的潜水生理机能在这两种鲸类谱系中很早就出现了，不过是分别进化出来的。在这两种谱系早期分化出的化石类群中存在缺血性坏死的症状。可能它们刚进化出深海潜水这项能力时，还没能做到很好地避免患上减压综合征。这样看来，这两种情况也是一致的。

有齿鲸类：齿鲸亚目
齿鲸亚目干群动物

许多齿鲸亚目干群动物被划分到淡水豚总科中，其中很多物种的系统发育地位都存在争议，且最近的系统发育中并没有证据能支撑齿鲸亚目干群动物仅来源于淡水豚总科这一说法，本章后面会对此进行讨论。最古老的齿鲸亚目干群有*Cotylocara*、沙拿鲸属、艾伯特鲸属和*Archaeodelphis*①，它们出现于渐新世晚期，发现于北美洲，尤其多见于北大西洋沿岸平原上约2800万~2400万年前的岩石中（美国东部；图3.1）。此前，这些物种被划分在沙拿鲸科中。沙拿鲸最初是由雷明顿·凯洛格在美国南卡罗来纳州鲁培勒阶发现的渐新世时期部分鲸的头骨化石的基础上进行描述和命名的。脊椎动物古生物学家阿尔·桑德斯和乔纳森·盖斯勒（2015年），以及丘吉尔等人（2016年）对该分类重新进行鉴别，发现该科的齿鲸亚目干群包括沙拿鲸属、艾伯特鲸属和*Echovenator*②。最近对来自北卡罗来纳州渐新世*Echovenator*的内耳解剖的描述表明，古老的齿鲸亚目动物以及它们的"古鲸亚目"祖先可以探测到高频声波（参见第2章），但是，一些现存齿鲸亚目动物能探测到的更高频的声波它们可能无法听到。

*Cotylocara macei*的化石发现于南卡罗来纳州钱德勒桥组，出现于渐新世（约2800万年前）。盖斯勒及其同事对其进行描述，发现该鲸类喙部下翻，喙骨密实，有气腔，头骨不对称，上颌骨很宽。这说明*Cotylocara macei*是最早具有回声定位能力的齿鲸亚目动物（图3.7）。

在大多数系统发育中，*Archaeodelphis*都是基层物种，其面部结构显示出类似于"古鲸亚目"动物的特征，但在不同时期的不同地区发现的大量颅顶骨又显示出其具有齿鲸亚目动物的共源性状。

还有一种十分重要的齿鲸亚目干群动物，叫阿哥洛鲸，关于这一物种仍有疑团尚未解开。阿

---

① 是一种已灭绝的齿鲸亚目原始物种，出现于渐新世晚期（夏特阶）南开罗来纳州的海洋沉积物中，属沙拿鲸科。——译者注
② 一种原始的齿鲸亚目物种，出现于渐新世晚期（夏特阶）南卡罗来纳的海洋沉积物中，属沙拿鲸科。——译者注

图3.7 *Cotylocara macei*头骨CT复原图（含气腔）。浅蓝色部分表示气腔的内部结构，该部分可能与下前庭以及连接静脉窦与软组织鼻道的路径同源。红色表示上颌前空气窦。本图来自盖斯勒等，2014年。

哥洛鲸出现于渐新世，属阿哥洛鲸科。在南卡罗来纳艾希礼组中发现了该物种的部分头骨化石和牙齿化石。从前，该属种被推定为齿鲸亚目动物的祖先，在齿鲸亚目的种系发展史上占有重要地位，也被认为是齿鲸亚目中最古老的一科。除了下面详细展示的干群分类图，近来关于这个所谓阿哥洛鲸的部分头骨有了更多的发现（戈弗雷等人，2016年），使人们对于齿鲸亚目动物的基本形态有了更进一步的了解。

基于对部分头骨的描述，出现于渐新世早期的

回声定位的起源

回声定位是指产生高频声音并接受其反射回声的能力，齿鲸亚目动物的进化与这种能力的进化紧密相连。然而，通过对一个保存完好的齿鲸亚目动物的耳化石进行研究，发现捕捉高频声波的能力在鲸的进化过程中出现得更早，大约在2700万年前，即这种能力特征在齿鲸亚目动物进化之前就存在了（丘吉尔等，2016年）。最古老的齿鲸亚目动物的面部结构可以证明它们具有回声定位的能力。古生物学家大卫·林德伯格和尼克·派森（2007年）提出假设，认为回声定位最初是为了适应在夜间捕捉那些垂直移动的头足类动物，尤其是鹦鹉螺目动物。人们发现充气的鹦鹉螺目软体动物比无外壳的、软体头足类动物（如乌贼）发出的回声更强，这就为这种捕食者（鲸）和猎物（鹦鹉螺目动物）之间的共同进化提供了证据。这些渐新世的硬壳鹦鹉螺目动物能够轻易地被早期凭借回声来定位的齿鲸亚目动物所捕获，也可能因此导致了后来鹦鹉螺目动物濒临灭绝（如图所示）。化石记录的有关回声定位能力的后续演变是由齿鲸亚目动物捕捉深水环境中的乌贼所致。

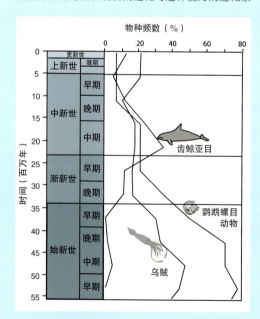

捕食者（鲸鱼）和猎物（头足类动物）相对频数随时间变化图。本图修改自林德伯格和派森，2007年。

其他齿鲸亚目干群还包括 *Mirocetus*[①]和 *Ashleycetus*，但两个物种之间的关系尚不确定（图3.8）。*Ashleycetus* 是由桑德斯和盖斯勒（2015年）所描述的一种新分类群，发现于美国东南部的艾希礼组中，并被归入 Ashleycetidae 一科之中。*Mirocetus riabinini* 很可能来自阿塞拜疆迈可普下层地层的鲁培勒阶上部沉积物中，被归入新的一科——Mirocetidae 中。与其他干群不同的是，它独特的眶下板上有齿槽，与鲸类干群（龙王鲸属和原鲸属）相似。最重要的是，这些新的类群，特别是那些具有回声定位能力的类群，为齿鲸亚目共源性状提供了相关信息。此外，它们还证明了齿鲸亚目干群的分布并不局限于大西洋东部。

后来衍生出来的一种鲸——雷氏西蒙海豚（图3.9，图3.10），有保存完好的化石标本，经新西兰古生物学家尤恩·福代斯（1994年）描述，该鲸类出现于渐新世早期（鲁培勒阶）美国俄勒冈州，被归入 Simocetidae。其鼻部与其他齿鲸亚目动物不同，它的嗅觉器官相对较大。此外，其取食器与其他齿鲸亚目动物也不尽相同，它的下颌向下翻转，上颌前部同样向下翻转但扁平无齿，两者共同构成自己的咬合结构。这表明，这种动物是一种底栖生物，以软体底栖无脊椎动物为食。这些齿鲸亚目干群动物的头骨结构显示，这种动物的头骨适度收缩（鼻孔在眼眶前部），臼齿有多重齿根和诸多齿尖，这一点与"古鲸亚目"动物一样，但

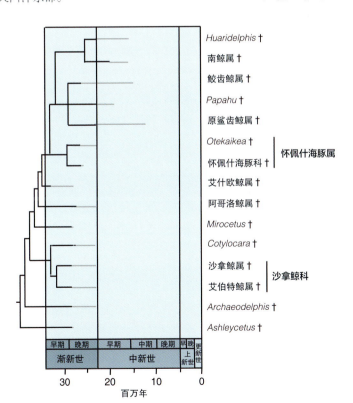

图3.8　齿鲸亚目干群系统发育图。本图修改自桑德斯和盖斯勒，2015年。

[①] 是一种古老的齿鲸亚目物种，出现于渐新世晚期（夏特阶）的阿塞拜疆。该鲸种的分类与其他许多原始的齿鲸亚目物种一样尚未确定。——译者注

与现存的这类动物不同。但所有的类群都具备一些特征,这些特征都和与回声定位有关的软组织密切相关,其中一个特征是有上颌孔。根据现存齿鲸亚目动物的解剖结构可知,上颌孔可传输三叉神经中的上颌神经,并与鼻塞肌、上颌气腔、额隆,以及覆盖部分额隆的结缔组织相关。因此,人们猜测,上颌孔存在与否及尺寸大小与一个或多个发出、传输高频声波的软组织结构相关(桑德斯和盖斯勒,2015年)。

鲛齿鲸(鲛齿鲸科)又叫鲨齿鲸,是一种已经灭绝的齿鲸亚目物种,因有许多三角形状的臼齿而得名,出现于渐新世晚期到中新世晚期。在北美洲、南美洲、欧洲、亚洲、新西兰和澳大利亚等地都有关于鲛齿鲸属的记录。鲛齿鲸属中一小部分物种(鲛齿鲸)有保存完好的头骨、齿列、耳骨和下颌骨,但是大部分名义上的物种都只保存下了几颗残留的牙齿,而且还可能是其他科动物身上的。在马耳他发现的鲛齿鲸下颌骨化石是自古生物学早期以来(见金格里奇,2015a)发现的最早的鲸鱼化石(希拉,1670年)。大部分的鲛齿鲸都是体型相对较大的动物,体长3米(10英尺)或3米以上。它们的头盖骨几乎完全收缩,气孔在头顶,位于两个眼眶之间。其齿列上牙齿多,但仍属异齿型动物,前牙长且尖,臼齿有较多齿根(图3.9)。前牙很可能只是摆出来吓吓猎物,并不在进食中起实质性的作用,而强健的臼齿(有磨损)可能才是分解企鹅等猎物的真正"器械"。

鲛齿鲸属的系统发育具有不确定性,原鲨齿鲸属也是如此。有人主张将原鲨齿鲸属当作齿鲸亚目干群归入原鲨齿鲸科中,但也有人主张应将其当作怀佩什海豚属的姐妹群。虽然有关鲛齿鲸属与原鲨齿鲸属之间的亲属关系一直都有争论,但是有关牙齿形态学的研究表明,两者的牙齿进化都是为了适应饮食习惯。鲛齿鲸属动物和原鲨齿鲸属动物有中等厚度的牙釉质,即所谓的"施雷格釉柱带",其外层有一层放射状的牙釉质,可以增加牙齿的耐磨性(图3.11),表明它们可能以甲壳类动物为食。

最近有关齿鲸亚目干群动物的发现(特别是来自南半球的发现),表明早期分类群的物种多样性要远超出之前的认识。*Huaridelphis*[①],以瓦里文明

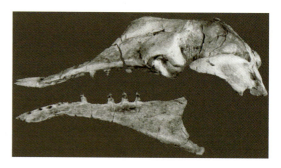

图3.9 齿鲸亚目干群中的艾什欧鲸头骨、颌骨侧视图。本图由R.E.福代斯提供。

图3.10 艾什欧鲸干群物种生物复原图。本图由C.比尔绘制。

---

① 是一种已灭绝的淡水豚属物种,出现于中新世早期,典型代表性物种为 *H. raimondii*。——译者注

（公元500~1000年）命名，据比利时古生物学家奥利维尔·兰伯特和他的同事（2014b）所述，该物种出现于秘鲁皮斯科-伊卡盆地中新世早期的奇尔卡泰组（图3.12）。*Huaridelphis*不同于其他的鲛齿鲸属动物，它的体型较小，额部眶前突较薄，吻部呈锥状，齿数更多。这个齿鲸亚目物种是其所在科中体型最小的一种，它的体长不到50厘米（1.6英尺）。虽然最初*Huaridelphis*被归入角齿海豚科，但是近来的一些研究表明，这一物种应当被归入"淡水豚总科"。

越来越多的齿鲸亚目干群动物的化石从新西兰被发掘出来。*Awamokoa tokarahi*发现于渐新世晚期（2730万~2520万年前）新西兰的科科阿穆绿岩地。这种早期分化出来的分类群，下颌髁突明显、冠状突较高、颞肌和吻部较短。经分析，该物种属食肉动物，咬合力极强（田中和福代斯，2016年）。

另一种古老的齿鲸亚目是怀佩什海豚属，包括两大类：怀佩什海豚和*W. hectori*。经福代斯和他的同事（福代斯，1994年；田中和福代斯，2015b）描述，怀佩什海豚属出现于渐新世新西兰的奥特凯克石灰岩中。该分类单元被划分在怀佩什海豚科中，根据其头骨、耳骨和牙齿的细节在淡水豚属中对其进行了进一步的分类。最近的系统发育分析，将怀佩什海豚属定为*Awamokoa*的姐妹类群（田中和福代斯，2016年）。怀佩什海豚的头骨较小，约600毫米（1.9英尺），稍不对称，吻部长而狭窄，有较小的异形齿（图3.13），门齿窄而长，突出于颌骨之外。臼齿呈纵向垂直排布，有附铰齿。怀佩什海豚体长约为2.4米（7.8英尺）。*W. hectori*头骨较短，身体大约比怀佩什海豚小12%。

加布里埃尔·阿吉雷-费尔南德斯和尤恩·福代斯（2014年），对发现于新西兰成岩时间较晚的岩石

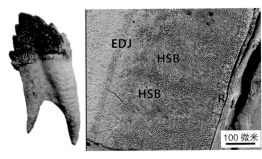

图3.11 南方原鲨齿鲸牙齿（从舌头一侧观看）和牙釉质亚显微结构图。缩写：EDJ，牙釉质结合处；HSB，施雷格釉柱带；R，桡部。本图来自洛赫等，2015年。

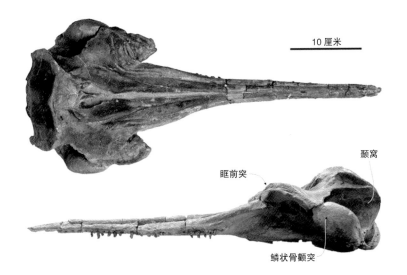

图3.12 *Huaridelphis raimondii*.头骨俯视图和侧视图。本图来自兰伯特等人，2014b。

图3.13 齿鲸亚目干群物种怀佩什海豚头骨及下颌骨图。头骨长为600毫米（1.96英尺）。本图由R. E. 福代斯提供。

中（中新世早期，2170万～1870万年前，Kaipuke砂岩）的齿鲸亚目干群动物特泰塔铺裂孔鲸（毛利语意为"来自特泰塔铺的海豚"，该化石由毛利人收集）进行了描述（图3.14）。根据该鲸的头骨尺寸可推测出该物种的体长约为2米（6.5英尺），与现存的海豚类（如海豚属、土库海豚属、白海豚属）的体长相当。泰特塔铺裂孔鲸的头骨不对称，吻部有多个小孔，说明其面部软组织严重血管化，也可显示出其面部软组织神经分布的情况。与其他齿鲸亚目动物相比，泰特塔铺裂孔鲸翼状的鼻窦结构尚处于发育的早期阶段。它们的出现通常与耳朵分离并用于回声定位有关。

义广田中和尤恩·福代斯（2014年）于新西兰（下中新统开普克组）发现了一块保存完好的头骨化石，该化石出现于渐新世晚期，距今约2390万年。通过对该化石进行反复研究，他们发现正如之前所想的那样，该物种并不属于已灭绝的齿鲸亚目肯氏海豚属（见后面的讨论）。更确切地说，它是属于*Otekaikea*这一新属类，*Otekaikea*因发现于*Otekaike*石灰岩而得名。*Otekaikea marplesi*体长约为2.5米（8.25英尺），体重至少有85千克（187磅）。它的前牙（獠牙）伏卧着，面部宽阔而凹陷，鼻子附近的肌肉结构与回声定位有关。*Otekaikea marplesi*的骨节突出，保留了颈椎，说明该物种颈部可以灵活转动。*Otekaikea*中与*Otekai-*

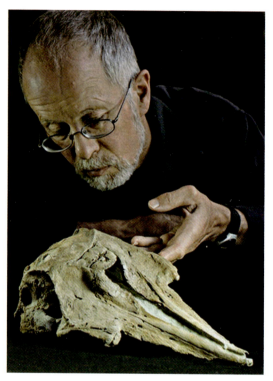

图3.14 脊椎动物古生物学家尤恩·福代斯与齿鲸亚目干群物种特泰塔铺裂孔鲸的头骨化石。本图由R. E. 福代斯提供。

*kea marplesi*体型差不多大小的物种叫作*O. huata*。该物种发现于新西兰的Otekaike石灰岩中，由田中和福代斯（2015a）根据头骨、耳骨和前肢的遗骸进行描述。也许，最引人注目的是它的几颗长牙，其中最大的长牙牙冠长度可达28厘米（11英尺）左右。Otekaikea未定种和海豚类动物的牙齿形态以及牙釉质显微结构相对较简单，表现出向多齿和异齿形的过渡，这意味着它们与现存齿鲸亚目动物一样，在捕食过程中所需的咬合力度有所降低。进化分析表明，角齿海豚科、怀佩什海豚科和Otekaikea可能属于齿鲸亚目干群或冠群。在某些分析中，人们也会将角齿海豚属与淡水豚属联系在一起。

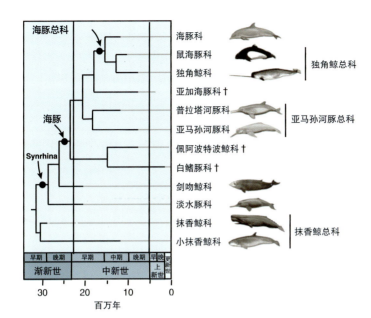

图3.15 齿鲸亚目冠群成员种系发生关系图。本图来自盖斯勒等，2011年。

齿鲸亚目冠群

根据近期的各种证据，齿鲸亚目冠群的系统发育如图3.15所示。分子数据支持齿鲸亚目冠群于渐新世早期分化扩散的说法。然而备受争议的是，渐新世时期很多化石的形态学数据并不足以让我们确切地判断这些化石物种究竟属于齿鲸亚目干群还是齿鲸亚目冠群。齿鲸亚目冠群包括10科和73种现存物种，是已描述的化石类群的两倍多。

抹香鲸总科：抹香鲸科和小抹香鲸科

抹香鲸总科是一个超级家族，目前包括体型最大的齿鲸亚目抹香鲸科（Physeteridae），以及小抹香鲸科（Kogiidae）。抹香鲸总科被认为是其他所有现存齿鲸亚目的姐妹群。

抹香鲸科动物：抹香鲸在最近的系统发育中（如布尔斯马和派森，2015年；维莱斯·尤尔贝等，2015年），最早的抹香鲸总科干群是发现于中新世中期的欧鲸属，其次是其他抹香鲸科的基层物种（蒂普罗鲸属、抹香鲸属、拟艾多鲸属、横扼抹香鲸属、噬抹香鲸属、利维坦鲸属、Albicetus、古喙抹香鲸属、奥巴斯托鲸属）。这些鲸类不属于抹香鲸冠群，被划入抹香鲸总科之中。这些抹香鲸总科化石物种大部分都是北美类群，但是有一些类群，如来自阿根廷的蒂普罗鲸属和拟艾多鲸属，尚未得到充分的研究。最近的一项分析发现，这两种类群在抹香鲸科内部存在嵌套关系（兰伯特等，2016年）（图3.16）。蒂普罗鲸属的体型较小。而噬抹香鲸属（Naganocetus）和横扼抹香鲸属是随后于中新世衍生出来的抹香鲸。横扼抹香鲸属与其他所有的抹香鲸总科鲸类都有一个共同的特征，即具有深陷的颅骨盆，用于储存鲸脑油。这一特征可能是从其祖先身上继承下来的。颞突抹香鲸的总体长约为6.5～7.5米（21～24英尺），约为现存抹香鲸最大体长12.5～18.5米（41～60英尺）的40%至80%。横扼抹香鲸属与另一种抹香鲸——峰抹香鲸属的上下颌都有巨大而锋利的牙齿，而现存的抹香鲸仅下颌有牙齿，这一差异说明，像横扼抹香鲸属与峰抹香鲸属这样的抹香鲸科干群动物主要捕食大型猎物，就像虎鲸一样。根据峰抹香鲸属标本可知，该物种上颌的齿槽之上有独特的骨赘成分，进一步证实抹香鲸科干群动物猎食范围广泛；

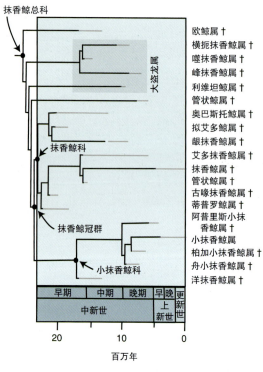

图3.16 抹香鲸科种系发生关系图。本图修改自兰伯特等人，2016年。

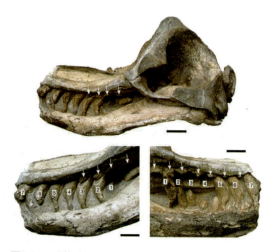

图3.17 峰抹香鲸属头骨及吻部显示在上颌骨肺泡的上部出现了骨赘成分。比例尺，顶部=100毫米（3.9英寸）；比例尺，左下和右下，=50毫米（1.96英寸）。本图来自兰伯特等，2014a。

据猜测，这些骨赘成分主要作为基柱，以加固有强大咬合力的牙齿（图3.17）。上颌骨的牙齿退化与消失的现象出现于后来分化出的抹香鲸身上，如管状鲸属、古喙抹香鲸属、舟小抹香鲸属和现存的侏儒抹香鲸。在赤道附近的更新世岩石中发现了一个抹香鲸科干群，说明有些类群可能居住在温暖的纬度地区，而现存的鲸类也是如此。

最大的抹香鲸类化石动物是梅尔维尔鲸（图3.18），据兰伯特及其同事（2010年）描述，该鲸类出现于秘鲁有约1200万年历史的皮斯科组中。梅尔维尔鲸头部长达3米（10英尺），齿长为36厘米（14英寸），与齿长为25厘米（9.8英寸）的抹香鲸相比，是已知最大的食肉动物之一，其体长约为13.5～17.5米（44～55.7英尺）。利维坦鲸属是顶级的掠食者，可能以鱼类和其他海洋哺乳动物为食，其中的海洋哺乳动物包括鳍足亚目、齿鲸亚目和须鲸亚目。与现存的抹香鲸相同，利维坦鲸属也有较大的前颅骨盆，这就意味着该鲸类也有较大的脑油器，但在化石鲸鱼中，这一器官却并非用在深度潜水和捕食上。

另一种大型的抹香鲸，叫*Albicetus oxymycterus*。经过对该物种、噬抹香鲸属和利维坦鲸属进行生物复原，人们发现这种物种的总长度为6米（19.6英尺）或以上。*Albicetus*上下颌均有牙齿，上颌牙齿上还有一层牙釉质，这在同属的物种间是很特别的（布尔斯马和派森，2015年）。中新世中期出现的这些数量众多、体型庞大的超级食肉抹香鲸，与现存的仅以乌贼为食的抹香鲸形成鲜明的对比。这表明古今的海洋哺乳动物大不相同，很多从前的群落在当今世界找不到对应的物种。此外，今天的抹香鲸中也少有超级食肉类动物。

抹香鲸科的化石记录古老而多样，尽管抹香鲸科中只有一个物种——巨型抹香鲸（*Physeter macrocephalus*）存活至今，但该科物种的化石记录却古老而多样。抹香鲸科一直被公认为是最基本的齿重达70吨；同时，它还是潜水里程最长、深度最深的海洋哺乳动物：呼吸一次可潜水138分钟，游行3000米（>1.8英里）。

在抹香鲸（通常是在巨型抹香鲸中，在侏儒抹香鲸中比较少见）的消化系统中，发现了一种叫作龙涎香的特殊物质。在商业捕鲸中这种物质一般用来制作香水。龙涎香之前在化石记录中并不为人所知，后来人们在意大利更新世早期的岩石中发现了该物质。有一种细长物质，呈螺旋状，包含了大量的乌贼喙与龙涎香，该物质被认为是粪化石，即抹香鲸肠道内残留物的化石（巴尔丹扎等，2013年）。

抹香鲸的化石记录至少可以追溯到中新世（中新世晚期，2150万~1630万年前），早前，如果将阿塞拜疆渐新世晚期（2300多万年前）残缺的凯氏法勒西鲸包括在内，那么化石记录的时间可以推至更早。在中新世中期，抹香鲸类在一定程度上就已经开始多样化。有关这一科的记录相当丰富，记录来自南美、北美、西欧、地中海地区、澳大利亚和新西兰地区发现的化石。

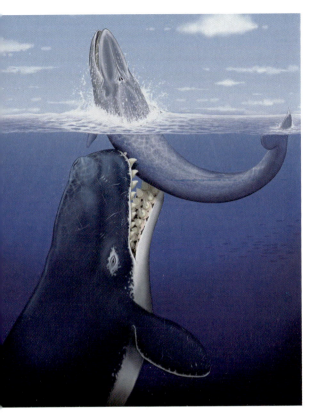

图3.18 巨头鲸梅尔维尔鲸生物复原图。本图来自兰伯特等，2010年。

鲸亚目物种。抹香鲸科动物头骨的衍生性状中有一种很特殊，即该物种的头骨内有一个大而深的前颌骨盆，脑油器就位于该颅骨盆内。此外，该鲸类还失去了一到两块鼻骨。抹香鲸有各种各样的功能依靠脑部以及位于其内的脑油器发挥作用，这些器官甚至对于回声定位都至关重要。基于泰德·克兰福德和同事们的解剖学研究（例如，克兰福德等，2008a, b；2010年），有关抹香鲸头部的回声定位功能已有充分的记录，但有一项基于工程模型和有限元分析的新研究（帕纳吉奥托普卢等，2016年）让我们发现，雄性抹香鲸在进行斗争时，其头部还可作为武器去撞击敌人。抹香鲸是现存齿鲸中体型最大的一种动物，体长达19米（62英尺），体

小抹香鲸科：小抹香鲸和侏儒抹香鲸。小抹香鲸科是齿鲸中最稀有的谱系之一，包括小抹香鲸（*Kogia breviceps*）和侏儒抹香鲸（*Kogia sima*）。小抹香鲸科与抹香鲸科关系密切，广泛分布于世界各地。小抹香鲸的名字很贴切，因为雄性小抹香鲸的体长只有4米（13英尺），而雌性小抹香鲸的长度不超过3米（10英尺），它们的体长最多只有自己近亲物种抹香鲸的五分之一。侏儒抹香鲸的体型更小，成年侏儒抹香鲸的体长为2.1到2.7米不等（7~9英尺）。小抹香鲸就像抹香鲸一样，也有一个巨大的前颌骨盆，盆中也有一个脑油器，但不同的是小抹香鲸的体长较小、喙部较短、头骨的某些细节也与抹香鲸不尽相同。小抹香鲸的脑油器较小，说明它们求偶方面的竞争压力并不是很激

烈。小抹香鲸骨盆骨的退化（与现存的抹香鲸相比）也能说明这一点。

最古老的小抹香鲸来自中新世早期（880万~520万年前）的比利时。迄今为止人们已发现了小抹香鲸的五个属种，它们分别是：来自中新世早期比利时的洋抹香鲸属、来自中新世晚期秘鲁的舟小抹香鲸属、来自中新世晚期墨西哥加利福尼亚半岛的柏加小抹香鲸属、来自上新世早期美国北卡罗来纳州的阿普里斯小抹香鲸属，以及来自中新世晚期巴拿马的地峡倭小抹香鲸属。现存小抹香鲸的化石记录可追溯到上新世晚期的意大利。早期分化出来的小抹香鲸包括洋抹香鲸、阿普里斯小抹香鲸和舟小抹香鲸。*Nanokogia*是一种较晚分化出的小抹香鲸类群，和柏加小抹香鲸属一样，它与现存小抹香鲸属的关系比与其他类群的关系更紧密（兰伯特等，2016；维莱斯·尤尔贝等，2015年）（图3.16）。基于*Nanokogia*和小抹香鲸属的形态特征（如喙部较短）以及古生物学和地质学方面的证据（如丰富的鱼种和估算水深），有假说认为，化石抹香鲸以鱼类和乌贼为食。化石抹香鲸的脑油器可能比小抹香鲸的脑油器大，这说明其声波生成能力与现存小抹香鲸不同（维莱斯·尤尔贝等，2015年）。

synrhina：剑吻鲸科、淡水豚总科和海豚科

Synrhina（来源于希腊语，意为"鼻子连在一起，"指其软组织鼻道远端与鼻孔骨外侧相融合）是齿鲸亚目冠群的一个进化支，该类群由盖斯勒和他的同事（2011年）提出，是剑吻鲸科、淡水豚科和海豚科最近的共同祖先。

剑吻鲸科：剑吻鲸。剑吻鲸科的物种多样性仅次于海豚，包括6个属和22个现存物种。由于剑吻鲸科动物习惯深潜（可达水下3000米），行踪难以捕捉，因而成为世界上最不为人知的大型哺乳动物。它们的特点是喙部细长并经常向外伸出，因而得名剑吻鲸。虽然在一些形态分析中将剑吻鲸科与抹香鲸科结合了起来，但是近来的分析不再支持这种安排。现存剑吻鲸其他的一些显著特征还包括：明显的性双态性、鼻部隆起、喉槽前部被挡，以及严重的牙齿退化。牙齿消失（大部分是上颌的牙齿）是剑吻鲸的一种进化趋势，但只有雄性剑吻鲸上颌前端会有两对巨齿外露。

在现存剑吻鲸和化石（见下图）剑吻鲸身上还有其他一些奇特的结构，如在它们的面部、喙部和上颚各有各种骨结构，其中许多都位于软组织深处。有假说认为这些结构可以作为武器，用来传输声音信号或者/以及当作深潜时的气舱。不过在现存类群中，这些特殊结构被认为是性别选择的结果——可以直观地展示性别——这种说法可能更合理，因为在雌性鲸中并无这些特殊结构。古生物学家帕维尔·高尔丁（2014年）提出了一个有趣的假设。他认为，剑吻鲸的一些特殊面部结构可能在"听觉"中起作用。因为这些骨结构的密度差异带来的回声不一样，所以剑吻鲸可以通过回声定位对对方进行辨别。也正因如此，剑吻鲸的一些特殊面部结构可能在它们的社会交流与个体或物种识别中发挥作用。高尔丁指出，这种"回声成像"假说已经用来解释剑吻鲸如中喙鲸属某些种同时深潜这一现象，只不过它们的这种特殊结构不是几乎不可见就是完全不可见。

剑吻鲸栖息在近海较深的海盆中，我们对它们的了解大多是在其搁浅的时候。以前它们在化石记录中鲜为人知，但在过去的几十年中，于中新世中期及上新世的欧洲、北美、南美、非洲、日本、澳大利亚的一系列发现表明，剑吻鲸的化石物种比现存物种还要多（见比亚努奇等综述，2016年）。首次在北海出现的一个中新世早期的剑吻鲸标本备受争议。在比利时安特卫普发现的一种古老的剑吻鲸——小古喙鲸已用于重新校订剑吻鲸冠群的分化时间，校准后的分化时间为中新世中期（1500万

第三章 后来分化的鲸类

和他的同事（2016年）通过系统发育分析，将剑吻鲸分为两类：一类是马什喙鲸属进化支，来自太平洋东南部和大西洋北部；另一类是剑吻鲸科冠群，主要来自南大洋（图3.19）。乔瓦尼及其同事们指出，剑吻鲸的这两种谱系有着相似的进化趋势，如牙齿退化、喙骨厚度增加、面部形态改变和体型增大。

在一次特殊的化石挖掘活动中，人们从葡萄牙和西班牙海岸外的大西洋海床中挖掘出40多个剑吻鲸头骨。比亚努奇和他的同事（2013b）对这些标本进行研究，发现了剑吻鲸的一些新属种。埃布罗球喙鲸是一种长相尤为奇特的剑吻鲸，在其喙部中间有一个巨大的球形骨，由前颌骨融合而成（图3.20）。另一种长相奇特的新型剑吻鲸叫作食鱼底喙鲸。它的面部有一个奇怪的延伸区域，拉长了上颌的脊状突起，被认为是作用于鼻道、气孔和melon处的面部和喙部肌肉的起始处。这些挖掘打捞出的标本的地质年代尚无法确定，但它们很可能出现于中新世早期到中期的沉积物中（图3.19）。此外，在南非海岸还挖掘出许多剑吻鲸化石，这使人类又发现了剑吻鲸9个属的10个新物种（比亚努奇等，2007年）。通过对比这些挖掘出的化石，人们发现了动物群之间存在的差异。由于赤道暖水阻碍了伊比利亚半岛和南非海岸之间的化石剑吻

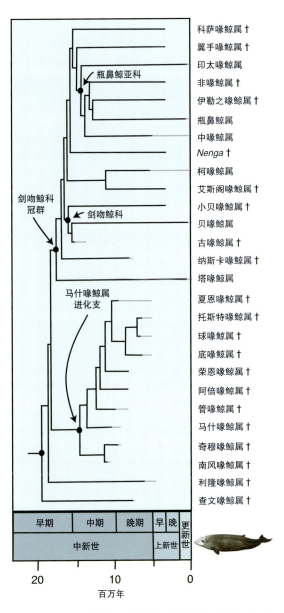

图3.19 剑吻鲸科种系发育图。本图修改自比亚努奇等，2016年。

~1320万年前）（图3.19）。这种小型剑吻鲸的特征基于几个头骨的局部化石进行描述，其体长比贝喙鲸某些种小得多，总长度可能不超过4～5米（13～16英尺）。意大利古生物学家乔瓦尼·比亚努奇

图3.20 埃布罗球喙鲸头骨化石显示该物种的球形上颌突出。喙部长度为530毫米（1.7英尺）。本图来自比亚努奇等，2013b。

鲸的传播，所以化石剑吻鲸不同物种之间的这些差异，可能恰好说明了赤道暖水的存在。

中喙鲸属有15种现存物种，是已知的鲸类动物中物种最丰富的属类（参见伯塔，2015年）。然而，人类目前只发现了中喙鲸属的两个化石物种：一是好望角中喙鲸，对该物种的研究发现基于从南非的海底挖掘出来的头骨；另一个是波氏中喙鲸，发现于比利时。波氏中喙鲸的标本可追溯到486万~390万年前，而且由于系统发育分析将波氏中喙鲸置于现存的物种中，所以现存物种的扩散时间就止于上新世（赞克勒阶）早期。

南美洲有关剑吻鲸的化石记录多种多样，包括6个属。其中有5个属来自中新世到上新世的秘鲁，这表明东南太平洋营养丰富的沿海水域是剑吻鲸干群动物重要的扩散区。最著名的化石剑吻鲸之一是吻利隆喙鲸（图3.21），该物种出现于上新世早期。与大多数现存的剑吻鲸相比，吻利隆剑吻鲸不擅长吸食，该物种正模标本的牙齿有磨损，表明它以底栖生物为食。然而，吸食的本领在剑吻鲸的进化史上早已出现。另一种奇特的剑吻鲸叫作厄比纳纳斯卡喙鲸，来自秘鲁。该物种长有长喙，下颌有一对巨大的前牙，类似于剑吻鲸冠群动物，表明在剑吻鲸进化史上性双态性很早就存在。

第三种在秘鲁发现的化石剑吻鲸是喙部细长的马什喙鲸属，该物种出现于中新世中期，在大西洋东部（美国和意大利）也有分布（图3.22，图3.23，图3.24）。人们在秘鲁发现了一副簇状马什喙鲸骨架，其长度约为4.1~4.5米（13.4~14.7英尺），重达1842千克（4000磅），并伴有一些骨鱼类遗存。这一发现证明了簇状马什喙鲸与鱼类之间的捕食者-猎物关系，并为确定剑吻鲸祖先的栖息地提供了重要线索。研究人员认为，此鲸捕获了大量沙丁鱼类并吃掉了它们，不久之后就死去了（可能是由于摄入了一种有毒物质），在沉入海底并被埋葬起来之前，它吐出了一些在最后一餐中吃的东西。（图3.24）。另一种鼻子较长的剑吻鲸叫作晨光大衮鲸，最近发现于丹麦哥罗摩组中新统上部（990万~720万年前），在系统分析中被确认为马什喙鲸属的姐妹群。有关马什喙鲸属、利隆喙鲸属和大衮鲸属的研究结果表明，剑吻鲸干群成员与现有的剑吻鲸相比，不太擅长吸食和深度潜水，并且更有可能生活在较浅的地方，以鱼类为食。剑吻鲸的第一个化石记录是布氏南风喙鲸，同时它也是最基本的剑吻鲸物种。该物种发现于西南大西洋，出现于中新世晚期阿根廷巴塔哥尼亚玛德琳港口的地层中。通过对该物种部分头骨和仅有的标本进行元素鉴别，人们发现布氏南风喙鲸的鼻腔很大，呈三角形且明显不对称。

剑吻鲸有两个新的子类，分别是厚肌查文喙鲸和科罗拉多奇穆喙鲸，它们暴露在赛罗科罗拉多和塞洛斯奎斯这两个年代久远的曾是海洋脊椎动物聚居地的皮斯科组。奇穆喙鲸出现在托尔托纳阶，被归入马什喙鲸属进化支中（图3.19），而出现在墨西拿阶的查文喙鲸则属于这个进化支中更基层的物种，被认为是最早分化的剑吻鲸（比亚努奇等，2016年）。

还有一种不同寻常的大型剑吻鲸，体长为7米（23英尺）。人们在肯尼亚的淡水沉积物（距今约1700万年前）发现了该物种的头骨，推定该物种出现于中新世中期。剑吻鲸和现存鲸类一样，有时也会进入河流生活。其体型大小、化石发掘地的地质背景和相关动物群表明，该物种可能是在沿着非洲东海岸迁徙的过程中被困在河里的。

淡水豚总科：异海豚科、角齿海豚科、淡水豚科（恒河淡水豚）。现存的亚洲河豚科、淡水豚科以及已灭绝的角齿海豚科和鲨齿海豚科，最初都被列入淡水豚总科。后来，其他已灭绝的类群（如原鲨齿鲸属、道皮尔兹海豚属、异海豚属、

图3.21 化石剑吻鲸科扁吻利隆喙鲸属生物复原图。本图来自兰伯特等,2013年。照片由C.莱特纽尔提供。

图3.22 化石剑吻鲸科马什喙鲸属动物的部分遗骸,位于秘鲁科罗拉多。本图由G.比亚努奇提供。

图3.23 簇状马什喙鲸捕食成年沙丁鱼群的生物复原图。本图来自兰伯特等，2015年。图片由A.热纳里绘制。

剑吻古豚属、*Zarhinocetus*①）和现存的淡水豚（亚马孙河豚属、白鳍豚属、普拉塔河豚属）也被纳入这个超级家族。近年来，淡水豚属这一概念范围进一步扩大，还包括南半球已灭绝的类群：*Huaridelphis*、*Otekaikea*、*Papahu*和怀佩什海豚科（在齿鲸亚目干群中讨论过）。目前显然需要进行更系统的研究，以厘清"淡水豚属"内部各种系之间的关系，而这项工作也正在进行。"淡水豚总科"这一概念包括三大类别——异海豚科、角齿海豚科和淡水豚科——这是目前的一致看法，而将鲨齿鲸科和

---

① 一种已灭绝的鲸类，出现于中新世中期的北太平洋东部。——译者注

图3.24 簇状马什喙鲸及一些鱼的骨骼遗骸。本图来自兰伯特等，2015a。

怀佩什海豚科归入其内的看法还存在争议。我所采纳的是布尔斯马和派森（2016年）对淡水豚总科所下的定义，因为这种定义迄今为止最为全面，它将所有假定的淡水豚谱系都包括在内。现存的亚洲白鳍豚、恒河豚（恒河河豚与印度河河豚被认为是濒危亚种）构成了淡水豚科。这一分类单元的特点是喙部细长，额脊宽阔，牙齿数量多、窄而尖，鳍呈桨状。

比亚努奇和他的同事（2013a）在秘鲁亚马孙盆地中新世沉积物中发现了淡水豚亚科（platanis-tine）（包括现存恒河豚在内的亚科）的化石并对其进行了报道，在此之前人们对淡水豚科的化石记录并不知晓。这一发现表明，动物的分布并不局限于亚洲地区。此前，人们试图将在俄勒冈州发现的一块下颌骨遗骸归入该类群。基于此，比亚努奇和他的同事认为，在淡水豚亚科动物进化的早期阶段，该物种的栖息地并不局限于淡水中。有假说认为淡水豚亚科栖息于北太平洋，该类群的起源地之一即为中新世早期（或之前）的北太平洋。在中新世中期结束之前，一些淡水豚亚科动物进入了亚马孙盆地淡水区域生活。最终，它们到达了印度洋、恒河和印度河，并在那里生存至今。

中新世中期至晚期，约1600万～600万年前的海洋物种札哈豚属和盖豚属（归为盖豚亚科），与恒河豚属（恒河豚亚科）联系密切，尽管它们的喙形、颅对称性和面部气腔骨都不尽相同。

一些中新世早期的齿鲸亚目类（如南鲸属）头骨较小、略不对称，喙部较长、呈锥形，牙齿只有单齿根、几乎为同型齿。这类鲸有的被归入角齿海豚科中，有的被归入与齿鲸亚目干群相近的种群，如淡水豚属中（盖斯勒等，2011年）。尽管有关角齿海豚的化石记录较少，但它们广泛分布于南北大西洋和南太平洋。

异海豚科最初包括两个物种：普氏异海豚和 *Allodelphis woodburnei*，由拉里·巴恩斯命名。这两个物种都出现于中新世中期的加利福尼亚州。后来，又有一种叫*Zarhinocetus*的新物种被归入这个家族。最近，两个新发现的中新世早期属种——来自俄勒冈州的*Goedertius*[①]和来自日本的*Ninjadelphis*[②]，也被归入这一家族。异海豚的喙部极长，背腹侧扁平，上颌骨上有沟槽，有许多小齿，下颌

[①] 一种已灭绝的淡水豚物种，出现于中新世早期（布尔迪加尔阶）的俄勒冈州奈伊组。——译者注
[②] 一种已灭绝的淡水豚物种，出现于中新世早期（布尔迪加尔阶）的日本。——译者注

骨延伸到喙部的前端之外。该物种的成员体型相对较小，总体长不到4米（13英尺）。颈椎骨向腹背侧延伸（与现代的齿鲸亚目动物不同），与巨大的枕骨盾和厚实的颈脊相连，说明异海豚的颈部肌肉发达，头部能够灵活转动。有假说认为异海豚灵活的头部与其捕食方式有关，它们在捕捉猎物时头部摆动的方式与恒河豚类似。最近也有研究对一些异海豚进行了系统发育分析（布尔斯马和派森，2016年），最终将异海豚属和Arktocara①划分为与Zarhinocetus和Goedertius最密切相关的姐妹群。

DelPhinida：肯氏海豚科、白鳍豚科（白鱀）和亚河豚总科

最初，有看法认为Delphinida应该包括大多数河豚（亚马孙河豚属、白鳍豚属、淡水豚属）及抹香鲸属、剑吻鲸属和海豚类动物（慕森，1984年）。然而，大多数最近的谱系关系都更倾向于更具包容性的进化支分类，将肯氏海豚属、lipotiids、亚马孙河豚属、拉普拉塔河豚属和海豚类动物的化石都囊括进来（如派森等，2015年）（图3.25）。在中新世"海豚"干群中已灭绝的一科叫作肯氏海豚科。肯氏海豚科相对于一般的大型动物而言体型较小、齿数众多、颅底鼻窦结构复杂、颅顶对称（图3.26）。肯氏海豚科种类多样，有17个属种来自中新世沉积物中。班尼肯氏海豚是肯氏海豚科中典型的一类，其标本由发现于美国马里兰州卡尔弗特组的几块头骨制成。该鲸类最初被划分到海豚科，但后来经过洛杉矶自然历史博物馆资深的脊椎动物古生物学家劳里·巴尔内斯（1978年）辨认，该物种最终被归入肯氏海豚科。肯氏海豚动物发现于中新世沉积物中，距今约1950万~1850万年，已成为确定Delphinida出现时间的参照物。在亚马孙河豚总科和海豚总科之外，肯氏海豚科的

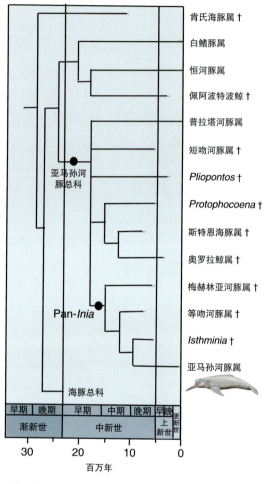

图3.25 Delphinida种系发生关系图。本图修改自派森等，2015年。

定位多种多样，也被认为是早期海豚干群。其他研究认为，肯氏海豚科是一种并系类群，分类方式多样，具有层级性，地域分布广泛。相关研究通过对迄今为止数量最多的肯氏海豚科进行分析（兰伯特等，2017年），证实该种群为并系群，但同时也发现"肯氏海豚属"并不属于海豚总科，而是分散在5个不同的已灭绝的谱系和/或进化支中，这些谱系

---

① 一种已灭绝的淡水豚（河豚），出现于渐新世时期的阿拉斯加州，包括一种物种，叫做A. yakataga。——译者注

和进化支为亚马孙河豚总科+海豚总科的姐妹群。肯氏海豚科的生物多样性从中新世晚期开始减少,最后的肯氏海豚与早期的海豚出现在同一时期,两者可能在生态上存在替代关系。

白鱀豚,或叫中国白鳍豚(*Lipotes vexillifer*),栖息于中国长江。它的吻部狭长,前端略向上翘,背鳍呈三角形,鳍肢较宽,末端钝圆,眼睛极小。最后一次发现该物种是在2002年,现在该物种已灭绝(2014年被列入国际自然保护联盟濒危物种红色名录,www.iucnredlist.org),是大部分栖息地受到破坏的典型受害者。有一块所谓的白鳍豚化石,是发现于中国的一块上颚残骸,但由于十分不完整,因而难以确认是否属于这一分类单元。虽然最初人们认为白鳍豚与拉普拉塔河海豚类似,因而将其归入拉普拉塔河豚科中,但大多数进化支分析(如盖斯勒等,2011年),基于中新世晚期至更新世中期约860万~600万年前北太平洋(加利福尼亚州、加利福尼亚半岛)(图3.27)的海相沉积物及陆相沉积物,认为白鳍豚的姐妹群为长吻海豚佩阿波特波鲸属。在一些系统育中(如派森等,2015年),佩阿波特波鲸属与恒河豚属及白鳍豚属一同被归入了更大的进化支中(图3.25)。佩阿波特波鲸属有三个物种,最古老的是来自加利福尼亚半岛的*P. pacifica*。佩阿波特波鲸的头部有一个极为细长的喙,下颌有许多小尖牙(每个下颚有80~82颗)。在日本上新世沉积物下部出现的一

图3.26 秘鲁赛罗科罗拉多一种类肯氏海豚物种的清晰遗骸。本图由G.比亚努奇提供。

图3.27 圣地亚哥自然历史博物馆*Parapontoporia sternberg*鲸的头骨及颌骨。本图由T.德米雷尔提供。

些物质可能是佩阿波特波鲸的遗骸，表明该鲸类于中新世晚期或上新世早期扩散到了北太平洋西部。

考虑到白鳍豚生活在淡水环境中，那么佩阿波特波鲸是从何时起在何地开始适应淡水环境的，就成为一个问题。根据博森克和普斯特（2015年）的研究，在上新世晚期到更新世早期加利福尼亚州圣华金河谷的陆相图莱里组中，发现了佩阿波特波鲸未定种，说明这一谱系曾生活在淡水中。该地区的地质历史表明，佩阿波特波鲸未定种死亡之时栖息于湖泊或有河流注入的咸水区域内。

亚马孙河豚总科：亚马孙河豚科（又称*Bouto*）和拉普拉塔河豚科（又称*Franciscana*）。亚马孙河豚总科包含淡水豚拉普拉塔河豚属、亚马孙河豚属这二者最后一个共同祖先及其所有后代（盖斯勒等，2012年；派森等，2015年）（图3.25）。这种粉红色的海豚或称亚马孙河豚（*Inia geoffrensis*），是一种淡水生物，有简化眼，只出现于巴西、秘鲁和厄瓜多尔的亚马孙河流域和奥里诺科河流域。亚马孙河豚的另一个名字"bouto"来源于它吹气时发出的声响。该河豚身上独特的粉红色可能是受水温和水中铁含量的影响而形成的。基于分子数据的亚马孙河豚的第二个现存物种是玻利维亚海豚，发现于玻利维亚亚马孙盆地；第三个物种是来自巴西阿拉瓜亚河盆地的阿拉瓜亚豚，对该物种的描述基于形态数据和分子数据（阿尔贝克等，2014年），但样本数量非常有限。亚马孙河豚属（包括化石类群在内）有一个极长而尖的喙部和上颌，后枕骨非常狭窄，眼眶区域大大缩小，带气腔的上颌骨呈峰状。从牙齿形态上看，亚马孙河豚前部的牙齿呈立锥状，后部的牙齿呈磨牙状，可用于咀嚼带甲壳的鱼类。

亚马孙河豚属与拉普拉塔河豚属一样，在过去物种类型更丰富多样。亚马孙河豚属的化石记录可追溯至中新世晚期的南美洲和上新世早期的北美洲。伊氏梅赫林亚河豚以美国梅赫林河命名，在这里，所有已知的标本都发现于美国北卡罗来纳州中新世晚期的海洋岩石中，并暂时被归入亚马孙河豚科。先前的研究认为亚马孙河豚属起源于南美洲，但考虑到北美梅赫林亚河豚的化石记录，人们推测亚马孙河豚属也有可能起源于北大西洋。支序分析将梅赫林亚河豚放置在亚马孙河豚总科阿根廷类群中，包括来自中新世晚期阿根廷组中的两个属种：等吻河豚属和蜥河豚属（盖斯勒等，2012年）（图3.25）。后来，人们在巴西更新世马德拉河组发现了一个未被描述的新物种，该物种可能是亚马孙河豚属新种（科佐尔，2010年）。在这些已灭绝的类群中，只有本内登等吻河豚有数量众多、保存相对完好的头骨和带齿的喙状残骸。

另一新属种叫作*Isthminia panamensis*，由派森和他的同事（2015年）根据巴拿马始新世晚期查格雷斯组皮那沉积相（Pina Facies）的遗骸对其进行描述（图3.28）。*Isthminia*[①]发现于海洋岩石沉积物中，大约出现在600万年前，那时巴拿马海道还尚未形成。*Isthminia*是已知最大的亚马孙河豚属之一，其总长度为284～287厘米（9.3～9.4英尺），大小与现存中型到大型海豚类动物如花纹海豚（*Grampus griseus*），平均总长度为283厘米（9.2英尺）相近。沉积学数据和埋葬学数据表明，*Isthminia*是一种海洋生物。对牙齿形态的分析表明，该物种所栖息的生态环境与现代生活在海洋中的海豚类动物相似。系统发育分析把*Isthminia*作为亚马孙河豚属的姐妹群，并将其归入一个更大的进化支中，这一进化支包括等吻河豚属和梅赫林亚河豚

---

① 是一种已经灭绝的类淡水豚物种，出现于中新世晚期（亥姆菲尔阶）的巴拿马。典型物种是 I. panamensis。——译者注

图3.28 上图，*Isthminia panamensis*头骨模型侧视图。头骨长度大于571毫米（大于1.87英尺）。该头骨三维模型可见史密森学会网站（http://3d.si.edu）。下图，*Isthminia* 生物复原图。本图来自派森等，2015年。

属（图3.25），与亚马孙河豚属更广泛的海洋祖先一致。由于人们于始新世秘鲁皮斯科组发现了亚马孙河豚类的新物种（兰伯特等，2017年），因此系统发育的综合分析也有依据可寻。有观点将这一最近发现的物种视为亚马孙河豚属的姐妹群。

美国唯一广泛被确认为亚马孙河豚的物种是神秘的哈德逊棱河豚，该河豚只有一块发现于中新世晚期佛罗里达州波恩谷组的一块残缺不全的头盖骨。这一化石生物可能生活在海洋中，但由于波恩谷组中既发现过陆地哺乳动物，也发现过海洋哺乳动物，因而棱河豚属也很有可能栖息于海洋环境或河流环境中。其他的亚马孙河豚属化石（如等吻河豚属、蜥河豚属的化石）也都发现于河流沉积物中。

拉普拉塔河豚（*Pontoporia blainvillei*）在阿根廷、乌拉圭又叫作拉河豚，生活在在巴西、乌拉圭和阿根廷的南大西洋西部的河口和沿海水域，是拉普拉塔河豚科唯一的现存物种。拉普拉塔河豚与亚马孙河豚关系最为密切，形态学数据和分子数据都能证明这一点。普拉塔河豚的总体长在1.2米～1.7米（3～5英尺）之间，是现存最小的海豚之一。拉普拉塔河豚的化石记录更为多样，有至少6个来自淡水沉积物和海洋沉积物的物种。这一类群最初似乎是在中新世时期开始进化的，它们的化石物种发现于中新世晚期到上新世早期（600万～300万年前）南美洲的东部海岸、北美洲的东海岸和北海。大多数拉普拉塔河豚属喙部狭长，有多颗小齿。虽然上新世时期该物种的头骨几乎是对称的，但是早期的拉普拉塔河豚属头骨并不对称，其上颌骨偏斜于鼻侧。

短吻河豚属，被放置在短吻河豚亚科中，因秘鲁和智利的一些物种而为人们所知。该物种既有长吻型也有短吻型。后者主要习惯于吸食，而前者的齿数更多，可能更习惯于捕食（盖斯勒等，2012年；兰伯特和慕森，2013年）。其他已灭绝的南美洲拉普拉塔河豚科，包括发现于中新世晚期阿根廷巴拉那组和智利巴伊亚英格莱萨组的拟拉河豚属，以及发现于上新世早期秘鲁皮斯科组局部区域的*Pliopontos*。

拉普拉塔河豚属中的化石罗素斯特恩海豚，由戈弗雷和巴尔内斯（2008年）基于中新世晚期（约1000万～900万年前）的部分头盖骨进行描述。这一物种颅顶不对称、鼻骨较高、前颌骨窝横向扩展。拉普拉塔河豚属中的化石贝克奥罗拉鲸，由吉布森和盖斯勒报道。报道基于一具发现于上新世早期（400万～380万年前）北卡罗来纳州约克镇组一个不完整的头骨。如果假设南美洲的奥罗拉鲸属与拉普拉塔河豚属之间有密切的关系，那么在美国东部海岸出现的奥罗拉鲸就说明了拉普拉塔河豚属已经扩散到北美洲。或者，如果奥罗拉鲸与*Pliopontos*之间有更亲密的关系，那么在巴拿马海道封闭之前，奥罗拉鲸可能就已经通过中美洲（巴拿马）海道向外扩散了。

*Protophocoena minima*发现于中新世晚期的北海，有关该物种的相关描述，基于来自荷兰及丹麦哥罗摩组（拟拉河豚属未定种的相关记录也来自此地）的头骨残片。很可能由于非洲与欧洲西南部的伊比利亚半岛发生了碰撞，所以拉普拉塔河豚从南边穿过类特提斯海到达了北海（参见第4章）。

海豚总科（"海豚"干群）：海豚科和独角鲸总科。在1984年，亚加海豚科被列为一个新的海豚类动物家族，包括威士拿亚加海豚。对该物种的描述，基于中新世晚期，加利福尼亚半岛塞德罗斯岛（800万～600万年前）阿尔米迦组中发现的一副最完整的鲸类骨骼化石。亚加海豚科中第二类地质年代较年轻的动物为萨氏亚加海豚，有关该海豚的描述来自一具不完整的骨架，该骨架发现于加利福尼亚中部的皮斯莫组，出现于上新世晚期（300万～200万年前）。亚加海豚属是一种体型中等大小的海豚类动物，体长约为2.5米（9英尺），胸腔较大，颈部较短，前鳍宽阔。虽然人们一直将亚加海豚属与肯氏海豚属或鼠海豚属联系在一起，但最近的系统发育分析将它们归为海豚类基层物种。这一进化支还包括海豚科和独角鲸总科（独角鲸、白鲸、鼠海豚）（盖斯勒等，2011年）。

海洋海豚即海豚科，是鲸类家族中形态和分类最丰富的物种，有17个属和37个现存的海豚种类，其中包括虎鲸（*Orcinus orca*）和领航鲸（*Globicephala* spp）。大多数海豚为中小体型，体长从1.5～4.5米不等（4.9～14.7英尺），牙齿为同型齿，呈圆锥状（图3.29）。其中最大的种类是虎鲸，体长可达9.5米（31英尺）。尽管伊洛瓦底江海豚（*Orcaella brevirostris*）只发现于印度-太

图3.29 海豚科（白点原海豚）头骨图解及牙齿解剖图。

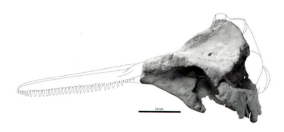

图3.30 *Eodelphinus kabatensis*头骨图。本图由M. 穆拉卡米提供。

图3.31 *Eodelphinus kabatensis*生物复原图。本图由R.博森克绘制。

平洋地区,一度被认为与白鲸和独角鲸一样也属于独角鲸属,但最近的形态学和分子研究表明这个物种属海豚科。分子分析在亚科群体中发现了一些微小的差异,并提出斑纹海豚属具有多源性。尽管最早的分化可见于中新世晚期的化石记录中,但据估计,海豚类的分子分化时间在1000万~900万年前。

被证实的最古老的海豚科动物为*Eodelphinus kabatensis*(图3.30,图3.31),该物种来自中新世(1380万~850万年前)的日本。这一时间节点与海豚类动物的分子分化日期一致。古生物地理重建和该物种的分化时间表明,海豚科齿鲸亚目可能起源并分化于中新世中期的太平洋,随后通过中美洲海上航道迁移到北大西洋。20世纪90年代末,在意大利发现了上新世时期重要的海豚化石标本。该标本由比亚努奇和他的同事记录(例如,比亚努奇,1996年,2013年;比亚努奇和兰迪妮,2002年),证实了海豚爆炸性扩散的时间是在上新世-

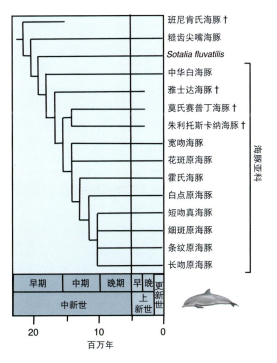

图3.32 海豚亚科谱系关系图。本图修改自比亚努奇,2013年。

更新世时期。在这一时间段内人们发现并描述了8个属种。这种生物多样化与海豚科物种回声定位能力增强及脑容量相对增加等形态变化有关。针对这一生物多样化的现象，人们提出了多种多样的假设，比如有人提出，海豚类在墨西拿高盐度危机（指中新世纪末地中海因盐度增高而导致海洋生物减少的现象）之后，又快速再次涌入地中海地区。最终，从地中海流向大西洋的暖流受阻，使北大西洋水温剧烈下降。这加剧了北大西洋水温变冷的情况。由此导致热度的急剧上升可能与北大西洋上升流和浮游植物数量增加有关。

意大利更具代表性的上新世海豚是莫氏赛普丁海豚，之前人们将其与现存的大西洋斑点海豚 *Stenella*（参看 *S. frontalis*）相联系。人们对这一种化石海豚的研究基于一具未成年动物的部分骨架。与现存的海豚相比，莫氏赛普丁海豚的头骨相对较大。进化支分析把这一分类单元定位为另一个意大利上新世海豚科托斯卡纳海豚属的姐妹群，并认为该分类单元与原海豚属的亲缘关系较远（图3.32）。比亚努奇（2013年）进一步指出，海豚的现存物种可能直到更新世才出现，而大多数上新世的海豚都属于已灭绝的类群。而现行的对海豚的分类方法在分子系统中缺乏一致性或差异性，成为导致争议出现的原因。

一些化石物种与海豚亚科领航鲸亚科有关。领航鲸属也被称为"黑鲸"，包括一些现代物种，如巨头鲸、领航鲸和伪虎鲸（*Pseudorca crassidens*）。现存物种以肤色深、体型大、头部笨重、前额圆而隆起、齿数少为特征。据估计，领航鲸亚科的分化出现在800万～400万年前，尽管在上新世晚期，领航鲸属分布广泛，但400万年的估计对于领航鲸亚科来说太年轻了。上新世时期的化石领航鲸属动物来自美国、智利、英国、日本、墨西哥、荷兰和西班牙（博森克，2013年）。海豚的一个新属种叫作霍氏匙吻鲸，相关描述来自上新世-更新世。其部分头骨在北海（荷兰）的疏浚作业中被挖掘出来。这一物种有一显著特征，与现存的领航鲸属动物相同，即吻部短而宽阔，背侧有褶皱区域用于肌肉连接，巨大的额隆一直延伸到喙部外缘（图3.33）。还有一种相关物种是墨西哥原领航鲸，对该物种的描述基于上新世晚期加利福尼亚半岛的一块头骨。小头半全豚来自北海和秘鲁的皮斯科组，最近被从宽吻海豚属中移入半全豚属中。据报道，该属种与领航鲸属有亲缘关系。

独角鲸总科：独角鲸科（*Monodontidae*）、鼠海豚科（*Phocoenidae*）和海牛鲸科（*Odobenocetopsidae*）。从传统上来讲，相比独角鲸属，鼠海豚属与海豚属之间的关系更为密切，尽管最近有关鲸类物种的综合分析（盖斯勒等，2011年）认为海豚总科为单系统。独角鲸科、鼠海豚科可能再加上海牛鲸科，这三个物种属于一个新的进化支——独角鲸总科。

鼠海豚包括7个从小到中等大小的现存物种，生活在亚热带到温带潜水沿岸水域。鼠海豚属与其他齿鲸亚目不同，它们的牙齿呈片状或铲状，而非圆锥状（图3.34）。基于形态学和分子数据，最新的系统发育关系分析将现存的类群放置在江豚（*Neophocaena phocaenoides*）之中，作为该科最基本的现存成员。最具灭绝危险的鲸类动物是小头鼠海豚（*Phocoena sinus*），该物种与棘鳍鼠海豚组成了一个进化支，江豚属为该支的姐妹群。无喙鼠海豚是南美鼠海豚和大西洋鼠海豚的姐妹群。分子数据的差异表明，棘鳍鼠海豚和小头鼠海豚之间的关系及这两个物种与南美洲海豚属之间的关系都还不明确。

与海豚属一样，鼠海豚属的化石记录可以追溯到中新世晚期和上新世的北太平洋、北大西洋和南大西洋地区。已描述的类群包括13个属和15个化石种。大部分鼠海豚属的化石发现于太平洋沿岸，

图3.33 霍氏匙吻鲸生物复原图。本图来自波斯特和库姆潘杰,2010年。

图3.34 鼠海豚（*Phocoena phocoena*）头骨及牙齿。

这表明该物种起源于此,而与之相关的海豚类动物（例如,亚加海豚科、海豚科、独角鲸科、海牛鲸科）也出现于太平洋沿岸。日本已经灭绝的鼠海豚干群包括中新世（930万~920万年前）的*Pterophocoena*,中新世晚期（640万~550万年前）的*Archaeophocoena*和*Miophocoena*,以及较年轻的上新世早期末到晚期初的沼津鼠海豚属和北海道鼠海豚属（村上等,2014年）。分子结果将鼠海豚属与独角鲸属列为姐妹类群,但与此不同的是,形态学数据,特别是对*Archaeophocoena*和*Miophocoena*的颅骨剖析,显示海豚属与鼠海豚属应为姐妹群。后来分化出的鼠海豚包括生活于中新世晚期加利福尼亚州的沙利曼鼠海豚,生活于中新世晚期到上新世早期墨西哥的皮斯科鼠海豚,以及生活于中新世晚期秘鲁的南方鼠海豚和洛马鼠海豚。在太平洋以外的地区还有两种鼠海豚,生活于上新世晚期北海的玫巧豚和*Brabocetus*。这种分布格局由几次跨极地物种扩散事件造成,玫巧豚、*Brabocetus*及北海和北大西洋从更新世至今的栖息地,共同为此提供了支撑。在扩散事件发生之初（540万~480万年前）,有一条穿越白令海峡的传播路线,鼠海豚、海象、海豹和其他海洋生物（软体动物、棘皮动物、藤壶、鳗草、海藻、红藻）都由此路线扩散。

基于头骨、颌骨及颅下元素,人们辨识出一种名为*Semirostrum cerutti*[①]的化石鼠海豚。该物种生活于上新世（500万~160万年前）的加利福尼亚州,因下颌长于上颌而得名（拉西科特等,2014年）。有假说认为,这种已灭绝的鼠海豚利用其长而几乎无齿的

---

① 是一种已灭绝的鼠海豚,生活在上新世时期。——译者注

图3.35 基于颅骨和后颌绘制的化石鼠海豚（*Semirostrum cerutti*）简化复原图（上图）和生物复原图（下图）。本图由R. 博森克提供。

下颌——与其他已知的哺乳动物相比，其长度远超出上颌（图3.35）——来搜寻和捕捉小鱼和头足类动物。CT图像所提供的下颌触觉敏感度证据显示，延伸的动脉血管中有血管可以为软组织输送营养。*Semirostrum* 的颈部肌肉发达，其背侧深陷的髁突和强健的颈部椎体即为最好的证明，这就使得其头部能够灵活转动。现存鼠海豚和化石鼠海豚所表现出的进化过程表明，其成长速度较缓慢（见下面的讨论），其中的机制还需要进一步检测。

与海豚属相比，现存鼠海豚属的吻部相对较短、体型较小、繁殖力较差、寿命较短。这些特征曾用以讨论稚态化的问题。稚态化是一种特殊的发育过程，在这种发育过程中成年个体仍保留着青少年时的特征。有说法认为，更新世期间主要的气候波动，可能导致了鼠海豚以稚态化方式为适应性策略来求得生存。个体发育时间缩短就使得该物种性成熟较早，同时也带来了更大的繁殖潜力（加拉提乌斯等，2011年）。加拉提乌斯和他的同事将对现存鼠海豚属的骨架形态测定研究进一步扩展到栖息地及捕食领域，区分了沿海物种与深海物种。

另一项研究对现存鼠海豚的内耳解剖进行了探究，以理解其所处生态环境和体型大小的关系。结果显示，深海物种（南美鼠海豚、无喙鼠海豚）有半规管测量装置，这就意味着它们的前庭系统对头部转动的敏感度高于沿海物种（大西洋鼠海豚、小头鼠海豚、江豚）。深海物种游行速度更快，捕食猎物时也更迅速。相比之下，沿海物种对于头部转动的敏感度较差，这可能导致它们扫描周围环境和寻找猎物时行动缓慢。有关化石鼠海豚的研究表明，在现存的深海鼠海豚中，有内耳测量装置的物种包括pterphocoena、皮斯科鼠海豚和 *Salumiphocoena*（拉西科特等，2016年）。其他的一些化石鼠海豚，特别是沼津鼠海豚属、北海道鼠海豚属，以及 *Semirostrum*，都有内耳测量装置，不过它们也都属于现存的沿海鼠海豚。这些形态学测定的结果受到了化石产地数据的进一步证实，因为 *Semirostrum* 发现于圣地亚哥组，该地层属沿海沉积环境，而 *Salumiphocoena* 发现于蒙特利组，属深海海洋环境。由于化石记录中有保存完好的耳骨，那么就有丰富的信息来展开生态学方面的推断。

独角鲸包括两种体型中等大小的现存齿鲸。这两种鲸目前只出现于北半球，它们分别是：独角鲸（*Monodon monoceros*）和白鲸（*Delphinapterus leucas.*）。如果不把独角鲸的长牙计算在内，那么也可以将其算作无齿鲸。独角鲸螺旋状的长牙长度可达2.6米（8.5英尺），主要出现于雄性鲸身上，在雌性鲸身上也偶有发现。独角鲸的长牙也可能就是独角兽传说的来源，传说这种怪异的野兽形如马，长有狮子的尾巴，前额正中间有一只角，和独角鲸的长牙极为相似。至于独角鲸的长牙功能究竟为何，目前还存在争议。不过差不多能够肯定的是，长牙是一种用于攻击和在种群内进行炫耀的第二性特征。新的解剖证据和生理学证据表明，长牙可能也有感觉功能，也许能探测到哪片水域有雌性聚集。

白鲸全身为独特的白色，可以以此伪装自己以躲过北极捕食者的追捕。白鲸和独角鲸都是地方性的类群，占据了整个北极水域。白鲸环极地分布，而独角鲸则分布于北大西洋，有时也会漫游到太平洋中。白鲸分布于纽约州北部和加拿大西部更新世岩石富集地区。其他包括短吻狮尾鲸在内的化石独角鲸属动物，来自中新世晚期加利福尼亚半岛阿尔米迦组。似独角博哈斯卡鲸来自上新世早期的北大西洋（图3.36）。从中新世晚期到上新世时期，独角鲸属占据着加利福尼亚半岛以南的温带水域。这

图3.36 似独角博哈斯卡鲸生物复原图，背景中为现存的独角鲸和白鲸。本图由C. 比尔绘制。

表明现存的独角鲸生活于不同的环境条件下，其扩散至北极寒冷环境下也是最近才发生的事件。

海牛鲸科。海牛鲸属是独角鲸属已灭绝的近亲物种，这种奇特的鲸目动物被放置在海牛鲸科中。其形态和推断出的底栖吸食习惯与现存海象类似（图3.37）。就像海象一样，海牛鲸如猪嘴般的吻部和上下颌结构表明，该物种以底栖无脊椎动物如软体动物或甲壳类动物为食。海牛鲸科的两类物种发现于上新世早期（400万～300万年前）秘鲁的皮斯科组，这两个物种都表现出了性双态性的特征。海牛鲸属的分布仅限于秘鲁，这也是地方性生长很好的一个例子。在现存的鲸类动物中，独角鲸、白鲸和北极露脊鲸在上新世晚期曾在更温暖的海域出现过，但目前是仅分布于北极水域的地方性特有物种。海牛鲸属的吻部很短，呈圆形，没有牙齿，前颌骨巨大，与其他鲸类细长的吻部不同。它的眼

图3.37 细海牛鲸生物复原图。本图由M. 帕里什绘制。

睛相对较大，朝向上方，表明双眼都有视觉能力，而大多数其他海豚的眼睛则分别长在身体两侧。海牛鲸属的一个显著特征是长在背腹侧的长牙。在唯一已知的雄性细海牛鲸标本中，较大的右侧长牙像针一样，露出的部分长达1.07米（3.6英尺），而较小的左侧长牙只有25厘米（9.8英寸）长（慕森等，2001年）。海牛鲸纤细的长牙可能在捕食过程中并不发挥什么作用，更有可能是在雄性同类的交往中发挥作用。海牛鲸的体长大约为3~4米（9.8~13.1英尺）。其枕骨髁大而发达，说明它的颈部肌肉健壮，颈部可以灵活转动，头部能够弯向侧方或平行于身体。

齿鲸亚目冠群中的未定物种

到目前为止，已经灭绝的长喙"海豚"——剑吻古豚科（Eurhinodelphinids）（以前被称为Rhabdosteidae）的系统发育地位仍无法确定。有说法认为剑吻古豚科是剑吻鲸科中的类群；也有说法认为该物种是其他干群进化支，如鲨齿鲸科+角齿海豚科（盖斯勒等，2011年），或淡水豚总科+海豚科+喙鲸科（兰伯特等，2015b）的姐妹群。剑吻古豚科在地理上分布广泛（从北海到澳大利亚），从中新世早期到中期（2300万~700万年前）适度分化出一些物种（已知的至少有8个属），并于中新世晚期灭绝。对比后来分化出的剑海豚属与那些基层类群（如剑吻古豚属），我们可以发现与头骨叠套作用相关的结构（鼻孔的后移）、听力（听小骨的进一步分离）和进食装置（颞窝的减少与猎物的大小和类型相关）等方面的进化趋势。有假说认为，剑吻古豚游行速度慢，生活在浅水环境中。人们在澳大利亚的淡水沉积物中发现了一个渐新世晚期的剑吻古豚物种。该物种的吻部前方没有牙齿，比下颌更长，人们认为这种结构有利于捕食猎物。有关剑吻古豚的种系关系一直存在争议。最近，它们要么是与剑吻鲸、海豚一起被归入同一进化支，要么就是被归入到介于抹香鲸总科与其他齿鲸亚目冠群之间的一个进化支中。

除了剑吻海豚科以外，起源或分化于中新世早期的其他长吻海豚科未定物种还有：异海豚科、"道皮尔兹海豚科"以及淡水豚科。

据兰伯特和他的同事（2015b）报道，在秘鲁奇尔卡泰组下中新统中，发现了一种新的长吻海豚 *Chilcacetus cavirhinus*，对该物种的描述基于一些保存完好的头骨和相关的颌骨。这种海豚之前被划分在剑吻海豚科中，但目前还不能将其归入任何一个已命名的齿鲸亚目进化支中。这一物种与剑吻古豚科不同，它的下颌联合未融合。对 *Chilcacetus*[①] 的支序分析支持将 *Chilcacetus*、巨海豚属和阿根廷的阿哥海豚属划进同一个进化支，不过这一分法目前还没有统计学数据和清晰的同源性状作为支撑。

另一个尚未确定的分类单元是"道皮尔兹海豚科"，该物种由慕森（1988年）提出。它包括一个单一的属和种，即奥氏道皮尔兹海豚。奥氏道皮尔兹海豚出现于中新世早期的意大利，吻部长，牙齿为同齿形。这一分类单元也与淡水豚总科有联系。始恒河豚科，以出现于中新世早期的始恒河豚属命名，最近被划分到剑吻古豚科中。

须鲸类：须鲸亚目

须鲸类动物中包括地球上体型最大的动物。它们的成功很大程度上是因为有巨大的嘴，并能在一次性大量进食过程中，吞咽和过滤大量的水和

图3.38　进食过程中跃起的座头鲸口中的鲸须。本图由A. 弗里德兰德提供。

---

① 一种已灭绝的原始齿鲸亚目物种，出现于中新世早期（阿基坦阶）的秘鲁。——译者注

猎物。在过去的15年中，已描述的物种包括14种现存的须鲸亚目物种和40多种灭绝的须鲸亚目物种。

鲸须和大量进食的起源

"须鲸亚目"这个名字的意思是"有胡子的鲸鱼"，这得名于它们的取食器。鲸须是哺乳动物一种独特的生理结构，由坚韧的表皮角化组织构成板，鲸须从口腔顶部的板上悬吊下来（图3.38）。在鲸的一生中，鲸须板不断地从基部向外生长鲸须，但同时鲸须也不断地被舌头磨损，露出的是一些黯淡无光的须。在每个鲸须板的内侧边缘上被磨损的鲸须与相邻鲸须板边缘的鲸须相重叠，形成一个过滤器，可以将猎物挡在口中。鲸嘴两侧鲸须板的数量大约有155个，最长鲸须板的长度为0.4～0.5米（1～1.5英尺）。灰鲸（*Eschrichtiidae*）有355个鲸须板。而在露脊鲸（*Balaenidae*）中，鲸须板长度可能超过3米（9英尺）。须鲸亚目将它们的鲸须架与其独特的身体结构和行为专长结合起来，来捕获大群的小型鱼类和无脊椎动物。现存的成年须鲸有鲸须，但没有牙齿；它们在胎儿阶段是有乳牙的，不过乳牙在出生之前就退化并被吸收。

从牙齿到鲸须，从捕食猎物到大量进食，这一转变在化石记录中也有迹可循。大量进食的出现，代表着哺乳动物进化过程中主要的形态变化和生态变化。这种新颖的滤食策略是进化过程中一项重要的创新，预示着鲸类正朝着现代须鲸进化。但是大量进食这一特性并非最先出现在须鲸亚目身上。我们今天在须鲸身上发现的大量进食的特性，可能过去也发生在别的物种身上，如生活于中生代（约27000万～8600万年前）业已灭绝的大型多骨鱼，生活于新生代（约6600万～2300万年前）以浮游生物为食的鲨鱼和鳐鱼，只不过它们是用腮耙而非鲸

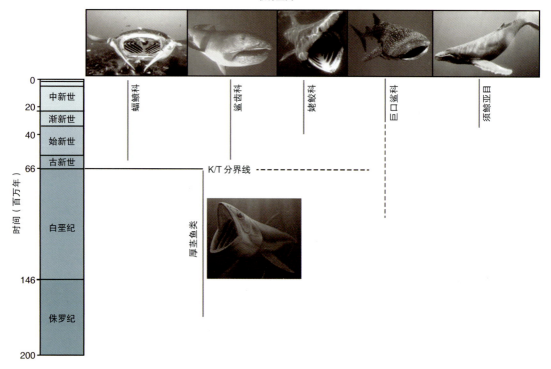

图3.39 须鲸与各鱼类谱系的生态替代图。缩写：K/T，白垩纪/第三纪分界。本图修改自费里德曼等，2010年。

须来过滤食物的。这些群体的其他相似之处还包括牙齿的改变与脱落、下颌形状的改变（下颚变长反映了力传递和强力咬合的减少），以及体型变大。在白垩纪末期，许多大型海洋鱼类的灭绝，极有可能为始新世晚期间歇性进食的鲨鱼和鳐鱼，以及始新世晚期和渐新世滤食性的须鲸亚目的进化提供了生态机会（图3.39）。

鲸须化石在化石记录中较为罕见，因为鲸须的矿物含量不高，死后不久就会腐坏。然而，化石鲸鱼骨骼中的鲸须含有羟基磷灰石（骨头中的矿物成分）和其他元素（如锰、铜、铁和钙），使得鲸须能在沉积物中快速矿化和埋藏，进而得以保存，如发现于中新世到上新世秘鲁皮斯科组的鲸须就是这样保存下来的。保存下来的鲸须形如一系列彩色的鲸须板，与周围的硅藻泥岩形成鲜明的对照。通过对沉入海底或搁浅在岸边的现代鲸鱼尸体进行观察，人们发现鲸须通常会在鲸鱼死后从鲸口分离出来。然而，在皮斯科组发现的保存异常完好的须鲸遗骸中，鲸须却并未从口中脱离，而是保留在原位，悬吊在嘴上。这种保存下来的鲸须表明了在皮斯科盆地中，鲸鱼在死后就被快速掩埋（图3.40）。尽管鲸须能变成化石的情况极为罕见，但人们猜测，无齿须鲸亚目动物上颚的骨血管结构（约3000万年前）与鲸须的存在有骨骼上的相关性。古老的须鲸亚目既包括有齿类也包括无齿类，依照化石记录中解剖学上的分歧而被区分开。人们在约3400万至

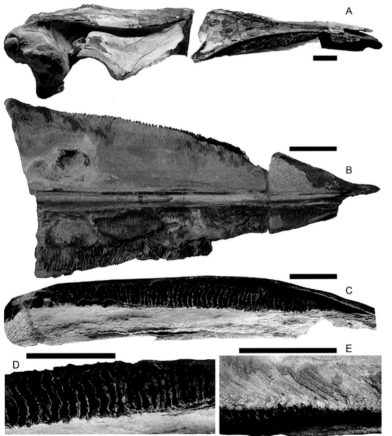

图3.40 *Miocaperea pulchra*头骨中显示有鲸须。（A）颅骨、侧视图；（B）喙部、腹侧视图；（C）喙部右腹侧视图，可显示所有保留下来的鲸须；（D）鲸须特写，侧视图；（E）左侧鲸须特写，腹侧视图（腹侧朝上）。比例尺=50毫米（1.96英寸）。本图来自比斯康提，2012年。

2400万年前有齿须鲸亚目物种（比如艾什欧鲸属、莫那印鲸属）化石上发现，上颌牙齿之间的位置有微小的缝隙，这一发现填补了有齿须鲸在进食解剖学上的空白。这些微小的外侧腭孔以及沟状结构类似于现存的须鲸，有假说认为这种结构是为了能让血管通过，从而为鲸须提供养分（图3.41）。最近的一份报告显示，鲸须的大部分血液来源于上齿槽动脉及营养侧孔中穿过的相关血管分支（为有齿哺乳动物牙齿供血的主要分支血管）（埃克代尔等，2015年）。牙齿和血管结构同时出现就意味着须鲸亚目干群动物既有牙齿，又有鲸须（图3.41，图3.42）。然而，正如一些科学家所指出的那样（马克思等，2015年，2016b），即使艾什欧鲸也有某种形式的鲸须雏形，但这并不一定意味着用于滤食。不过有人提出，乳齿鲸口中有牙冠出现。同理，一些艾什欧鲸的牙龈可能已经抬高，这表示它们有发育良好的

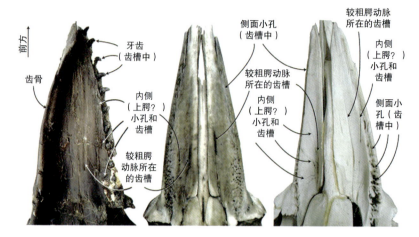

图3.41 所选须鲸亚目动物的腭部。从左到右（均为腹侧视图）：已灭绝的有齿须鲸（*Aetiocetus weltoni*），幼年灰鲸（*Eschrichtius robustus*），胎儿长须鲸（*Balaenoptera physalus*）。本图来自埃克代尔等，2015年。

图3.42 长有牙齿和鲸须的艾什欧鲸生物复原图。本图来自德米雷尔等，2008年。本图由C.比尔绘制。

牙龈组织。尽管牙龈组织的扩大可能会更有利于撕咬猎物，在捕捉凶猛的猎物时尤其如此，但是这一假说还有待于进一步验证。

鲸须是在逐步进化的过程中出现的。起初须鲸的祖先只有牙齿没有鲸须，然后逐步过渡到有功能性牙齿和鲸须的中间阶段，最后再到牙齿消失，只生长鲸须。由于须鲸在解剖结构上有诸多特殊性，因而能够吞没大量海水并使用鲸须滤食。此外，须鲸的喙部宽阔，上颌骨较薄，下颌骨横向弯曲能与鲸须板相适应，还有一个未愈合的下颌联合，使得下颌能够独立移动。

从牙齿向鲸须的过渡：基因证据

有关牙釉质发育过程中牙齿基因的重要性分子研究表明，这些基因的突变与牙釉质薄弱、牙釉质畸形这样的牙齿缺陷有关。无齿须鲸亚目的祖先有完全矿化的牙齿，因此科学家推测，珐琅质特定基因会在须鲸中出现，但并不会在基因组中发挥作用。牙齿基因中转移突变的发现证实了这一推测。在转移突变中，插入一个或多个碱基，或者像在本例中，删除一个或多个碱基，就会破坏牙齿基因的读码框架。这表明这些基因位点正在使牙釉质特定的伪基因发生衰变（图3.43）。因此，从牙齿转变到鲸须这一进化过程的最终结果是，在须鲸亚目的基因组中存在着残留的基因，它们代表了"分子"化石，并为有齿的须鲸血统提供了遗传证据。

须鲸亚目的化石记录，为从牙齿到鲸须的过渡提供了解剖证据和分子证据。图3.44（伯塔等，2016年）给出了将形态转换和分子转换映射于进化分支图上的情况总结。

摄食习性：同位素证据

海洋哺乳动物的饮食信息可从其骨骼和牙齿中碳酸盐的同位素浓度中获得（参见第1章）。这些信息可以用来重塑现存须鲸亚目的迁徙过程和觅食习性，并在化石记录中探索这些行为。有齿的须鲸

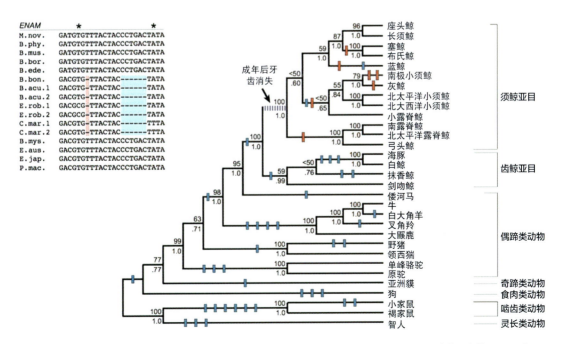

图3.43 AMBN牙齿基因的移码突变，显示了5种须鲸亚目和家猪的排列序列。本图修改自德米雷尔等，2008年。

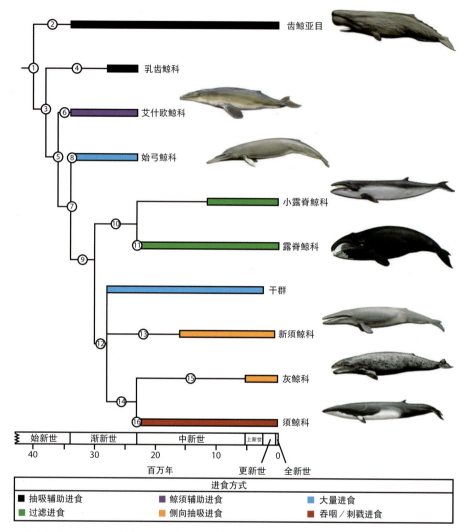

图3.44 已灭绝须鲸亚目和现存须鲸亚目进食策略的进化分支图。图中关系基于博森克和福代斯所提出的进化分支图（该版本受到学界的一致公认）（2015c）。在2016年6月9日，地层范围下载自古生物数据库（paleobiodb.org），通过从物种名目检索表中搜索位于进化分支图末端的物种名称，检索相应地层。（1）鲸目：28%~59%嗅觉基因无作用。（2）齿鲸亚目：74%~100%嗅觉受体基因无作用；生物声呐（"回声定位"）。（3）须鲸亚目：吻部宽阔；上颌骨边缘较薄，牙齿宽而小，有附齿；上颌有裂痕。（4）乳齿鲸科：眼睛大，朝向前方（增强视敏度？）。（5）艾什欧鲸科+CHAEOMYSTICETI：侧方有营养孔（存在鲸须结构）；下颌联合未愈合。（6）艾什欧鲸科：眼睛大，朝向前方（增强视敏度？）。（7）CHAEOMYSTICETI：骨骼13C含量低（进食营养级较低）；出生后齿列减少；吻部长而扁平；前颌骨/上颌骨可移动；营养孔呈横向排布；牙齿和牙釉质基因功能减弱。（8）始弓鲸科：前方齿列退化。（9）须鲸亚目冠群：出现鲸须/出生后牙齿消失；枕骨板前伸；齿骨侧弯；牙齿和牙釉质基因功能减弱。（10）BALAENOIDEA：吻部呈拱形；鲸须较长；吻部下方有缺口。（11）露脊鲸科：吻部极度弯曲。（12）THALASSOTHERII：鲸须架向前收缩；关节窝模糊/凹陷；C4orf牙齿基因缺失（?）。（13）新须鲸科：喙裂变小；下颌关节有半滑膜。（14）须鲸超科：C4orf牙齿基因缺失。（15）灰鲸科：吻部呈微拱形；鲸须短而粗糙；下颌关节有半滑膜；喉腹褶少而短。（16）须鲸科：带有滑膜下颌关节消失；舌头退化，舌部肌肉松弛；腹侧喉呈袋状；下颌感觉器官；喉腹褶延长，数量增加。

亚目（乳齿鲸科）动物与齿鲸亚目动物骨骼、牙齿中的^{13}C值相似，说明它们都以鱼类和乌贼而非食物链低端物种为食，同时也并不采取滤食的方式进食。相比之下，始弓鲸属和须鲸属干群的^{13}C值较低，与有齿的须鲸亚目和齿鲸亚目有很大的不同，说明这些须鲸可能与现存的须鲸相似，有独特的饮食结构，以浮游动物为食（图3.45）。吉肯鲸（与Neoceti密切相关的"古鲸亚目"物种，见第2章）的^{13}C值也相对较低，所涉范围广，涵盖了无齿的须鲸亚目和现存物种（例如，生活在特定纬度的物种）的^{13}C数值范围。克莱门茨和他的同事们（2014年）提出假设，认为将这些结果与齿形相匹配，或许能够发现鲸类从胎儿时期到以海洋动物为食的成年时期这一过程中摄食习性的转变。有时丰富的食物供给会规律性地出现，但每次出现的时间较短，大规模摄食的本领有利于大型的食物消耗者充分利用这种机会。

头骨的发育和进化

脊椎动物头骨的发育变化会带来诸多功能方面、生态方面和行为方面的后果。然而，有关须鲸亚目动物头骨的生长发育我们却知之甚少。蔡和弗迪斯（2014年）使用几何形态测定（对形态变化进行二维分析和三维分析），研究探讨几种须鲸亚目成员头骨的发育情况。研究对象的年龄从胎儿到亚成体/成体都有，包括两种须鲸——鳁鲸（*Balaenoptera borealis*）和座头鲸（*Megaptera novaeangliae*），以及小露脊鲸（*Caperea marginata*）（图3.46）。分析表明，须鲸亚目这两个进化支的发育过程并不同。小露脊鲸属在个体发育过程中发生的变化相对较少，就形态变化而言，其幼体标本和成年标本的形态变化在同一区域。然而，鳁鲸和座头鲸的幼体标本和成年标本却不在同一区域，而是分别与彼此的同龄标本在同一

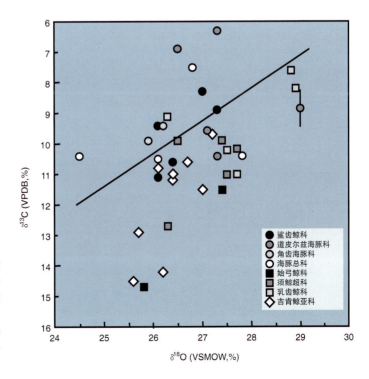

图3.45 美国和新西兰渐新世化石鲸类物种^{13}C、^{18}O值的双变量图。图中实线表示在更正大气中二氧化碳含量的变化后，现代鲸类物种同位素的复原值。缩写：VPDB，公认的碳元素标准；VSMOW，公认的氧元素标准。本图来自克莱门茨等，2014年。

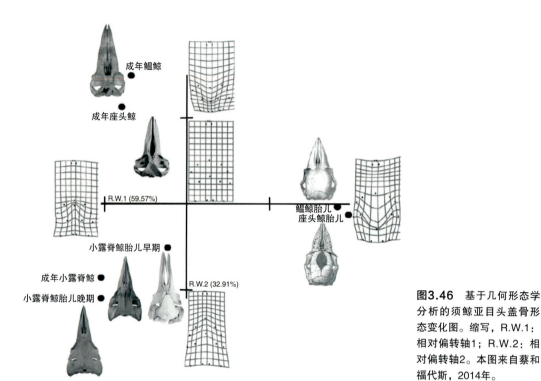

图3.46 基于几何形态学分析的须鲸亚目头盖骨形态变化图。缩写，R.W.1：相对偏转轴1；R.W.2：相对偏转轴2。本图来自蔡和福代斯，2014年。

区域，即成年的鳁鲸与成年的座头鲸属同一区域，幼年的鳁鲸与幼年的座头鲸属同一区域。这不仅表明须鲸科相对于小露脊鲸属而言，个体发育的变化更明显（通常表现为吻部变长），而且表明每一鲸种的个体发育轨迹都是类似的。因此，蔡和福代斯的研究表明，小露脊鲸属正在经历滞留发育的阶段，而其他两种鲸类则在经历超前发育的阶段（加速生长），它们在个体的生长发育过程中所发生的变化远多于须鲸祖先。研究者进一步指出，发育限制可能是导致唯一存活下来的小露脊鲸类多样性少，而须鲸类多样性多的原因。因此，有必要对上述这些鲸类动物，以及其他的一些须鲸亚目动物，尤其是露脊鲸、灰鲸（样本容量越大越好）的骨骼生长发育进行进一步的研究，以阐明鲸类生长发育模式和物种多样性之间的关系。

有齿须鲸亚目干群：拉诺鲸科、乳齿鲸科和艾什欧鲸科

有齿须鲸亚目干群包括三科：拉诺鲸科、乳齿鲸科和艾什欧鲸科（图3.47）。由于大部分须鲸亚目干群发现于南半球，因而须鲸亚目可能起源于此。

地质学上已描述的最古老的须鲸亚目动物是刻齿拉诺鲸，该鲸种是拉诺鲸科中的唯一成员。虽然人们对刻齿拉诺鲸的了解来源于其下颌骨和头骨碎片，但是正式描述却只与下颌骨和牙齿相关（头骨仍在研究中）。这两种化石都收集于始新世晚期或渐新世早期（约3400万年前）南极洲西摩尔岛的海洋沉积物中。拉诺鲸科物种体型巨大、长有牙齿、头骨长度约为2米（6.5英尺）。除了有宽阔的间隔的异齿形牙齿外，拉诺鲸的齿槽周围还有五条沟槽，有血管为上颌供血，这表明该物种有鲸须。

其他三种古代的有齿须鲸亚目——乳齿鲸、

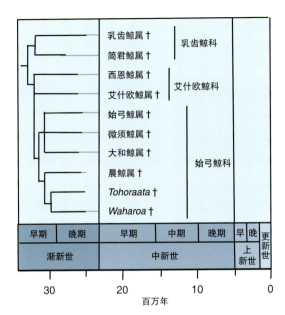

图3.47 须鲸亚目干群物种系统发育关系图。本图来自博森克和福代斯，2015a。

Mammalodon hakataramea 和狩猎简君鲸——同属乳齿鲸科（图3.44，节点4）。这三种鲸类由澳大利亚脊椎动物古生物学家埃里希·菲茨杰拉德（2006年，2010年，2012a）、福代斯和马克思（2016年）共同描述。这些须鲸亚目物种来自渐新世晚期和中新世早期，澳大利亚和新西兰约2800万～2400万年前的岩石中。狩猎简君鲸的特点是吻部短、呈三角形，牙齿为异齿形，眶部较大。该鲸种的眼部比例比其他有齿须鲸亚目物种的要大，这说明该须鲸亚目干群动物的视力很好（图3.44，图3.48）。根据头骨的大小可知，简君鲸的体型较小，体长为2.9～3.2米（9.5～10.5英尺）。从简君鲸强壮的下颚、巨大的牙齿和磨损的牙齿来看，它们是掠食者，以鱼类等单一种类的猎物为食。由于简君鲸属的喙部宽阔（表明其口腔巨大）但有裂

缝，所以菲茨杰拉德（2012年）认为，该物种处于向大量进食的无齿须鲸亚目进化的过渡阶段，同时下颌朝纵向轴（α）和横向轴（Ω）方向偏转，颌骨变得强壮有力。

乳齿鲸属动物的喙部短而宽阔，门齿退化、形状细长，臼齿上有多个齿尖（图3.49）。虽然最初有假设认为乳齿鲸是一种滤食性动物，但其齿列、喙部、头骨、下颌骨和胸骨结构显示，该物种更有可能在捕获猎物的过程中以抽吸形式进食。例如，它的牙齿并不锋利，与那些以抽吸形式进食的齿鲸亚目物种相似。在乳齿鲸属的胸骨柄和胸骨之间有一片较大的表面区域，长着肥大的胸舌骨肌，而胸舌骨肌是在吸食过程中发挥重要作用的关键部位。此外，乳齿鲸的眼睛相对较大，朝向背腹侧。乳齿鲸属是体型最小的有齿须鲸亚目，其头骨长度为45厘米（约1.5英尺）。人们认为该物种较小的体型、相对较大的眶部、位置较低的头盖骨，以及相对较大的枕骨髁都是从稚态进化而来的。这种情况也可见于其他须鲸亚目（如小露脊鲸属）。

与南半球的乳齿鲸同时出现的是艾什欧鲸科。该鲸种为有齿须鲸亚目种的一种单源谱系，在北半球有完善的记录，是有齿的须鲸亚目干群与有鲸须的须鲸亚目干群之间的一种过渡物种。艾什欧鲸科包括5个属（艾什欧鲸属、西恩鲸属、足寄鲸属、*Fucaia*[①]、莫那印鲸属），8个物种，发现于北太平洋东西两岸的渐新统岩石中。另一分类群是来自南澳大利亚的威朗加鲸，该鲸种暂时被划入艾什欧鲸科，有待于进一步的研究对此进行确认。其他未经描述的艾什欧鲸在加利福尼亚州和加利福尼亚半岛已有相关报道。在目前已有报道中，最古老的艾什欧鲸是*Fucaia buelli*，该鲸种由菲利克斯·马克思和他的同事描述（2015年），出现于渐

[①] 一种已灭绝的原始须鲸，属艾什欧鲸科，发现于加拿大温哥华岛和美国华盛顿州奥林匹克岛的渐新世海洋沉积物中。——译者注

图3.48 狩猎筒君鲸生物复原图。本图由C.比尔绘制。

图3.49 乳齿鲸生物复原图。本图来自菲茨杰拉德，2010，由B.楚绘制。

新世早期（约3500万~3100万年前）的北美西部（华盛顿州）。极其重要的一点是，这个分类单元填补了介于艾什欧鲸和已知最古老的须鲸——拉诺鲸属之间时间上的空白。

物种最丰富的鲸属是艾什欧鲸属，总共有5个物种：发现于日本的福田艾什欧鲸和多齿艾什欧鲸，以及发现于俄勒冈州的威尔顿艾什欧鲸和臼槽艾什欧鲸。相对于其他艾什欧鲸分类群而言，最近的系统发育分析将臼槽艾什欧鲸、多齿艾什欧鲸，以及威尔顿艾什欧鲸放在了更接近冠群的位置上。最为人们所熟知的是威尔顿艾什欧鲸，根据头骨大小测算，该鲸种体长约为3~3.4米（10~11英尺），从其巨大的眶部可以看出，威尔顿艾什欧鲸的视力发育良好（图3.44，节点6）。正如前文所述，从有关威尔顿艾什欧鲸的假说中可知，人们猜测，该物种最显著的特征是其腭部的血管结构。

这一结构说明威尔顿艾什欧鲸既具有鲸须，又有功能性的齿列。威尔顿艾什欧鲸头骨和下颌骨的一些特征（例如，喙部和下颌细长，冠状突较大）表明，该物种在捕食时，会像硬齿鲸亚科动物"古鲸亚目"那样用牙齿撕咬猎物，并不像现存须鲸亚目那样不断地将下颌向外伸出进行滤食。虽然西恩鲸属最初被归入古鲸亚目中，但现在人们认为该物种属于艾什欧鲸。西恩鲸属目前只包括一种鲸类，即发现于不列颠哥伦比亚省（位于加拿大西部）的苏克西恩鲸。除了出现于渐新世（2600万~2400万年前）的矢吹莫那印鲸已被描述之外，其他一些出现于1900万~1700万年前加利福尼亚的物种还尚未被描述。从日本的莫拉旺组中发现的还有江口足寄鲸，有关该鲸种的描述基于头骨的后半部分。在华盛顿报道了一种艾什欧鲸新物种。该物种的牙齿有磨损，人们认为它以抽吸的方式进食，而非通过

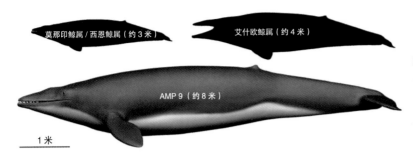

图3.50 来自日本的形似莫那印鲸属动物的大型艾什欧鲸生物复原图（足寄郡古生物学博物馆），与其他艾什欧鲸对比。本图来自蔡和安藤，2015年。

撕咬的方式捕获猎物（马克思等，2016b），但还需要对磨损的牙齿进行更进一步的研究，才能证实这一说法。艾什欧鲸的头骨十分坚硬，与乳齿鲸类似。但与之不同的是，艾什欧鲸的下颌联合并未愈合，这表明其下颌可以灵便地活动。

几乎所有的艾什欧鲸体型都很小，从3米到4米（9.8～13英尺）不等。*Fucaia buelli*体长约为2.1—2.2米（7英尺左右），是最小的须鲸亚目之一。然而，在日本的莫拉旺登中发现的一块形似莫那印鲸属耳骨的化石表明，一些艾什欧鲸的体型也十分巨大。据估计，该耳骨所属鲸类的体型差不多是目前已知艾什欧鲸体型的4倍大，约为8米（26英尺）（图3.50）。此外，蔡和安藤（2015年）认为，这一大型的艾什欧鲸躯体表明了艾什欧鲸的生态位划分情况，暗示我们不同种类的艾什欧鲸有不同的食物资源和捕食策略，与性双态性无关。虽然这一说法大部分还只是推测，但这一对于艾什欧鲸物种结构的假设值得进一步探讨。在另一项研究中，蔡和河野（2016年）对须鲸亚目干群的原始体型进行了复原，并将其对应到种系发生关系中。结果显示，正如先前所提出的看法那样，须鲸亚目由体型较小的祖先进化而来。他们的研究结果进一步表明，须鲸亚目干群动物进化出大体型这一趋势是独立的。在现存的须鲸亚目中，性双态性的情况很

有限。一般而言，雌性鲸要比雄性鲸稍大一些（大5%），这是因为雌性鲸需要更充沛的精力，在怀孕的时候尤其如此。相比之下，在现存的齿鲸亚目中，雄性鲸的体型普遍而言要大于雌性鲸。在巨头鲸中，性双态性的特征表现得尤为明显：雄性鲸比雌性鲸大三分之二以上。同样，在原鲸属"古鲸亚目"——慈母鲸中，雄性鲸的体型比雌性鲸大12%。

除了这些已命名的有齿须鲸亚目外，还有其他一些大型有齿须鲸亚目动物尚未命名，都统一被称为"古须鲸亚目"。这些鲸种出现于渐新世的南卡罗来纳州，其化石被统一安置在查尔斯顿博物馆（美国）。尽管它们已经被纳入了鲸类系统发育关系中，但还有待相关人员对其进行正式的描述。进一步的研究可能会将这些类群划分在须鲸之外，甚至是在鲸类冠群物种之外。

原始须鲸科：始弓鲸科

含有鲸须的须鲸亚目，也被称为"原始须鲸科"，包括几种已灭绝的谱系（图3.44，节点7）。人们在渐新世晚期的北太平洋发现了一个新的类群，叫做*Sitsqwayk*[①] *cornishorum*。从系统发育关系上讲，该鲸种目前被认为是原始须鲸科中最基本的一类（佩雷和乌亨，2016年）。**Sitsqwayk**兼具

[①] 须鲸亚目的一种，发现于美国华盛顿州渐新世晚期（夏特阶）的海洋沉积物中。该物种的属名表示一种力量强大的水精灵，根据民间传说，这种水精灵能带来财富。——译者注

艾什欧鲸属和始弓鲸属的特征。大部分早期无齿的原始须鲸科动物都是始弓鲸科的成员。始弓鲸科动物的分布可能遍及世界各地，在北美、日本和新西兰都有发现。原始须鲸科的分化大约始于3035万年前（马克思和福代斯，2015年）。

维氏始弓鲸出现于渐新世晚期南卡罗来纳州。其头骨长度约为1.5米（5英尺），表明维氏始弓鲸的体型大小与小须鲸相当，为7米（23英尺）。它的头骨显示，该鲸种有一个较大的颞肌，可以使颌骨闭合，但没有现存须鲸身上特殊的弹性韧带。弹性韧带可以在下颚张开时储存能量，然后用于闭合下颚。现存须鲸的下颌骨侧向弯曲，有助于吞食，但始弓鲸属并没有发育出这样的下颌骨，其下颌骨细长而直。在始弓鲸属动物的下颌上有一个巨大的下颌孔，这一特征也出现于鲸类冠群的身上（见第2章），表明始弓鲸能够听到水下的声音。始弓鲸与现存鲸鱼类似身上保留了鳍状肢结构，表明其肘关节的活动范围有限，在转向时使用鳍状肢。

细沟大和鲸属是出现于渐新世晚期日本的一种始弓鲸，发现了这类动物近乎完整的头骨和下颌骨、一些椎骨和肋骨，以及前肢。上下颌骨都保留有齿槽，表明它除了有鲸须还有牙齿（尽管并没有保留下来）。

据博森克和福代斯（2015a，b，c；2016年）在一系列文件中的记载，人们最近在新西兰发现了渐新世时期的一系列始弓鲸属，包括*Tohoraata*①，*Tokarahia*②，*Waharoa*③和*Matapanui*④，它们都属于始弓鲸属南半球的进化支（2016年）。其中最古老的化石之一是发现于Kokoamu绿砂岩上部（2980万～2730万年前）的*Matapanui waihao*，它在毛利语中表示"脸"的意思，指其平坦的前额。*Matapanui*目前被认为是新西兰始弓鲸属进化支中最早分化的成员。关于Tohoraata，目前已知的有两个物

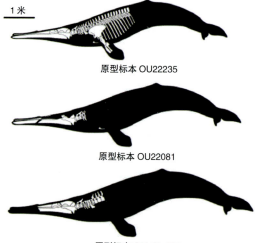

原型标本 OU22235

原型标本 OU22081

原型标本 OM GL 412

图3.51 *Tohoraata raekohao*生物复原图（含头骨）。本图来自博森克和福代斯，2015a。

图3.52 几具*Tokarahia*骨骼的轮廓复原图。本图来自博森克和福代斯，2015b。

---

① 始弓鲸属，出现于渐新世晚期（夏特阶）的新西兰，有两种已确认的物种，分别是*T. raekohao*和*T. waitakiensis*。——译者注

② 始弓鲸属，出现于渐新世晚期（夏特阶）的新西兰，有两种已确认的物种，分别是*T. kauaeroa*和*T. lophocephalus*。——译者注

③ 始弓鲸属，出现于渐新世晚期（夏特阶）的新西兰。博森克和福代斯（2015年）发现了*Waharoa ruwhenua*，*Waharoa*得以识别，也由此为单系的始弓鲸科增加了新属种。——译者注

④ 始弓鲸属，出现于渐新世晚期（夏特阶）新西兰的科科阿穆绿岩地。——译者注

种：收集于科科阿穆绿岩地中的较古老的 *T.raekohao*（出现于2700万~2600万年前），以及收集于奥泰凯克石灰岩中的 *T. waitakiensis*（出现于2600万~2500万年前）。其他始弓鲸属的脑壳非常小，但脑腔很大，有下颌闭合肌肉的附着面和原始的耳骨。*T. raekohao* 也是一种体型相对较小的须鲸亚目动物（长度约为5米）。这一物种的名字 *raekohao* 来自毛利语的"脑袋上的洞"，指的是眶部附近的开口。此物种名在"古鲸亚目"的奥氏吉肯鲸（见第2章）中也有出现，对于其同源关系和功能尚不清楚。

与此相关的另一新发现的始弓鲸属物种为 *Tokarahia kauaeroa*。该物种出现于渐新世晚期新西兰奥泰凯克石灰岩中，相关描述基于保存完好的头骨和部分骨架。颇具争议的脊毛伊岛须鲸也被转移到这一新的物种当中，并重新组合为 *Tokarahia lophocephalus*。后来人们发现了 *T.*（参阅 *T. lophocephalus*）上颌上的牙齿（此前只是推测），证明这一分类群中可能存在恒牙。有参考资料显示，*T. kauaeroa* 和 *T. lophocephalus* 同时出现，并且可能生活于同一地区。*Tokarahia kauaeroa* 的后颅骨架是渐新世须鲸亚目（图3.52）中最完整的一具，既具有衍生鲸种的特征，又具有其祖先的特征。例如，*Tokarahia* 细长的颈椎与龙王鲸相似，而其不能移动的肘关节则与现存的须鲸亚目的肘关节相似。另一种新的始弓鲸属是 *Waharoa ruwhenua*，这一属名在毛利语中的意思是"长的嘴"，其相关描述基于Otekaike石灰岩中保存完好的头骨和部分骨骼化石。这一类群为须鲸亚目中最早出现活动灵便的喙部提供了系统发育关系方面的证据。龙王鲸属和大多数有齿须鲸亚目的腹边缘线都是闭合或融合的，说明它们的喙部无法移动。而现存须鲸亚目的喙部衔接较松散，且是张开的。虽然目前尚未发现相关的牙齿化石，但是前腭上的齿槽和后来发现的外侧孔说明鲸须和牙齿可能都存在（图3.53）。与有齿须鲸亚目（艾什欧鲸属、乳齿鲸属）相对较短的喙部相比，始弓鲸属的喙部显得很长。并且，由于 *Waharoa* 系列物种个体发育时喙部延伸的速度较快，加速生长发育的过程（超前发育）可能是造成该现象的原因（博森克和福代斯，2015c）。一些保存下来的 *W.ruwhenua* 幼年标本（有些还不到一岁）表明，新西兰的大陆架在渐新世时期可能处于解体状态。而另一始弓鲸属 *Tokarahia* 牙齿的同位素样本与纬度迁移是一致的，这些始弓鲸属很有可能像其他南半球的海洋哺乳动物（也就是海豹）一样，通过季节性迁徙来到养料富集的南极水域，然后沿着新西兰海岸撤回原地进行繁殖。但这一假说仍需进一步的同位素研究来验证。

由于 *Waharoa* 在其上颌后部的四分之三处有血管化现象，它的鲸须装置相比现存须鲸亚目在面积上可能更有限。喙部较长、下颌骨易碎，以及下颌关节有滑液是 *Waharoa* 和其他始弓鲸属的共有特征。这些共有特征表明这些海洋哺乳动物不能像现存的须鲸那样进食；相反，它们可能会采取一种类似于现存露脊鲸的滤食方式。它们与露脊鲸一样，喙部下方可能有一个下开口。这个开口是由于缺少鲸须而形成的，并不像露脊鲸那样由于齿架侧向张

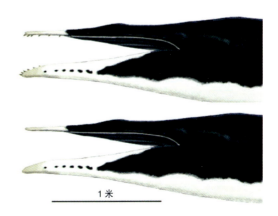

图3.53 *Waharoa ruwhenua* 的两种生物复原图：有齿图（上图）和无齿图（下图）。本图来自博森克和福代斯，2015c。

开而形成。一些始弓鲸属（大和鲸属、Waharoa）有齿槽或可能有牙齿（Tokarahia），但它们的牙齿大小和较浅的齿根表明，在滤食过程中，这些器官并不能很好地发挥作用。也有可能某些始弓鲸属的牙齿发生了退化，或者只是保留下来的用于社交时彼此炫耀（如在剑吻鲸中就是如此）的功能。作为冠群（包括露脊鲸在内）的姐妹群，这些原始须鲸科干群物种古老的进食方式可能是一种基本的滤食方式。

无齿须鲸亚目干群的新属种 *Whakakaia*[①] 出现于渐新世晚期新西兰北奥塔哥的科科阿穆绿岩地（夏特阶），由蔡和福代斯（2016年）对其进行描述。Whakakai的耳廓大而明显，说明该物种接收和/或发出声音的方式可能与其他物种不同。确切地来说，与须鲸亚目听力有关的茎乳孔和静脉窦可能延伸到鳞状骨。在最近的系统发育分析中，*Whakakai*与乌玛鲸被归入了同一须鲸亚目冠群的姐妹群中。乌玛鲸在毛利语中表示"大口吞咽"的意思，该物种被描述为须鲸的又一新物种，出现于渐新世早期（2700万～2500万年前）的新西兰（蔡和福代斯，2015年）。乌玛鲸侧弯的下颌以及其他特征（例如，在颌骨闭合过程中冠状突侧向偏转），说明该物种与现存须鲸一样吞咽进食。然而，这一假说并没有将影响吞咽进食的其他重要解剖学特征考虑在内，这些特征包括无滑液的纤维软骨颞下颌关节和向后的下颌髁突（伯塔等，2016年）。在须鲸的骨联合处，以及灰鲸身上都有一种化学感受器，可以用来辅助吞咽进食，乌玛鲸身上可能也长有这样的感觉器官（派森等，2012年）。乌玛鲸的肋骨连接表明，与现存的须鲸相比，在吞咽进食的早期阶段，更为复杂的肋骨连接可能会限制一次吞咽的水和食物量。

须鲸亚目冠群

尽管仍有许多争论，但最近有许多系统发育关系（例如，博森克等，2015a，b，c；高尔丁和斯蒂曼，2015年；马克思和福代斯，2015年；马克思等人，2016a）将已灭绝的"新须鲸类"（和tranatocetids）归入须鲸亚目冠群。此外，须鲸亚目冠群成员还包括现存的四种分类群：露脊鲸科（又称bowhead和right whales），须鲸科（又称fin whales或rorquals），灰鲸科（又称gray whales）和小露脊鲸科（又称pygmy right whales）（图3.44，节点9；图3.54）。最近的基于形态学的系统发育关系中发现了在balaenoid进化支（露脊鲸属+小露脊鲸属；图3.44，节点10）和另一种thalassotherian进化支之间存在二元现象（图3.44，节点12）（博森克和福代斯，2016年）。小露脊鲸属和露脊鲸属是否如形态学证据所强烈支持的那样（如博森克等，2015年），可以合并到同一进化支中，尚存争议；同样，小露脊鲸属是否如分子数据所支持的那样，属于其他所有现存须鲸亚目的姐妹群，这一观点也有待商榷。综合分析和分子数据集（如盖斯勒等，2011年；侯赛因等，2012年）支持另一种假说：将小露脊鲸科和须鲸超科都划入Plicogulae进化支中。Plicogulae一词来源于拉丁语，意思是"带有凹槽的喉咙"，指的是喉咙和颈部腹侧的凹槽。这些凹槽在须鲸超科中发育尤为良好，主要用于吞咽滤食。Plicogulae是一种单系群，这与大多数形态学结果相矛盾，表明仍需要对数据集进行进一步的探究。

露脊鲸科：露脊鲸和北极露脊鲸

露脊鲸科包括露脊鲸、真露脊鲸和弓头鲸属北极露脊鲸。林奈在他的须鲸亚目中只识别了弓

[①] 是须鲸亚目的一种，出现于渐新世晚期（夏特阶）新西兰的科科阿穆绿岩地。——译者注

头鲸属这一种，早期的分类系统基本上把所有须鲸都归入这个属。现存的北极露脊鲸生活在北半球的高纬度地区。目前已识别的露脊鲸有三种：北大西洋露脊鲸（*Eubalaena glacialis*）、北太平洋露脊鲸（*Eubalaena japonica*），以及南大西洋露脊鲸（*Eubalaena australis*）。现存露脊鲸的分布广泛，遍及全球（伯塔，2015年）。捕鲸者称它们为"适合"捕猎的鲸鱼，因为它们栖息在沿海水域，行动较为迟缓，而且死后尸体会漂浮在水面上。露脊鲸头部极大，占身体长度的三分之一，喙部极度弯曲，并能容纳极长的须鲸板（图3.44，节点11）。露脊鲸被称为"掠食者"或间歇性的"捕食者"，

它们在水中游动时就会张开嘴，不停地掠食体型很小的猎物，这些猎物大部分是水中的桡足类动物。现存露脊鲸数量庞大，各自分别被划分到不同的进化支上。虽然冠群大约是在982万年前分化出来的，但露脊鲸从其他的须鲸亚目中分化出来的时间为大约3000万年前（马克思和福代斯，2015年）。

最古老的化石露脊鲸要数细小毛诺鲸，该鲸种发现于中新世早期（2000万~1800万年前）阿根廷巴塔哥尼亚的盖曼组中。这一类群以两个亚成体为代表，其特征是延伸的眶上突和向前扩展的三角形枕骨盾。除了这一物种外，目前正在研究一种

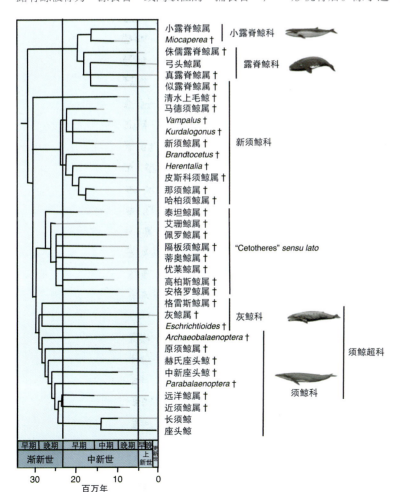

图3.54 须鲸亚目冠群的谱系关系图。本图来自博森克和福代斯，2015c。

来自马德林港组的露脊鲸新属种。毛诺鲸属和这一新发现的物种被划为露脊鲸中一个基本的类群，同时也是须鲸超科和新须鲸科的姐妹群。对系统发育的地层校正表明，在中新世早期的毛诺鲸属和中新世、上新世早期的露脊鲸属之间存在一段较长的时间空白（博诺等，2014b）。

后来分化出的一些相对丰富的露脊鲸化石很多出现于上新世晚期的欧洲，包括奥斯汀似露脊鲸、蒙塔利弓头鲸（意大利）、*Eubalaena belgica*、短鼻侏露脊鲸（比利时），以及来自日本的似露脊鲸未定种。蕾西弓头鲸也是一种化石露脊鲸，发现于美国东部的约克镇组中，该物种的相关描述基于北美发现的上新世一具近乎完整的化石骨架。支序分析将似露脊鲸从巨头鲸中分离出来，作为露脊鲸的一个姐妹群。有很多种类的露脊鲸体型都较小，其中包括毛诺鲸属、似露脊鲸属和侏露脊鲸属。例如，根据相关描述，奥斯汀似露脊鲸的体长约为5米（16英尺）。马克思和福代斯（2015年）认为，在大约300万年前，小型露脊鲸、小型须鲸和哈珀须鲸的消失与北半球冰期开始的时间相吻合。他们进一步指出，冰川周期的变化可能会减少可供这些物种栖息的大陆架区域，相比体型较大的深海种群而言，这些体型较小的种群更容易受此变化的影响。

真露脊鲸属出现于中新世晚期到上新世早期（600万年前）的日本。化石信州露脊鲸发现于日本长野县贡达组，在该地主要出土了信州露脊鲸的头骨和腰椎骨。还有一些尚未被描述的露脊鲸（包括一具几乎完整的骨架），主要发现于上新世早期的日本和上新世晚期的加利福尼亚州圣地亚哥组。

小露脊鲸科：小露脊鲸——露脊鲸类还是幸存的"新须鲸类"？

小露脊鲸（*Caperea marginata*）只出现在南半球，有关这种小型鲸种（体长只有4米）的系统发育地位是长期以来最具争议性的话题之一。它只存在于南半球。这个谜一般的须鲸亚目的生物结构至今鲜为人知，大多数相关信息来自搁浅在岸上的小露脊鲸。尽管其他最近的系统发育研究（如博森克和福代斯，2015a）更支持传统的分类方法，即将小露脊鲸类群与露脊鲸类群放在一起，但近来有一种新的假设认为，小露脊鲸可能是已灭绝的新须鲸科中最后的幸存者（福代斯和马克思，2013年）。要想解决这一争议，还需要进一步的研究，对包括化石和基因组数据在内的更多、更全面的须鲸亚目进行系统发育分析。

从最初的发现开始，人们就认为小露脊鲸属有着独特的骨骼形态。与所有其他的都须鲸亚目相比，小露脊鲸属的枕骨盾向前延伸，吻部短而宽阔，几乎没有弯曲，能容纳的须鲸板相对较短。小露脊鲸与露脊鲸其他的不同之处在于它有背鳍，喉部腹面有一对纵向浅沟（由与喉部沟槽同源的下颌褶皱造成），鲸须粗糙，相对于整个身体而言头部较小，肱骨较短，上肢有4指（非5指）。

在2012年之前，在化石记录中并未出现小露脊鲸科的相关记录。目前，除了新发现的小露脊鲸科化石，现在还存在一些其他的记录。最有趣的是，如果由博诺及其同事（2014a）所描述的发现于阿根廷巴塔哥尼亚的标本被确认为小露脊鲸的一种，那么该鲸种将是西南大西洋中首个出现的该谱系的化石，也是迄今为止发现的最古老的标本。从中新世晚期（1000万年前）马德林组中采集的下颌骨标本所显示的特征如下：躯体背腹侧隆起，冠状突位置较低且钝、呈三角形，下颌孔后移，类似于现存物种。另一项有疑问的记录是发现于澳大利亚梅利利亚中新世晚期（6200万~5400万年前）的耳骨化石（仅后突），由菲茨杰拉德（2012b）报道。第一个记录完好的小露脊鲸化石发现于中新世晚期（800万~700万年前）秘鲁的皮斯科组中。这个头骨化石被命名为*Miocaperea Pulchra*，该命名是依据它的年龄、与现存小露脊鲸相似的外形，以及保存完好的标本（鲸须也有保留下来）（见图3.40）而得出的。它的一些特征（较长的须鲸板和弓形的吻部）与持续的进食方式有关，这一点与现存露脊鲸相同。在小露脊鲸头骨化石出现地以北2000千米处，出现了另一种小露脊鲸化石，这与秘鲁海岸沿海上升流系统的存在有关。如果不把上文提到的小露脊鲸与须鲸类相联合的情况考虑在内，北半球的地层分布和小露脊鲸相关报告的缺乏，与该鲸属起源于南半球这一说法是相吻合的。

Thalassotherii：新须鲸科和须鲸超科

Thalassotherii，意为"海洋中的哺乳动物"，是一种超科进化支，包括两大离散的谱系。这一观点在最近的大多数研究中都受到了认可（如比斯康提等，2013年；博森克和福代斯，2015a，b，c）。这两大谱系为：新须鲸科（图3.44，节点13）和须鲸超科（图3.44，节点14）。此外还有第三种颇具争议的谱系，该种群包括thalassotherians干群物种，被称为"新须鲸类"。

很明显，thalassotherians在须鲸亚目的系统发育关系中起着至关重要的作用。尽管一些过去的研究曾把新须鲸科和"新须鲸类"放在了须鲸亚目冠群之外，但是几乎所有最近的系统发育关系都把新须鲸科和"新须鲸类"放在了类群冠群之中，并与须鲸超科联系在一起（如比斯康提，2015年；博森克和福代斯，2015年）。最近的研究认为新须鲸科包括*Brandtocetus*[①]、新须鲸属、*Herentalia*[②]、哈珀须鲸属、水清上毛鲸属、*Kurdalogonus*、马德须鲸属、那须鲸属、皮斯科须鲸属和*Eucetotherium*[③]。颇具争议的thalassotherians干群物种通常被认为是一种并系群，包括隔板须鲸属、高柏斯鲸属、蒂奥鲸属、安格罗鲸属、艾珊鲸属、薄鲸属、哈里鲸属、佩罗鲸属和泰坦鲸属。这些分类大部分都是由雷明顿·凯洛格于1924年开始描述的。凯洛格识别出的两种类群一般是根据吻部背侧的套叠作用来区分的。新须鲸科（包括新须鲸属在内）喙部的骨骼V字型向后楔入额部，而thalassotherians干群物种喙骨和颅骨连接处的骨骼则近乎笔直，有的稍微后缩。

清水上毛鲸出现于中新世晚期（1160万～720万年前）日本Yoishi附近的原市组中，经过严格的确认，被确定为最古老的新须鲸。该物种的眶部之间有一个较浅的V型裂口，这一点与其他新须鲸科物种不同，这可能是一种中间（或原始）形态的表现。除太平洋以外，新须鲸还出现于大西洋，包括一些广泛分布的类特提斯东部类群，该物种出现于中新世晚期今天的黑海和里海所在位置。这些类群包括：新须鲸属所含种、*Brandtocetus*、*Kurdalogonus*[④]，可能还包括*Eucetotherium*（参见高尔丁和斯塔特谢夫，2014年）。这些类群有横向扩张的鳞状骨、扩大的翼状肌和厚实的颈嵴，说明它们的颞肌和翼状肌十分强健。基于此，人们针对这些类群提出了一种以不同的口腔吸食模式为基础的广义滤食性策略。

其中种类最为繁多的新须鲸属之一就是哈珀须鲸属，它至少包括五种体型较小的鲸种。这些鲸种几乎都发现于中新世和上新世时期（640万～250万年前）的北太平洋和北大西洋。这一类群中有一种物种叫作斯卡尔哈柏须鲸，由比利时古生物学家皮埃尔·约瑟夫·贝内登于1872年命名。对该物种

[①] 新须鲸科中的一个属，该属的唯一物种为 *Brandtocetus chongulek*，出现于中新世晚期（托尔托纳阶）。——译者注
[②] 哈柏须鲸亚科的一个属。该属种的遗骸发现于比利时的中新世晚期的海洋沉积物中。——译者注
[③] 新须鲸科中的一个属，发现于俄罗斯高加索地区中新世（托尔托纳阶）的海洋沉积物中。——译者注
[④] 新须鲸科中的一个属，出现于中新世时期俄罗斯的高加索地区。——译者注

的相关研究，主要基于发现于安特卫普（比利时北部港口城市）的一系列零散的须鲸亚目化石遗存。莫氏哈柏须鲸是一种新物种，出现于上新世晚期加利福尼亚南部，由古生物学家乔·埃尔·阿德里和他的同事（2014年）进行描述，其个体发育过程从幼体到成年都有记录。该物种的下颌关节比较特殊，限制了其张口程度，最多只能张开45度。这表明莫氏哈珀须鲸与现存的灰鲸相同，通过口腔抽吸进食。这些类群所共有的且能让人联想到侧向抽吸进食的特征有：较短的鲸须（由于哈柏须鲸属的上颚扁平，上颚脊较宽，关节窝位置变高，因而人们提出如是假说），以及下颌角突的后伸，这些都增强了内收力。哈柏须鲸属至少存活到了更新世早期至中期，因而也成为迄今为止已知的唯一一种更新世时期的须鲸亚目属种。比利时发现了中新世晚期保存完好的新须鲸头骨化石，该物种经比斯康提（2015年）描述，被定为新物种，名叫 *Herentalia nigra*。尽管其他研究已经将皮斯科须鲸属作为哈柏须鲸属的姐妹群，但比斯康提的系统发育研究显示，*Herentalia* 为哈柏须鲸属的近亲。在一些更偶然的发现中，有一项发现引人注意，即已灭绝新须鲸胃部残留物的化石记录，该化石发现于中新世晚期秘鲁的皮斯科组中。化石记录包括一堆鱼类残留，这一残留为拟沙丁属鲱鱼鱼群，发现于鲸鱼的骨骼之中（图3.55）。

马德须鲸属是一种新须鲸，在一些系统发育关系中，被定位为介于哈柏须鲸亚科和其他新须鲸之间的过渡类群。该属种中有一些鲸种已有描述，包括出现于中新世晚期美国东部圣玛丽组或卡尔弗特组的杜氏马德须鲸，以及一种发现于中新世晚期荷兰的与之形态极为相似的 *Metopocetus hunteri*。这两个物种的共同特点是，它们副枕骨突的腹侧表面都有一个特别大的下凹结构，与一块舌骨（茎突舌骨）和头盖骨基部相连，可能在进食中起到作用。支序分析发现，第三种已描述的物种"*Metopocetus*" *vandelli*，与马德须鲸属并没有密切的关系（马克思等人，2016年）。

颇具争议的thalassotherians干群物种大部分出现于中新世中期以及上新世时期北大西洋的东西两侧，不过在西北太平洋（日本）也有发现该鲸种

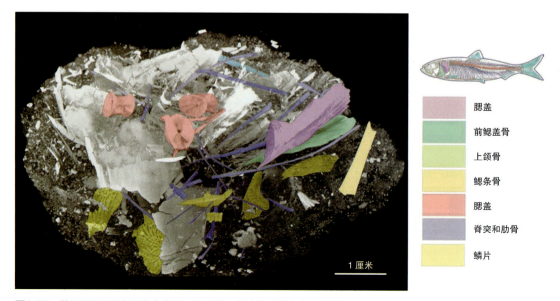

图3.55 基于新须鲸胃部残留物化石，用显微CT技术复原的鱼类和鳞片样本图。本图修改自科拉雷塔等，2015年。

图3.56 Tranatocetus argillarius生物复原图。本图由苏珊·埃达尔、普勒格·弗兰森绘制，由P. 高尔丁提供。

的一些分类群（如，艾珊鲸属、隔板须鲸属）。艾珊鲸属通常被认为是在这个进化支成员中的基层物种。还有一些体型更大的已灭绝须鲸亚目，它们都发现于中新世中期的沉积物中。这些鲸种包括出现于西北大西洋的佩罗鲸属和哈里鲸属，以及发现于东部太平洋的高柏斯鲸属。有一种叫作安格罗鲸属的鲸种，其分布范围已扩散到西南大西洋。除隔板须鲸属和安格罗鲸属以外，其他的鲸种被概括性地称为"新须鲸类"（广义上），目前已知的只有一类单一物种。隔板须鲸属由两个已知物种组成，分别为帕氏隔板须鲸和肯彭兰隔板须鲸。这两种鲸类分布于大西洋两岸（美国东部马里兰和比利时）及日本。泰坦鲸出现于中新世中期的意大利北部，最初被描述为分别来自美国大西洋东部（马里兰州）和比利时，以及日本。来自意大利北部中新世的"泰坦之海"，最初被描述为*Aulocetus*（比斯康提，2006年）。

Tranatocetidae是须鲸亚目中新的一科，相对于新须鲸科而言，该类群与灰鲸科和须鲸科的关系更为亲近。该类群由高尔丁和斯蒂曼（2015年）描述，不过在做出最终确认之前还需要进行更多的类群分析和特征分析。除了*Tranatocetus*之外，这个新家族还包括混须鲸、*Mesocetus longirostris*、温氏新须鲸、巨新须鲸和"*Aulocetus*" *latus*。*Tranatocetus*[①] *argillarius*此前被称为吉氏中须鲸，出现于中新世晚期的丹麦，对该鲸种的相关描述主要基于对一块残缺不全的头骨及新发现的头骨和颅下遗骸的重新研究（图3.56）。*Tranatocetids*与其他鲸类动物的不同之处在于，该物种的吻骨有独特的套叠作用，其中前颌骨和鼻骨在头顶部将上颌骨分开，吻骨向后楔入颅顶甲，将额骨覆盖住，与顶骨交错。与其他的须鲸亚目相比，目前正在研究的*Tranatocetus*的后颅骨架显示，该鲸种的肩胛骨形状特殊，肱骨上有较长的三角肌嵴。

须鲸超科：须鲸科（又称*Rorquals*）和灰鲸科（又称*Gray Whales*）。形态学数据、分子数据和组合数据集所显示的须鲸科和灰鲸科之间的关系各不相同。一些联合分析和形态学分析（德梅尔等人，2008年）支持灰鲸科与须鲸科（须鲸超科）之间的联合，而分子数据和其他联合数据（如盖斯勒等人，2011年）则将灰鲸科置于须鲸科之内，因此

---

① 一种已灭绝的须鲸，出现于中新世晚期（托尔托纳阶）丹麦的日德兰半岛，唯一的典型物种是*Tranatocetus argillarius*。——译者注

认为后者具有非单源性。分化测定显示，须鲸科从其他须鲸亚目中分离出来的时间为2818万年前（马克思和福代斯，2015年）。

须鲸科，通常被称为鳁鲸"rorquals"（指的是它们的喉腹褶，这个名称由挪威语演变而来，原意为"有深沟的鲸"），包括长须鲸（*Balaenoptera physalus*）和座头鲸（*Megaptera novaeangliae*）等。在现存须鲸中，鳁鲸是数量最多、种类最丰富的类群（图3.44，第16节点）。它包括8个品种，从体型较小的小须鲸（*Balaenoptera acutorostrata*），体长9米（29英尺），到体型巨大的蓝鲸（*Balaenoptera musculus*）都有涵盖。蓝鲸是有史以来体型最大的哺乳动物，身长达33米（108英尺），体重超过160吨。在过去的十年中，人们在印度洋—太平洋地区发现了一种新的须鲸角岛鲸。这一事实证明，尽管我们更经常听到的是有关那些消失物种的消息，但是有些时候也会发现一些新的海洋哺乳动物物种。

须鲸科物种的特点是有背鳍（这一点不同于灰鲸和露脊鲸）和许多从下巴延伸到肚脐的喉腹褶。须鲸科物种在捕捉猎物时游泳的速度非常快，能够吞咽大量的海水和猎物。这些猎物大部分是磷虾和小鱼。须鲸科成员进食时会张开大口向前游动，喉部的喉腹褶会在进食过程中起到辅助作用。进食时，下颌骨张开90度，腹腔喉囊也会像降落伞一样打开，排列在松弛的舌头周围。当口部闭合时，水就会通过鲸须滤出，而食物则留在鲸须后的口腔内，接着被吞下去。

有关须鲸科的化石记录始于中新世中期，所发现的相关化石来自北美、南美、欧洲、亚洲和澳大利亚。从系统发育上讲，目前已知的最基层的须鲸科成员是韦氏碎鲸。该鲸种出现于上新世早期（距今约500万年）的北海，由比斯康提和博斯勒（2016年）描述。这一类群的头骨特征——如额骨眶上突平而扁、突然凹陷，上枕骨前伸，在功能上与颞肌前侧相关——被认为是参与吞咽进食过程的一部分特殊的形态特征。在意大利北部的普朗加斯科山中，发现了一具上新世中期至晚期保存相当完好的须鲸亚目头骨和骨骼化石。该化石物种起初被命名为居氏更新鲸，后来有几项研究都将此标本称为新须寄鲸属或新须鲸属（又称Cetheriophanes）。但不幸的是，该标本在第二次世界大战期间被毁。根据已出版插图，比斯康提（2005年）再次对该标本的系统发育关系进行了分析。他判断，这个标本为须鲸科的新属种居维叶原须鲸。在后来的一份刊物中，比斯康提（2007年）将出现于上新世早期意大利北部的另一化石鳁鲸命名为阿利坎特古须鲸。根据系统发育分析，比斯康提认为该鲸种是最基层的须鲸科物种。阿利坎特古须鲸与进食相关的身体结构（例如，鳞状骨有扁平的关节窝，下颌笔直）表明，该物种并不像该种群的现存成员那样，能够以间断的移动方式进食。

大部分的鳁鲸属都没有完善的记录。目前已有记录中，最古老的要数*Balaenoptera bertae*。该鲸种由博森克描述，于2013年被定义为新物种，发现于布里斯玛组圣格雷戈里奥段最上部（上新世早期至晚期），遗骸为未成年的部分头骨（图3.57）。系统发育分析表明，这一分类群与包括长须鲸、布氏鲸、小须鲸和南极小须鲸在内的现存物种多分支的关系最为密切。鳁鲸属的另一新物种——以南加利福尼亚州圣地亚哥组中的个体基因序列为代表——目前正处于研究阶段（图3.58）。还有一些须鲸科物种从秘鲁皮斯科组中被挖掘出来，尚未描述（图3.59）。有关座头鲸属的起源及其是否与鳁鲸属所含种不同这两点尚不清楚。系统发育分析显示（如马克思和福代斯，2015年；马克思和河野，2016年），两种提及的化石物种——出现于上新世早期智利的赫氏座头鲸，以及出现于中新世晚期加利福尼亚州的中新座头鲸，与座头鲸（*Megaptera novaeangliae*）的关系并不密切。在

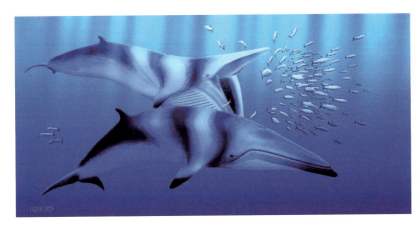

图3.57 *Balaenoptera bertae*生物复原图。本图由R. 博森克绘制。

图3.58 发现于圣地亚哥组的须鲸头骨化石在圣地亚哥自然历史博物馆展览。本图由T.德梅尔提供。

秘鲁的皮斯科组中发现了保存异常完好的一种中新世鳁鲸标本（包括矿化的鲸须痕迹），这一新物种被命名为*Incakujira anillodelfuego*①。一项全面的证据分析表明，这种新的须鲸被定位为座头鲸的姐妹群，但这一结果目前还缺乏足够的证据（马克思和河野，2016年）。Incakujira与现代须鲸的取食器不同，该鲸种的下颌横向旋转范围有限，会导致口腔张口受限。这一特征，加上密度相对较高的鲸须板，就说明Incakujira可能是一个滤食者，捕食目标为那些体型相对较小的猎物。

灰鲸科的代表为该科唯一的现存物种——灰鲸（*Eschrichtius robustus*）（图3.44，节点15）。灰鲸现在只出现于北太平洋。而其在北大西洋上的种群在历史上早已灭绝（17世纪或18世纪早期）。早前北大西洋盆地灰鲸的分布情况，已由全新世时期的化石记录和出现于美国佐治亚州海岸附近的更新世晚期的化石所证实。有假说认为，大西洋灰鲸在漫长的迁徙路径终点进行繁殖。总的来说，在温带地区的这些发现为这一假说提供了支撑。大西洋灰鲸的这种情况类似于现代的太平洋灰鲸在加利福尼亚半岛的潟湖进行繁殖的情况。目前在北太平洋有两个亚种群，沿亚洲东海岸迁徙的北太平洋西部亚群非常罕见；而东北太平洋亚群的种群数量就大得多，但是这一亚群在19世纪晚期和20世纪早期遭到

---

① 一种已灭绝的须鲸属类，出现于中新世晚期秘鲁西部的皮斯科组中。——译者注

严重的过度开发，不过现在已经完全恢复，已被从濒危物种名录上移除。

大多数灰鲸为一种底栖动物，使用侧向抽吸的方式进食。它们自己会滚动到一边（通常是右侧），用舌头把水和猎物带进口腔中。灰鲸短而粗的鲸须则用来过滤底栖无脊椎动物，这些底栖无脊椎动物主要是片脚类和甲壳类动物。

目前已知的灰鲸科中最早出现的代表性物种为鲁氏弓灰鲸，对该鲸种的研究基于来自中新世晚期意大利的部分下颌骨。我们对上新世晚期灰鲸的了解主要来自北太平洋（加利福尼亚州和日本）及大西洋（北卡罗来纳州）的岩石中，后者的记录基于对奥罗拉格雷斯鲸化石的研究。迄今为止，描述最完整的灰鲸就是加斯达灰鲸（此前被划作须鲸属种），该鲸种出现于上新世早期意大利西北部（530万～300万年前），与现存灰鲸有密切的关系。加斯达灰鲸的正模标本基于其头骨、颌骨和颅后元素（椎骨、肋骨、肱骨、尺骨、掌骨和趾骨）构建。加斯达灰鲸的进食方式取决于其下颌形态——有后冠状嵴和冠状窝表明它有发育良好的内收肌，如颞肌——这一点与现存灰鲸（*Eschrichtius robustus*）相似，表明它和现存灰鲸一样都以底栖抽吸的方式进食。有关灰鲸未定种最古老的化石记录来自上新世晚期的西北太平洋（日本）。该物种的头骨保留了与现存灰鲸相关的特征（例如，枕骨短而陡，有明显的枕骨结节，乳骨突强健、方向向后）。有一种新化石类群与灰鲸密切相关，该类群有保存极为完好的头骨和骨骼生长序列，涵盖了在上新世晚期南加利福尼亚圣地亚哥组中发现的成体和幼体。目前，该物种正在研究当中（图3.60）。

图3.59 乔瓦尼·比亚努奇在秘鲁塞罗科罗拉多进行须鲸头骨挖掘的准备工作。

图3.60 发现于加利福尼亚圣地亚哥组的灰鲸骨骼化石，馆藏于圣地亚哥自然历史博物馆。本图由T.德梅尔提供。

第四章

水生食肉动物

鳍足类食肉目和类熊食肉目

鳍足类动物,又称"鳍足"食肉目动物,被普遍认为是一种单源类群,包括三大类:海豹(海豹科)、海狗、海狮(海狮科)和海象(海象科)。鳍足类动物的进化及物种多样性涉及一系列的适应性变化,包括较大的体型、性双态性和深度潜水等三个方面。鳍足类动物起源于渐新世中晚期(3000万~2300万年前)北太平洋较冷的水域(图4.1),栖息地遍及全球,从淡水湖到深海都有分布。该类物种的眼眶下方有一个巨型开口(眶下孔),说明鼻子的敏感度增强;一些面颅骨呈几何结构,这些面颅骨包括对眶内壁作用极大的上颌骨和不与颧骨接触的泪腺(贝尔塔·怀斯,1994年)。鳍足类动物的肢体特征如下:有强健的肱骨(上臂),前肢第一趾和后肢两侧的足趾较长,前肢和后肢的骨骼呈独特的桨状,可在游泳时提供巨大的推动力。

马里兰州和弗吉尼亚州的卡尔福特地层是中新世早期到中期的鳍足类化石(有相关记录)的聚集地,在这两处发现了*Leptophoca*[①]和僧形海豹属。加利福尼亚州的鲨齿山骨层中出土了中新世中期海狮科动物、海象科动物以及皮海豹科动物化石。中欧和西亚(奥地利到哈萨克斯坦)类特提斯地区的中新世中期海洋生物群中有海豹类干群动物。

在秘鲁南部海岸中新世-上新世的皮斯科地层中发现了保存完好的鳍足类动物遗骸,海豹和海狮至少有10种。位于南非开普敦附近的

---

① 一种已经灭绝的无耳海豹属,出现在北大西洋地区。——译者注

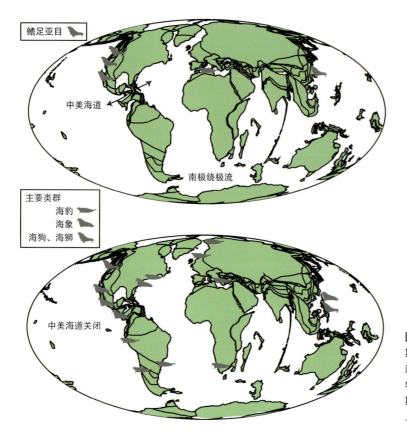

图4.1 渐新世晚期至中新世早期（上图）和中新世中期至上新世（下图）主要的鳍足类动物化石遗址。本图修改自福代斯，大地基本构造图来自www.odsn.de/odsn/about.html。

朗厄班韦赫中新世-上新世遗址，是多种陆地和海洋动物群的发源地，这里发现的化石包括一组含量丰富的胡氏海豹遗骸，以及尚未被描述的与之相关的海豹遗骸（图4.1）。上新世晚期和更新世早期的南加利福尼亚州圣地亚哥地层中出土了多种多样的海洋哺乳动物，包括海狮科（北海狗属）和海象科（杜希纳海象属、壮海象），须鲸亚目（哈柏须鲸属、须鲸属、灰鲸属、露脊鲸属），齿鲸亚目（海豚属和鼠海豚属），以及海牛目哺乳动物（无齿海牛属）。

鳍足类动物的进化
体型大小

大量的数据组研究表明，现存鳍足类动物、化石鳍足类动物的体型大小与年龄之间呈正相关关系——即从中新世中期（兰盖阶-塞拉瓦莱阶）开始，鳍足类动物体型的增加就与其生物多样性的增加有关（图4.2）。鳍足类动物生物多样性及体型上的变化与鲸类动物生物多样性的迅速增加同时出现，或比后者稍有提前。上述这两种物种的改变可能是全球初级生产力的变化造成的。不同谱系的祖先-后代对比，并未显示在鳍足类动物进化支中存在主动选择的迹象，因此，鳍足类动物体型大小的变化是被动选择进入空白生态空间的结果，而非主动选择增加体型的结果（丘吉尔等，2015年）。

水生生物的毛皮和脂油

鳍足类动物为水生生物，通过毛皮来保暖。最早分化的海狮科冠群生物北海狗是有毛皮的，说明浓密的毛皮是其祖先就具有的特征，但后来海

鳍足类动物的基本解剖结构

古生物学家卡特里纳·琼斯、安贾利·戈斯瓦米及其同事（琼斯和戈斯瓦米等人，2010年；琼斯等人，2015年）的研究结果表明，虽然鳍足类动物进化的起源时间比陆地食肉动物更晚，但它的头骨形状变化（不同）比前者更多。在鳍足类动物中，海豹科头骨形态的多样性远超过海狮科动物，反映出该物种在生态和繁殖方面具有多样性。例如，髯海豹（*Erignathus barbatus*）的上颚很高，呈弓形，下颚合，专门用来抽吸进食。雄性的北象海豹（*Mirounga leonina*）和南象海豹（*Mirounga angustirostris*）有很大的鼻子，这与雄性间的斗争和争夺配偶有关。同样地，雄性冠海豹（*Cystophora cristata*）有特殊的鼻腔，在充满空气的时候会形成充气囊，可在求偶时进行炫耀或者吸引雌性。现存海象（*Odobenus rosmarus*）最突出的特征是：成年海象有两枚不断生长的长长的獠牙。但只有一种谱系的海象长有这种长獠牙，其他的化石海象除杜希纳海象亚科外是没有獠牙的。另一些化石鳍足类动物也会显示出其他特殊的形态特征，比如短齿海豹有强健的下颚和牙齿，说明它以甲壳类动物为食；没有牙齿的（除犬齿以外）化石海象壮海象是抽吸进食的专家。

鳍足类动物的骨骼结构反映了不同谱系对游泳和陆上移动的适应性。鳍足类动物与鲸目动物和海牛目哺乳动物不同，既有前肢也有后肢。海狮科动物主要通过使用前肢和发达的肌肉组织来增加推进力。例如，肩胛骨的冈上肌扩大，与冈上肌发育良好有关。如图所示，相对较大的颈椎可以促进颈部和头部的大范围运动。海象和海豹用后肢推水，用前肢转向。它们的背部下方（腰椎）有很长的横突，可以为移动后半部分身体的肌肉提供更大的表面积。海象在低速游泳时也会使用前鳍。

与陆地食肉动物相比，鳍足类动物的前肢和后肢骨骼短而扁平。肢体的部分区域被围在身体轮廓内，与肘部和踝关节的情况类似。鳍足类动物的足趾会随着每个足趾末端软骨的延伸而变长。鳍足类动物前肢上较长的是第一指（拇指），后肢上较长的是第一趾和第五趾。而海豹后肢上的足趾更健壮，这与它们用后肢游泳有关。在游泳时，这些足趾就成了鳍状肢的前缘。由于跟腱绕过了踝关节的距骨突，阻碍了足部向背侧弯曲，因而海豹的后肢无法向前移动。海豹在陆地上的移动是通过身体的波动来完成的，而海狮和海象则能够让后肢向前移动，在陆地上行走。鳍足类动物的尾椎骨很小，无法用于移动。

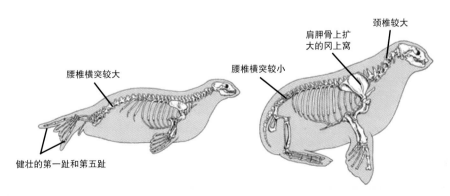

鳍足类动物的基本解剖结构图，海狮（右图）和海豹（左图）。

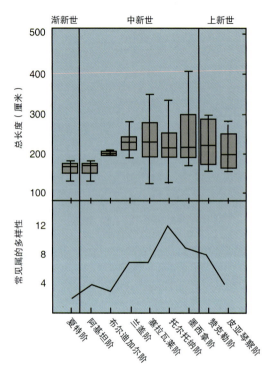

图4.2 鳍足类动物体长与物种多样性随时间变化的箱形图。本图来自丘吉尔等，2015年。

狮没有了毛皮，进化出厚厚的脂肪层（利万格等人，2012a，b）。因为海狗和海狮为并系类群，所以这一情况很可能在海狮科的进化史上发生过几次。北太平洋是北海狗属成员的发现地，该地古环境的重建（如在中新世和上新世，加利福尼亚州寒流活跃）有助于毛皮原始状态的重建。

早期起源：鳍足亚目动物还是熊亚目干群动物？

鳍足类动物进化的早期阶段并不像鲸目动物和海牛目哺乳动物那样清楚明晰。在加拿大德文岛距今2400万~2000万年的湖泊沉积物中，发现了一种尚无法确定归属的食肉动物，名叫达尔文氏海幼兽。加拿大古生物学家娜塔莉亚·雷布钦斯基和她的同事（2009年）将达尔文氏海幼兽描述为鳍足类动物从陆地过渡到海洋的一种中间形态（图4.3，图4.4）。达尔文氏海幼兽的体长只有一米多，它的头部像海豹，身体像水獭一样长，呈流线型。它的犬齿和颌骨十分强健，说明该物种的咬合力很强，既能在陆上捕捉猎物，也可以在水中捕捉猎物（图4.3）。与鳍足类动物不同的是，达尔文氏海幼兽并没有鳍状肢，它的鳍肢形态更接近于水獭。它还有一个长长的尾巴，足部可能有蹼。至于达尔文氏海幼兽是属于鳍足类干群动物，还是属于与鳍足类动物关系较远的熊亚目干群动物，这一点有待进一步的研究来确认。也许最重要的是，如果达尔文氏海幼兽被确认为鳍足类动物，那就表明北极是早期鳍足类动物出现多样化的地区。就这一栖息地而言，在中新世期间北极的温度要比现在高得多。而这一时期的植物显示，当时该地属潮湿、凉爽、温和的沿海气候。

鳍足类干群动物：性双态性和一雄多雌？

有证据表明，鳍足类干群物种如海熊兽、翼熊兽和太平洋熊兽的物种多样化出现于浅海湾或内海中，不过这些物种的分布仍然局限于北太平洋东部地区。最早的有代表性的鳍足类动物是海熊兽，在中新世早期北太平洋东部有五个物种。海熊兽，或称"海熊"，由古生物学家埃德·米切尔和理查德·泰德福德在1973年于加利福尼亚州贝克菲尔德

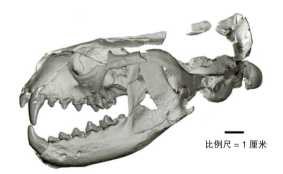

图4.3 达尔文氏海幼兽头骨和颌骨。本图来自雷布钦斯基等，2009年。

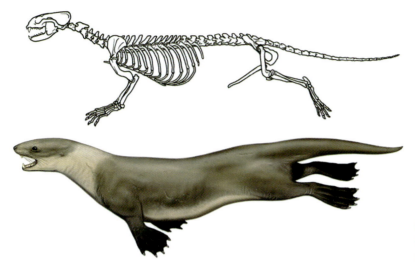

图4.4 达尔文氏海幼兽的骨骼和生物复原图。本图由C.比尔绘制。

附近的金字塔山地区发现，被描述为鳍足类动物的一个新属种。鳍足类动物进化支起源于渐新世中晚期（3060万～2300万年前）北太平洋的东部（俄勒冈州）（图4.1）。该物种祖先的齿形为异齿形，牙齿上有巨大的叶片状的齿尖，适合撕咬猎物（图4.5）。人们通过复原埃拉米海熊兽的觅食生态发现，该物种以撕咬的方式进食，是一种主要以鱼类为食的食肉动物。

在海熊兽熊亚目近亲的身上，人们并未发现与牙齿简化相关的具体的牙齿特性，比如上臼齿和舌面嵴尺寸变小，下颌第一颗臼齿到冠脊上的下内尖（齿尖）尺寸变小、形态发生变化，犬齿后冠尺寸变小，以及同齿形趋向（参见丘吉尔和克莱门茨，2015年）等。有关海熊兽的最新记录发现于俄勒冈海岸有约2000万～1900万年历史的岩石之中。

米尔赛海熊兽的代表性化石发现是来自加利福尼亚州中部的一具近乎完整的骨骼遗骸。据估计，该物种的整体长度为1.4～1.5米（4.6～4.9英尺），体重为73～88千克（160～194磅），体重和大小与雄性海豹大致相当。米尔赛海熊兽的脊柱能够进行大量的横向和纵向运动。此外，它的前肢和后肢都改良进化为鳍状肢，可用于在水中移动（图4.6）。

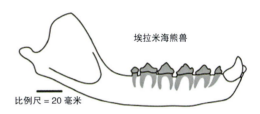

图4.5 埃拉米海熊兽的下颌结构表明了其牙齿形态和齿根状况。本图来自博森克，2011年。

后肢的几个特征表明，米尔赛海熊兽在陆地上也能灵活地移动，很可能在近岸或岸上停留的时间比现存的鳍足类动物还要长。米尔赛海熊兽前肢和后肢上有铰缝，表明它们使用肢体抓捕猎物，也进一步说明它们可能先将猎物带到岸上，然后再进食（霍金等人，2017年）。在一项有关鳍足类动物骨骼比例的研究中，瑞恩·贝贝伊（2009年）提出了一种假设，认为海熊兽主要使用后肢游泳，因为它的骨骼比例与使用后肢游泳的海豹相似。

翼熊兽和太平洋熊兽属于后来分化出的化石谱系物种，发现于中新世早期至中期距今约1900万～1500万年俄勒冈州沿岸的岩石中。它们与鳍足类动物的联系比海熊兽与鳍足类动物的联系更

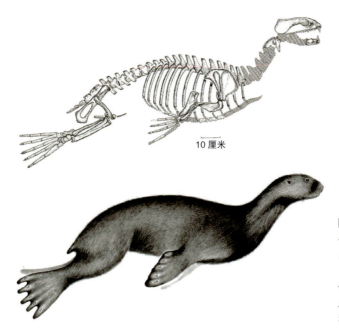

图4.6 鳍足类动物米尔赛海熊兽的骨骼和生物复原图。估计总长度（吻部到尾部）为1.4～1.5米。骨骼阴影部分是对未保留下来的骨骼部分进行猜测所做的复原图。本图来自伯塔和雷，1990年。

紧密（图4.1）。鳍足类动物构成眼部区域骨骼的几何形状独具特色。翼熊兽的上颌骨发育独特，是最突出的骨骼结构，有利于眼部区域骨骼的形成。此外，翼熊兽产生泪液的泪骨和相关组织极大退化或消失，这一特征在鳍足类动物中也有出现。在翼熊兽和鳍足类动物上颚的最后一颗前白牙与第一颗臼齿之间有一个较浅的凹陷，表明它们牙齿的撕咬能力下降。这一现象与齿尖简化共同表明，在翼熊兽身上已经开始出现向同齿形转化的趋势（图4.7）。鳍足类动物的牙齿简化和所有哺乳动物的情况一样，似乎与 *Bmp4* 基因在区域表达上的缺失有关。

雌性海熊兽和雄性海熊兽的头骨尺寸并不相同，说明鳍足类动物具有性双态性的特征。鉴于鳍足类动物的交配系统和与性别相关的头骨差异（如头盖骨基部和吻部的扩张、上颚的长度）之间存在密切的相关性，卡伦和同事们（2014年）认为，这些祖先类群有一雄多雌的交配系统，由性选择所致——为了保卫领地、进行雄性之间的竞争，雌性会选择肌肉更健壮的大体型雄性。这些研究人员进一步表明，海熊兽从鳍足类冠群动物中分化出来时（渐新世晚期至中新世早期，距今约3000万年），可能是气候变化迫使该种群间形成了一雄多雌的交配系统，因为这样的模式能方便在养料富集的上升流沿岸区域栖息。在现代海熊兽种群身上，有些现象可以支撑这一观点。因为就一般情况而言，在北极和南极的鳍足类动物身上并未出现性双态性的现象，而且两极地区营养物质的分布也十分广泛。这个例子也提醒我们，在未来，如果气候变化的影响变大，由于海水变暖而导致海水养料减少，那么极地地区的鳍足类动物就会面临压力，从而形成群落，进而发展出一雄多雌的交配系统。

鳍足类冠群动物：种系发生、移动方式和水中进食

对于鳍足类动物彼此之间的相互关系和鳍足

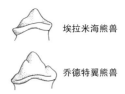

图4.7 埃拉米海熊兽和乔德特翼熊兽的犬齿对比表明了同齿形的进化趋势。本图来自博森克，2011年。

类动物与其他食肉动物之间的关系，有很多种不同的假说提出，这就为阐释不同鳍足类动物种群的祖先形态带来了挑战。当系统发育关系被确定时，可能就需要对原有的看法进行一些调整。这方面的一个典型例子就是对鳍足类动物移动方式进化的重构。如果鳍足类动物的姐妹群是用前肢游泳的熊科动物，那么鳍足类动物最初的游泳方式也应该是使用前肢游泳。鼬亚科和鳍足亚目的联合说明，鳍足类动物最初应该是用四肢或者骨盆划水游泳，而不是通过胸部进行移动。鳍足类动物之间的相互关系冲突包括：形态学证据显示海象科和海豹科应为姐妹类群，但分子数据和联合数据却一致支持将海象科与海狮科划为姐妹类群（见第1章，图1.5）。如果把北太平洋一带已灭绝的皮海豹（该物种在其他鳍足类动物中的谱系地位尚不确定）考虑在内，情况就更复杂了。皮海豹属于海狮总科，海狮科与海象科有着紧密的关系，这表明海象科与海豹科动物使用后肢游泳这一特征，遗传于它们共同的鳍足类祖先海熊兽。另一种看法是，如果皮海豹科、海豹科和海象科组成一个进化支（Phocomorpha），那么使用后肢游泳这一特性就至少独立进化了两次：一次是在海熊兽亚科谱系中，还有一次是在Phocomorpha（皮海豹科、海豹科、海象科）基层物种中。这一解释需要否定皮海豹科和杜希纳海象都使用前肢游泳的说法。

祖先形态的复原数据表明，鳍足类动物适应水中进食，这一能力是由其陆上祖先进化而来的。这涉及专门为定位猎物而发生的各种不同感觉系统的变化，其中包括视觉系统的变化。现存的鳍足类动物属于深海潜水哺乳动物。例如，北象海豹和南象海豹，即象海豹属所含的一个种，是鳍足类动物中潜水记录的保持者：一次呼吸能在约1600米深的水中潜水一个多小时。鳍足类动物身上一个关键的形态适应变化就是骨性眶的大小。骨性眶的大小就代表眼球的大小，骨性眶能够起到探测潜水深度的作用。古生物学家劳伦·德拜和尼克·派森2013年的一项研究结果显示，鳍足类的骨性眶比其最近的陆上亲属要大，深海潜水在鳍足类冠群动物中（如在僧海豹进化支，尤其是象海豹属所含种中）进化了好几倍。根据这组数据推断，德拜和派森发现骨性眶最大的是中新世中期化石鳍足类动物异索兽属。这使人们不禁预测：这一类群的成员（如象海豹）也能够深海潜水。

鳍足类动物向水中进食过渡的过程包括牙齿的逐渐简化，这与咀嚼功能丧失并向刺戳进食过渡有关。丘吉尔和克莱门茨2015年对牙齿特征的主要成分分析报告显示，在已知最早的鳍足类冠群进化支基层成员中，就已经显示出了刺戳进食的特征。在鳍足类冠群物种中，已进化出多样化的进食方式来消耗水下猎物。亚当和伯塔2002年通过对鳍足类动物的头骨和下颌骨性状进行初步研究，证实了该物种的四种进食策略：过滤进食、捕捉撕咬、抽吸进食和刺戳进食。长期以来，人们一直认为现存的海象专门使用抽吸方式进食，主要捕捉软体动物。不过，在后面的章节中我们也会提到，一些化石海象更有可能曾是捕食鱼类的高手。人们发现以上四种进食方式在海豹科身上都有出现，它们主要擅长于刺戳进食策略，因为它们有锋利的尖牙——这一结果在一项更为严格的头骨形态特征定量分析中得到了证实（金勒和伯塔，2015年）。该分析同时也证实了豹形海豹（*Hydrurga leptonyx*）通过捕捉撕咬的方式进食。豹形海豹的颌骨较长，并有扩大了的冠状突，增加了肌肉的附着区域，使得咬合力更强大。而采用过滤进食的则以食蟹海豹（*Lobodon carcinophaga*）为代表。食蟹海豹有极为特殊的多齿尖牙齿，牙齿交错排布，就像筛子一样能够过滤出水中的猎物（图4.8）。人们发现大多数的海狮科动物也是刺戳进食的能手。据推测，这两种谱系的海豹都从其共同的鳍足类动物祖先海熊兽身上将这一特征保留了下来。下一步的研究需要将化石鳍足类物种的数据囊括进来，并在清晰明确的系统发育框架下，对现存的鳍足类动物和灭绝的鳍足类动物进食策略的进化过程进行重建。

图4.8 食蟹海豹（*Lobodon carcinophaga*）头骨，显示出其交错排布的多齿尖牙齿。

海狮科：海狗和海狮
海狮科干群

已知地质年代最古老的海狮科物种是出现于中新世中早期（1710万～1500万年前），南加利福尼亚州米申维耶霍托潘加组的隐秘晨海狮和橘郡晨海狮。这两个物种由脊椎动物古生物学家罗伯特·博森克和摩根·丘吉尔（2015年）以及豪尔赫·维莱斯·尤尔贝（2017年）描述（图4.1）。晨海狮体型很小，成年的晨海狮仅比海獭稍大一点。晨海狮的牙齿极度简化，齿形与现代的海狮科动物相似。晨海狮区别于现存海狮科动物的一个关键特征是在下颌第一臼齿和另一臼齿上保留了下后尖。分子差异的估计与化石记录相冲突，前者将海狮科物种扩散的时间推算得更靠后，推定为810万年前。

后来衍生出的一种海狮科干群物种叫作皮氏美洲海狮，人们对该物种知之甚少，仅有一些发现于加利福尼亚州中新世晚期（1000万～700万年前）的一些化石可供参考。该物种的正模标本是幼年个体的部分遗骸在硅藻土中形成的压痕，所保存下来的信息极为有限。这一类群的相关资料也是如此。皮氏美洲海狮具有以下特点：臼齿简化、有双齿根、带齿冠，上颌第二颗臼齿和下后尖缺失，骨骼结构类似海狗（图4.9）。据估计，其总长度为126厘米（4.13英尺），是已知最小的海豹科动物。

最著名的海狮科干群动物就是洋海狮属，它的三个代表性物种出现于中新世北太平洋，分别为：生存于墨西哥加利福尼亚州半岛和南加州的墨西哥洋海狮，生存于加利福尼亚州的迈克奈洋海狮和生存于日本的井上洋海狮（图4.1）。头骨和牙齿的特征表明，洋海狮属很有可能像现存大多数海狮科动物一样，以鱼类为食，通过刺戳的方式进食。同样，像现存的海狮科动物一样，洋海狮属使用强劲的前肢游泳，但不同的是，它们在陆上移动得更快，这一点从其肢体比例（前肢和后肢的比例几乎相同），牢固接合的胫骨和踝关节，以及没有变化的足部骨骼可以推测出（德梅尔和伯塔，2005年）。洋海狮属物种的复原情况显示其体型大小与北海狗相似。

海狮科冠群物种

海狮科冠群物种包括现存的海狗、海狮及它们的近亲化石物种。传统上被认为属海狮亚科的物种——海狗亚科（海狗）和海狮亚科（海狮）已不再属于这一范畴。近期由丘吉尔及其同事们（2014年）针对海狮科物种所进行的形态学和分子联合分析，为以下结论提供了支撑：即北海狗（*Callorhinus ursinus*）是最早分化出的海狮科

图4.9 皮氏美洲海狮生物复原图。本图由R.博森克绘制。

动物，随后出现的是北海狮进化支（加州海狮属、北海狮属、先特罗海狮属），为南海狮进化枝（海德拉海狗属、澳洲海狮属、熊海狮属、南美海狮属、毛皮海狮属）的姐妹群（图4.10）。

海狮科的头骨特征相对较少，包括头骨上类似架子的眶上突，齿列简化，第二颗上臼齿缺失。最早分化的海狮科冠群物种为北海狗属（*Callorhinus*），自上新世以来就栖息于北太平洋一带。吉氏北海狗出现于上新世中期至晚期，约400万～200万年前的北太平洋（日本和加利福尼亚州）地区。人们在加利福尼亚州普里斯玛组发现了上新世晚期至更新世早期（210万～120万年前）北海狗未定种的部分下颌骨化石，以及北海海狗属未定种（参看*C. gilmorei*）的牙齿元素和后颅元素（博森克，2011年；博森克和丘吉尔，2013年）。这三个物种（吉氏北海狗、北海狗未定种和现存的北海狗）在形态上是连续的，是为数不多的海洋哺乳动物进化的例子，或者说是同一谱系内进化的例子（另一示例，请参阅海懒兽所有种，第6章），并且显示出不断衍生的牙齿形态（齿根情况和大小）（图

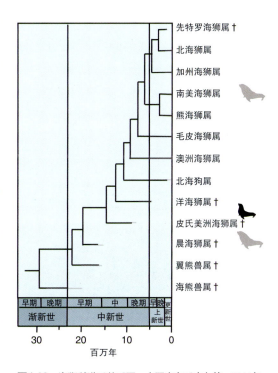

图4.10 海狮科谱系关系图。本图来自丘吉尔等，2014年。

4.11）。这一谱系延续了长达400万年，成为东北太平洋地区存活时间最长的鳍足类动物群，除了加利福尼亚州半岛以外，大部分都分布于加利福尼亚州的海岸线上。

海德拉海狗是已知最古老的南半球海狮科动物，出现于上新世晚期至更新世早期（340万年前）秘鲁的皮斯科组，被定为毛皮海狮属所含种的姐妹群。化石海狮尤氏先特罗海狮的研究基于一块近乎完整的头骨，对该物种的描述基于上新世晚期（250万年前）俄勒冈州南部布兰科角附近的奥福德组中的资料。系统发育分析表明，尤氏先特罗海狮与北海狮（*Eumetopias jubatus*）的关系最为密切。帕拉丁澳洲海狮的相关描述基于新西兰更新世的一块头骨。这一化石物种与现存的澳大利亚海狮——澳洲海狮有着密切的关系，这表明该物种在过去的分布更为广泛，并且对寒冷气候的耐受力也更强（丘吉尔和博森克，2016年）。更新世的其他海狮科记录还包括来自巴西、智利的现存物种 *Otaria*（参看 *O. byronia*）及来自巴西、南非的毛皮海狮属。

海豹科：海豹

物种多样性最丰富的鳍足类动物是海豹科动物，包括18个现存物种。大多数形态学数据和分子数据支持将该科划分为两组：僧海豹亚科（南方海豹，包括大象和僧海豹）和海豹亚科（北方海豹）。这两种谱系都出现于中新世中期，大约1500万年前的北大西洋（北美和欧洲）。不过对于两者的分化时间，化石记录可能要比分子估计的时间更古老一些（图4.1）（希格登等人，2007年）。早期有关于渐新世晚期（2900万~2300万年前）南卡罗莱纳州一种海豹的报道，但由于可供研究的标本极少（两个残缺的腿节），其地层来源也存在疑问，因而无法对该物种进行判定（科尔茨基和桑德斯，2002年）。中新世晚期海豹物种多样性的一个重要中心就是类特提斯海。类特提斯海是由于地中海大范围干涸而形成的内陆海，这一地质事件也被称为地中海盐度危机（图4.1）（参见第3章）。

通过耳部区域的一些特征，我们可以将海豹科动物与海狮科动物、海象科动物区别开来。这些特征包括

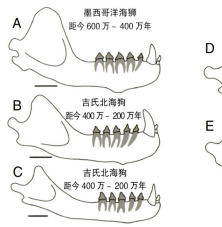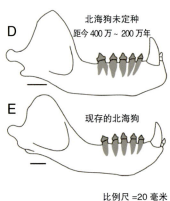

图4.11　洋海狮属和北海狗属所含种下颌骨（侧视图）及犬齿齿根的形态。墨西哥洋海狮（A）吉氏北海狗来自 Rio Dell组（B），其原型标本来自圣地亚哥组（C），北海狗属未定种（D），北海狗（E）。齿根形态基于齿槽形态描绘，但北海狗未定种的齿根形态是从x射线中提取的。缺失的化石部分已经重建。本图来自博森克，2011年。A，2005年由德梅尔和伯塔重新绘制。C，1986年由伯塔和德梅尔重新绘制。E，2004年由布伦纳重新绘制。

肥厚的乳突区及膨大的鼓室。海豹科动物的踝关节上有十分发达的距骨突，因而其后肢无法伸到身体下方。目前，还没有相关的分子数据和形态学数据可以揭示化石海豹科动物与现存海豹科动物之间的关系。

迪文海豹是海豹干群成员中最具代表性的物种。这种海豹体型较小，人们在斯洛伐克中新世中早期（1626万～1489万年前）地层中，发现了该物种近乎完整的颅骨和颅后骨。然而，脊椎动物古生物学家伊丽娜·科尔茨基和她的同事所使用的"生态原型标本"这一方法（科尔茨基和霍莱茨，2002年；科尔茨基和拉赫马特，2015年），将迪文海豹和其他类特提斯中新世海豹的颅后骨与现存物种类比之下的头骨资料相结合，这一做法的效果还有待后继的研究工作来评估。

僧海豹干群物种

最早确认的僧海豹来自西北大西洋的化石发现。在中新世晚期，它们形成了环大西洋分布带，分布地点包括地中海和类特提斯海（图4.1）。发现于马耳他中新世中期地层的僧海豹未定种的遗骸，以及所谓更古老的僧海豚物种利比亚非洲海豹（对该物种的研究，基于利比亚中新世中早期1900万～1400万年前岩石中的部分下颌骨）的遗骸，表明僧海豹种群在地中海地区有着悠久的历史。僧海豹干群的其他物种还包括来自中新世晚期北海的 *Pontophoca*①。中美（巴拿马）海道将南美洲与北美洲相分离，在新生代大部分时期都处于开放状态（直到1100万年前，然后从600万～400万年前再次开放），最有可能成为秘鲁沿岸僧海豹的扩散路线。在本章后面的讨论中，中美海道在新世界僧海豹（*Neomonachus*）的进化和扩散过程中也发挥了作用。同样也是在中新世晚期，在南极洲西部形成的冰盖导致南大洋海水变冷。

南美洲的僧海豹干群物种包括四个密切相关的属种：*Acrophoca*②、皮斯科海豹、短齿海豹和南方海豹。有一些证据表明，这些类群中的一些可能是食蟹海豹族。海豹科中最不寻常的一种是长吻弓海豹，出现于中新世晚期至上新世早期的秘鲁和智利，其独特之处在于有细长而灵活的颈部和修长的身体（图4.12）。长吻弓海豹的头骨长度相对于宽度来说更长，也就是我们所说的"长头"。在这个分类单元中的动物，长头的特性比任何现存的陆地食肉动物（包括犬科动物）都要明显，这也意味着它们在颅骨形状上存在着功能性的差异。长吻弓海豹的牙齿形态与一般的刺戳进食的动物一致，但它也有与过滤进食习性相关的交叉齿尖，可以以鱼类为食。长吻弓海豹的体长约为1.5米（近5英尺）。外翻的骨盆和经过进化的后肢表明，该物种主要依靠后肢划水游泳。相比其食蟹海豹族亲属，长吻弓海豹并不那么擅长游泳，说明它可能有更多的时间是在海岸附近度过的。

最近在秘鲁皮斯科组中发现了僧海豹属的一个新物种，叫作短齿海豹，意为"牙齿较短的海豹"。该物种出现于中新世晚期至上新世早期（575万年前），由阿姆松和慕森（2014年）描述。马氏短齿海豹具有性双态性，与诸如豹形海豹属的现存食蟹海豹相同。短齿海豹头骨长而结实，下颚较短、强健有力。它有强壮的咀嚼肌和颈部肌肉，以及强健的牙齿，遗骸上还显示出一些磨损之处（图4.13），说明短齿海豹以甲壳类动物为食，其猎物包括有硬壳的软体动物和/或棘皮

---

① 一种已经灭绝的无耳海豹属，出现于中新世中期至晚期类特提斯盆地的东部以及北海地区。——译者注
② 也被称为"天鹅颈海豹"，是一种已灭绝的中新世鳍足类动物。过去曾被视为现代豹形海豹的祖先，不过现在人们认为该物种是僧海豹的一种。——译者注

动物。根据头骨测量，短齿海豹很可能与现存的地中海僧海豹大小相近。短齿海豹的寰椎和轴椎相对较大，有较宽的肌肉固定处，表明该物种颈部的肌肉组织强健有力。短齿海豹的一些适应性特征（例如，直立的头部），表明它在陆地上移动的能力比现存的食蟹海豹更强，并且可能有更多的时间在陆地上度过。在系统发育中，短齿海豹与食蟹海豹一起成为另一种皮斯科海豹——太平洋皮斯科海豹的姐妹群（见图4.14）。

一种新的僧海豹物种叫作小僧海豹（*Australophoca changorum*），由智利古生物学家阿纳·巴伦苏埃拉·托罗和他的同事（2016年）进行描述，描述基于来自中新世晚期智利北部巴伊亚英格莱萨组和秘鲁南部的皮斯科组的颅后骨遗骸。这种海豹的体型比所有已知的化石僧海豹和现存僧海豹都要小，属于体型最小的一类海豹（如淡水海豹、里海海豹和环斑海豹）。

最近，巴伦苏埃拉·托罗等人对鳍足类动物

图4.12 在史密森尼博物馆展出的化石海豹长吻弓海豹。

图4.13 马氏短齿海豹的头骨和下颌骨。本图来自阿姆松和慕森，2014年。

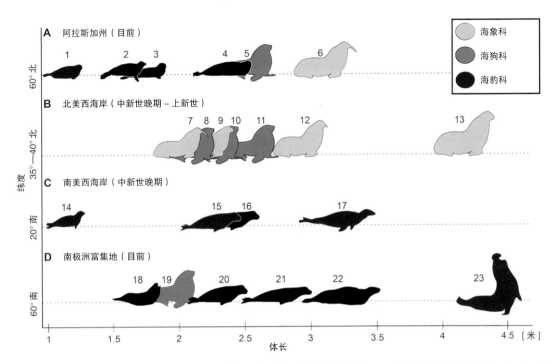

图4.14 四种代表性现代种群与化石种群的类别组成及体型轮廓差异比较。1. 环斑海豹，2. 环海豹，3. 港海豹，4. 髭海豹，5. 北海狮，6. 海象，7. 楚拉维斯特壮海象，8. 吉氏北海狗，9. 圣克鲁斯杜希纳海象，10. 皮氏美洲海狮，11. 墨西哥洋海狮，12. 嵌齿海象，13. 李海豹，14. *Australophoca changorum*，15. 马氏短齿海豹，16. 太平洋皮斯科海豹，17. 长吻弓海豹，18. 大眼弓海豹，19. *Arctophoca gazella*，20. 食蟹海豹，21. 威德尔氏海豹，22. 豹形海豹，23. 南象海豹。本图来自巴伦苏埃拉·托罗等，2016年。体长数据基于丘吉尔等，2015年；史瑞海和贾勒特，2006年。轮廓图基于里夫斯等，1992年；史瑞海和贾勒特，2006年。

种群的进化史进行了研究（2016年）。南美洲的鳍足类动物化石以海豹科动物为主，但是南美洲的鳍足类动物群则经历了一次物种更迭，如今该地区的主导物种为海狮科动物。巴伦苏埃拉·托罗和他的同事认为，海平面的变化导致适合海豹科动物生活的栖息地减少，以及深水环境所包围的多岩石岛屿的数量增加。过去的鳍足类动物和现在的鳍足类动物的另一个区别是体型大小不同。从秘鲁和智利收集到的中新世晚期海豹的身体尺寸，要比现在在阿拉斯加或在南极辐合带中看到的海豹更大，不过现存的鳍足类动物大小更大，种类更多（图4.14）。

来自南非朗厄班韦赫的僧海豹包括胡氏海豹和多达6种的其他物种（戈温德，2015年）。最近的系统发育分析（阿姆松和慕森，2014年）将胡氏海豹与南美化石海豹族（短齿海豹、弓海豹、皮斯科海豹）及食蟹海豹族归入同一进化支中。这一进化支包括食蟹海豹属（*Lobodon*）、豹形海豹属（*Hydrurga*）和罗斯海豹属（*Ommatophoca*）（图4.15）。朗厄班韦赫沉积物和海洋类群、河口类群及淡水类群的存在表明，有潟湖或河口在波浪作用下保留了下来，且仍与海洋相连。幼兽和非成体的遗骸可以证明朗厄班韦赫地区有胡氏海豹繁衍。胡氏海豹的鼻骨很长，上颌鼻甲骨数量多，上颌骨向后外侧扩张，说明其身上有逆流交换器官存在，能够减少热量损失——后者说明胡氏海豹适合在寒冷的气候下

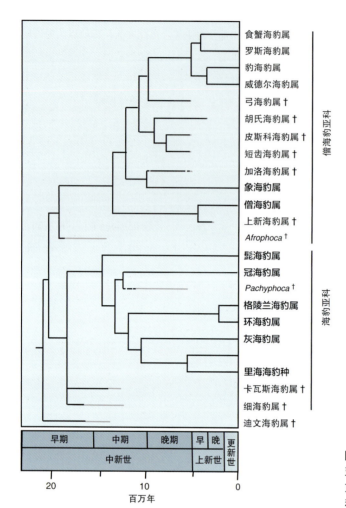

图4.15 海豹科动物谱系关系合成图。海豹亚科动物数据来源于富尔顿和斯特罗贝克，2010年。僧海豹亚科数据来源于阿姆松和慕森，2014年。

生活。南非的鳍足动物群和南美洲的鳍足类动物一样，目前的主要物种为海狮科动物，特别是非洲毛皮海狮（*Arctocephalus pusillus*）。岛屿上可供动物们外出的活动区变少，这可能是海豹科动物向更南边迁徙的缘由所在。在更南的地方，它们可以把冰面作为外出活动的场所，就像今天生活在南极的食蟹海豹那样。

除了南非和南美洲保存完好的"僧海豹干群"之外，澳大利亚和新西兰未描述的上新世僧海豹，也支持这一谱系在南半球有更广泛的分布这一说法。

僧海豹冠群物种

僧海豹冠群有三个进化支已经一致得到了分子数据的有力支持，它们分别是僧海豹（*Neomonachus*、僧海豹属），象海豹（象海豹属所含种）和食蟹海豹（豹形海豹属、食蟹海豹属、罗斯海豹属、威德尔海豹属）。在大多数情况下，僧海豹科动物最初的体型较小，甚至比现存的类群要小，平均体长为180～190厘米（5～6英尺）。后来分化的类群如僧海豹属、*Neomonachus*和象海豹属则显示出体型逐步变大的趋势。然而，食蟹海豹族的这一趋势则发生了逆转：该谱系物种体型的变化既有增加也有减少（丘吉尔等，2015年）。

最著名的地中海Monachine化石是 *Pliophoca etrusca*，该物种的部分骨架发现于上新世晚期（319万~282万年前）的意大利。伯塔和同事（2015年）经过系统发育分析发现，Monachine与地中海僧海豹（*Monachus monachus*）有密切的关系。*Pliophoca*和另一种有丰富骨骼遗存的僧海豹——加洛海豹属，都来源于上新世（340万~320万年前）北卡罗莱纳州的李溪矿。谢尔及其同事（2014年）的形态数据和分子数据研究结果，支持新世界僧海豹这一僧海豹新属种不同于僧海豹属动物的说法。据估计，新世界僧海豹所有种的分子分化时间大约为367万年前，与后来出现的Monachine早期分化的化石记录相冲突。根据谢尔等人提出的生物地理场景，新世界僧海豹（*Neomonachus*）的共同祖先可能在上新世晚期通过中美海道扩散。中美海道最后一次闭合是在250万~200万年前，创造出了新世界僧海豹在两大海洋中的不同种群，即出现了加勒比物种——加勒比僧海豹，夏威夷物种——夏威夷僧海豹。有关新世界僧海豹的化石记录十分有限，因此我们无法确定该分类单元的生物地理历史。加勒比僧海豹最早的化石记录来自更新世中期的佛罗里达州（170万~105万年前）。

加洛海豹属的体长近3米（约9.8英尺），是体型相对较小的僧海豹干群物种中的一个特例。有假说认为该物种的性双态性与象海豹祖先有关，但是这种推测缺乏相应的证据支持。而其他的研究则相反，将加洛海豹属归入了并系的僧海豹干群中（伯塔等人，2015年）。尽管有关象海豹属（*Mirounga*）人们已经了解了不少，但是它们在化石记录中却相对少见。在此之前，有观点认为该属起源于北美，然后向东扩散到欧洲，并在巴拿马海道关闭前通过那里扩散到了南美。然而，来自南半球的象海豹的化石记录则为它们的生物地理历史提供了一种新的解释。从智利报道了生活于更新世中期至晚期的象海豹属所含种的化石，目前，这一谱系最古老的化石记录来自更新世早期（260万~240万年前）的新西兰（博森克和丘吉尔，2016年）。

食蟹海豹，又称南极海豹，包括4个单型属：食蟹海豹属（*Lobodon carcinophaga*）；豹形海豹属（*Hydrurga leptonyx*）；威德尔海豹属（*Leptonychotes weddellii*）；罗斯海豹属（*Ommatophoca rossii*）（图4.15）。这一进化支在大约690万年前从象海豹中分化出来，可能沿南美洲西部的海岸线分布，后通过340多万年前出现的南极绕极流（基于南非胡氏海豹出现的时间推算）向东扩散到南极洲。除报道自上新世至更新世新西兰的罗斯海豹属外，现存的种群在化石记录中都没有记载。

海豹科干群

最早的海豹科干群在大西洋两岸都有发现：出现于中新世中期（1640万~800万年前）比利时的安特卫普，以及东大西洋（弗吉尼亚州和马里兰州）的 *Leptophoca proxima*（基于伦纳德·德瓦勒对贝内登化石海豹材料的重新研究，其原名为原海豹和细海豹）（德瓦勒等，2017年）。分子研究估算出海豹科动物首次分化为1300万年前。通过大量的骨骼材料可以看出，*Leptophoca proxima*是一种体型较小的海豹。据科尔茨基等人（2012年）报道，该物种体长约为190厘米（6.2英尺）。这些人还描述了其他海豹科干群中的物种，包括囊海豹、格雷海豹、摩哲哥海豹、*Pachyphoca*[①]、

[①] 一种已经灭绝的无耳海豹属种，出现于新近纪类特提斯盆地北部的海洋沉积物中。——译者注

Phocanella[①]、*Platyphoca*[②]、*Praepusa*[③]和原海豹。在类特提斯海地区中新世和上新世的遗址中,发现了这些物种零散的后颅骨化石。有必要进行进一步的研究来确定这些类群的分类地位和系统发育关系。科尔茨基和雷(2008年)也报道了出现于上新世北卡罗来纳李溪磷矿(约克镇组)中的一些海豹(如格雷海豹、斑海豹、*Platyphoca*)同时出现的现象。虽然这种情况较为少见,也仅有颅后骨遗骸可供参考,但是格雷海豹和*Platyphoca*都出自欧洲北部,都出现于中新世中期和上新世早期的北海地区(丹麦、荷兰)。体型最小的化石海豹动物是*Praepusa boeska*。该物种出现于比利时中新世至上新世的安特卫普盆地。肱骨测量结果表明,该物种的体型比矮小的化石僧海豹南方海豹(*Australophoca*)还要小。

人们对海豹科干群物种了解甚少,仅有极少来自南半球的数据和信息可供参考。卡瓦斯海豹由科佐尔(2001年)基于中新世中期的部分骨骼遗骸进行描述。该物种的遗骸发现于阿根廷巴塔哥尼亚1400万~1200万年前的岩石中,目前该物种与其他海豹科物种的关系仍不明确。卡瓦斯海豹化石是鳍足类动物化石中有名的一种,因为它是仅有的两种保留了肠道内含物的鳍足类动物化石中的一种。从其肠道的内含物可判断出,这种海豹主要以硬骨鱼为食。

海豹科冠群物种

关于海豹科动物,有观点强烈主张将髯海豹(*Erignathus barbatus*)确认为其余类群的姐妹群,后来冠海豹(*Cystophora cristata*)也被确认为其余类群的姐妹群。最近的研究(如富尔顿和斯特罗贝克,2010年)支持海豹科的另一分支是环海豹(*Histriophoca*)和格陵兰海豹(*Pagophilus*),并将这一分支确认为其余类群的姐妹群。至于其余的海豹属、*Pusa*[④]和灰海豹属,种群关系定位仍存在分歧。有几项研究将灰海豹属定位为*Pusa*的姐妹群;但在另一些研究中,灰海豹属又被归入海豹属中(图4.15)。而港海豹与斑海豹互为姐妹群的关系一直以来都被认可。后来分化出的海豹的进化趋势(与僧海豹相比),如环海豹属-格陵兰海豹属进化支和海豹属-*Pusa*进化支,则显示出体型变小的趋向(丘吉尔等人,2015年)。这至少在一定程度上支持了古生物学家安德烈·怀斯(1994年)提出的观点,即这些进化支表现出了年轻化的特征,体型变小是异时发育的结果。

海豹科冠群物种最早的化石记录仅可追溯至更新世。髯海豹属和冠海豹属都起源于北大西洋。有关髯海豹遗骸最早的记录来自更新世早期和中期(约200万年前)的英国诺福克。正如人们所指出的那样,这一谱系的化石很小可能是因为其较早进入北冰洋冰层中,或较早在北冰洋冰层中进化。尽管描述自中新世中期乌克兰帕拉提亚盆地的*Pachyphoca*(科尔茨基和拉赫马特,2013年)包括冠海豹谱系中的物种,但在化石记录中,冠海豹仍然不为人所知。*Pachyphoca*分为两个物种:体型较小的*P. ukranica*比其体型较大亲属*P. chapskii*更适应地面运动。环海豹和格陵兰海豹大约分化于340万年前,有假说认为,这两个物种的分化是由于冰期和

---

① 一种已灭绝的无耳海豹属类,出现于上新世早期的比利时和美国东部沿海地区。——译者注
② 一种已灭绝的无耳海豹属类,出现于新近纪北海盆地的海洋沉积物中。——译者注
③ 一种已灭绝的无耳海豹属类,出现于新近纪欧洲地区的海洋沉积物中。——译者注
④ 无耳海豹的一种属,属于海豹科。该属的三个物种是从海豹属中分离出来的,一些资料仍然认为海豹属是*Pusa*的同义词。——译者注

间冰期波动造成的。

皮海豹科：一个已灭绝的谱系

皮海豹是一种已灭绝的体型较大的鳍足类动物，发现于中新世中期北太平洋约有2300万～1500万年历史的岩石中。正如前文所述，皮海豹的系统发育地位至今仍存在争议，它们或者是与海狮科+海豹科组成联盟，或者是与海豹科结为联盟。该物种已有两个亚群被识别，分别是：*allodesmines*①和皮海豹。尽管人们已在北太平洋（加利福尼亚州、俄勒冈州、华盛顿州、加利福尼亚州半岛）和日本，发现了4个属至少9种*allodesmines*（异索兽属、*Atopotarus*、*Brachyallodesmus*、*Megagomphos*），但有证据表明它们可能分化过度。来自加利福尼亚州的异索兽属物种更是如此，该属中有三个物种来自中新世中期朗德芒廷（美国）淤泥中的一种非常有限的地层间隔之中（德梅尔和伯塔，2002年）。皮海豹科只有单一属种——皮海豹属，该属包括出现于中新世北太平洋（俄勒冈州和华盛顿州）的两个物种：短头皮海豹，发现于较古老的岩石中，头骨较宽、吻部较短；以及头骨延长的俄勒冈皮海豹。

皮海豹是首个进化出的大型鳍足类动物。其特点是牙齿简化，有球根状的齿冠，适合以鱼类为食。据估计，皮海豹的体长从"海熊兽亚科"那样大小的短头皮海豹，长约130厘米（4.2英尺），到海狮般大小的俄勒冈皮海豹，长约200厘米（6.5英尺）不等（丘吉尔等，2015年）。皮海豹的进食生态可能与现存的海狮科海豹相似，且也以鱼类和乌贼为食。该物种具有性双态性，尽管不如*allodesmines*那么明显。这就为皮海豹一雄多雌的繁衍策略（类似于象海豹，在海滩上进行繁殖时，明显是雄性控制雌性）提供了某些证据。

*Allodesmines*于中新世中期取代了皮海豹，它们的体型更大，一些物种体长可达3米（9.8英尺），而来自日本的头骨材料显示，有些个体的体型甚至大于3米。人们认为*allodesmines*是大型的远洋掠食者，在生态上类似于象海豹。相比诸如海象科等其他谱系，*allodesmines*可能是因体型较大而灭绝，而海象科等动物因为体型更多样，成为新第三纪占主导的动物。

尽管灵活的胸部和较短的腰部区域表明，最著名的皮海豹科动物克氏异索兽游泳时前后肢并用，但大量的前肢和肢体比例证明，该物种游泳时以前肢为主（图4.16）。由此可见，克氏异索兽的游泳模式可能与海象属的游泳模式相反。在游泳时，克氏异索兽使用巨大的前肢作为主要的推进力，其较小的后鳍和较短的腰部区域发挥的作用位居其次（贝贝伊，2009年）。

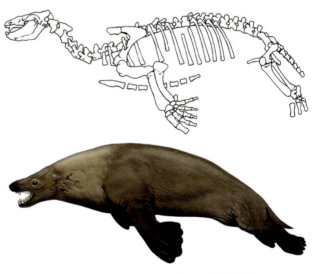

图4.16 北美洲西部中新世皮海豹克氏异索兽的骨骼复原图和生物复原图。原型长达2.2米（7.2英尺）。初始来源与生物复原图见伯塔等人，2015年。本图由C.比尔绘制。

---

① 一种已灭绝的鳍足亚目属类，出现于中新世晚期的加利福尼亚州和日本，属于皮海豹科。——译者注

海象科：海象

现存的海象（*Odobenus rosmarus*）是单一物种，其特征是在雄性和雌性身上都长有两枚长长的象牙。海象的化石记录十分丰富，有至少15个属20个化石物种已有描述。化石海象与现存海象不同，其形态适应性和体型多种多样，反映出进食生态和栖息环境的多样性。

海象可能进化得更早，但中新世中期的北太平洋地区已明显有该物种生存的痕迹，这里同时也是它们进化的主要场所（图4.1）。北半球的白令海峡是阿拉斯加和西伯利亚之间的一个海上通道，在中新世晚期至上新世早期（550万~480万年前）的板块构造活动中首次开放。在上新世中期（360万年前），通过海峡的表层海水流动方向发生逆转，由此产生的自南向北的水流就形成了现在的北冰洋环流。白令海峡后来的开放与跨北极的生物交换有关，跨北极的生物交换主要是大西洋的软体动物及捕食它们的海象和北极地区的一些物种进行交换。在此期间，沿海岸边缘的上升流和北太平洋地区更多的养料，无疑对海象的进化起了重要作用。

博森克和丘吉尔（2013年）以及田中和河野（2015年）对海象进行了系统发育分析，认为海象为单源类群，并确定了海象的三个主要类群：干群包括"拟海象亚科"、杜希纳海象亚科和海象亚科（图4.17）。海象与其他鳍足类动物相区别的特征都与其独特的头骨结构相关——边缘大而厚的椭圆形前鼻孔；变大的表面区域上附有在抽吸进食中发挥作用的肌肉——外侧宽阔和背腹侧厚实的翼状肌。

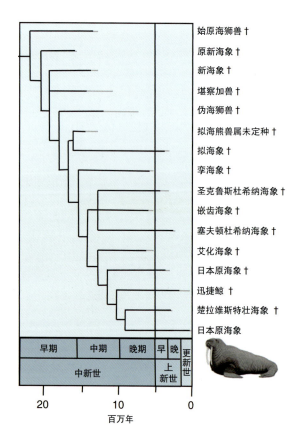

图4.17 海象的系统发育关系图。本图来自博森克和丘吉尔，2013年。

海象干群物种：拟海象亚科

最早分化出的海象干群物种，有9个属（*Archaeodobenus*、拟海象、堪察加兽、新海象、拟海熊兽、*Pontolis*[①]、原新海象、原海狮兽和伪海狮兽），通常都包括在"拟海象亚科"中。除了*Archaeodobenus*、拟海熊兽和*Pontolis*，大多数海象干群物种的体型都相对较小，形态上与海熊兽亚科鳍足类动物相似，而且可能并不具备性双态性。

原海狮兽有两种已知物种，始原海狮兽和柏拉斯始原海狮兽，都来自中新世中期的日本。其相关类群原新海象，发现于中新世早期至中期俄勒冈州的阿斯托里亚组。这里发掘出了该物种的头骨、牙齿和颅后骨遗骸。原新海象前臼齿的磨牙形态代表着形态学系列的早期阶段，贯穿新海象到拟海象，代表从剪切齿形到刺穿齿形的过渡。新海象出现于中新世中期，该物种的头盖骨和肢体遗骸发现于鲨齿山骨层的朗德芒廷淤泥中。新海象缺乏后来的海象所具有的对抽吸进食的适应能力，被认为是捕食鱼类的能手。

另一种更早分化出的拟海象亚科动物是伪海狮兽，该物种的头骨发现于中新世晚期（约1000万~950万年前）日本北部（北海道）的一宫组。伪海狮兽与另一种干群海象堪察加兽相似，人们对堪察加兽的描述，基于中新世中晚期俄罗斯堪察加半岛的该物种的头骨碎片和牙齿。

拟海熊兽出现于中新世中期（1610万~1450万年前）的加利福尼亚州，是第一个大型的海象类动物。据估计，其体重为350千克（约771磅），大约相当于成年雄性南美海狮的大小。拟海熊兽也是已知最早的下颌前端融合的鳍足类动物；下颌前端融合的作用在于减少联合关节处的张力，使颌骨变得更牢固有力（图4.18）。拟海熊兽的齿列与其他早期分化的有发育良好的齿尖（下原尖、下后尖和下次尖）的海象类物种相似，拟海熊兽普遍以鱼类为食，有时也以无脊椎动物为食，偶尔还会捕捉温血猎物。人们通过对拟海熊兽和海狮科动物牙釉质显微结构的研究，了解了它们普遍的觅食习性。研究显示，拟海熊兽和海狮科动物保留了其他已灭绝食肉动物和现存食肉动物身上的施雷格釉柱带结构，这与大多数鲸类动物简化的辐射釉质结构与无釉柱釉质结构都不相同（洛赫等人，2016年）。

在后来分化出的"拟海象亚科"物种当中，延续了巨型体型这一趋势的动物是*Archaeodobenus akamatsui*。该物种有更丰富的遗骸材料，包括由田中和河野（2015年）描述的发现于中新世晚期日本一宫组的部分骨骼遗骸。该物种被定位成*Pontolis*与其他所有随后分化出的海象，以及*dusignathine walruses*的姐妹群。据估计，Archaeodobenus的体长为2.8~3米（9~9.8英尺），体重为390~473千克（860~1042磅）。两种形态相似的海象类动物（伪海狮兽和*Archaeodobenus*）在有限的地理区域上同时并存，可能是海退（海平面下降）的

图4.18 拟海熊兽未定种生物复原图。本图来自博森克和丘吉尔，2013年。

[①] 一种鳍足类物种，与现代海象密切相关，只包括 *Pontolis magnus* 一种。——译者注

结果。海退会导致繁殖隔离并促使物种形成，这造成了海象物种明显多样化的现状。

有一种后来分化出的相关类群叫作*Pontolis*，*Pontolis*是一种体型非常大的海象，其头骨长度几乎是现代成年雄性海象头骨的两倍。一些诸如*Pontolis*这样的干群海象的头盖骨形态极为多样，表明海象类动物的进化模式与其他鳍足类动物并不相同。完全为人类所了解的海象科动物之一就是出现于中新世早期（1200万~1000万年前）加利福尼亚州的拟海象，为单一属种。拟海象的牙齿呈圆锥形、未有磨损痕迹，没有拱形上颚，说明它可能以鱼类为食。大量的样本标本显示该类群具有性双态性。

以鱼类为食的吸食型海象：杜希纳海象亚科和海象亚科

杜希纳海象亚科和海象亚科成员于中新世晚期分道扬镳（图4.17）。杜希纳海象亚科仍然为北太平洋地区的特有物种，但是海象亚科成员（现代海象家族）却经历了戏剧性、多样化的演变过程，该物种通过中美海峡从北太平洋扩散到北大西洋。根据河野和雷（2008年）提出的最新的生物地理环境设想，以及来自日本的上新世晚期海象亚科的化石记录，这一谱系在北太平洋地区的灭绝时间并没有想象中那么早。相反，海象亚科可能直到更新世还在该地区不断地多样化，在上新世晚期扩散到北大西洋。

杜希纳海象亚科和海象亚科成员都长有长牙。杜希纳海象亚科包括杜希纳海象属和嵌齿海象属，它们都有延长的上犬齿和下犬齿。在杜希纳海象亚科成员中，塞夫顿杜希纳海象和嵌齿海象的长牙不仅巨大，且呈平伏状。杜希纳海象属有两种已知物种，分别是来自加利福尼亚州北部普里希玛组的圣克鲁斯杜希纳海象和来自上新世晚期加利福尼亚州南部圣地亚哥组的塞夫顿杜希纳海象。杜希纳海象属未定种（参看塞夫顿杜希纳海象）其余的后颅骨遗骸（颈椎和前肢元素）报道自普里希玛组。嵌齿海象是人们了解最全面的杜希纳海象亚科物种。其头骨巨大，仅次于*Pontolis*的头骨[约60厘米（1.9英尺）]，尺寸约47厘米（约1.5英尺），表明该物种是一种体型巨大的鳍足类动物。嵌齿海象明显的特征包括大而平伏的上侧门牙，较高的矢状嵴和较小的眼睛。嵌齿海象长牙上的磨损及大面积的牙齿破损表明，这种海象进食时会把甲壳类动物的躯壳弄破，然后吃掉肉体，并不像现存海象那样从壳中将肉体吸取出来。杜希纳海象亚科和海象亚科的齿列简化记录最为著名，也最为极端。在上新世晚期，杜希纳海象亚科物种与壮海象同时存在，它们很可能通过捕食不同种类的猎物来分割资源。塞夫顿杜希纳海象有一副完整的牙齿，可能是专门用来吃乌贼和鱼类的。

艾化海象属，以*aivuk*命名，在因纽特语中表示"海象"的意思，来自已被描述的单一物种艾化海象。这种海象出现于中新世晚期的加利福尼亚州半岛。这个分类单元被定位为最早分化的海象亚科物种。其特征为：吻部细长，相对上犬齿而言，下犬齿较小，臼齿呈锥形，下颌联合未愈合。

另一种早期分化的海象亚科物种为日本原海象，代表性遗骸为出现于上新世早期（500万~490万年前）日本的保存完好的头骨和下颌骨。艾化海象和日本原海象都没有长牙，可能以鱼类为食。这一点从它们缺乏拱形的上颚、前牙无磨损中可以判断出来。

最为人类所熟知的海象亚科物种是楚拉维斯特壮海象，该物种由圣地亚哥脊椎动物古生物学家汤姆·德梅尔（1994年）描述。楚拉维斯特壮海象体型巨大，上颚呈拱形，又长又深，除了较大的上犬齿之外，没有牙齿。这种适应性功能可能有助于楚拉维斯特壮海象吸食海底的无脊椎动物（特别是软体动物）。有观点认为，海象亚科动物门牙缺失可能与抽吸进食需要口腔通道有关（图4.19）。楚拉维斯特壮海象强健的肱骨和巨大的内上踝表明，该物在游泳时前肢的灵活性比现代海象更强。但有关这一类群的移动适应性还需要进行更多详细的研究。楚拉维斯特壮海象的肢骨呈骨硬化性和肥厚性，对于在水中保持水平状态十分重要。

与"壮海象属+海象属"这一进化支最亲近的是化石海象 *Ontocetus*①。该物种最初被认为是鲸类动物，名称来自希腊语中的 *ontos*，意思是"存在"；而 *ketos*，表示"鲸鱼"或者"大型海洋动物"。在此之前，许多科学家将上新世的海象划分为几个不同的类群（阿基里海象、泽西哥海象、*Prorosmarus*）。古生物学家直木河野和克莱顿雷（2008年）将这些名称归为单一属 *Ontocetus* 的同物异名。这一属种的性双态性极为明显，这表明它在以陆地为基础的群栖地上采用的是一雄多雌的繁殖方法。*Ontocetus* 最常见的代表性特征就是它们的长牙，人们可以根据其球状纹理的骨齿质来识别它。象牙的最外层由一层非常薄的牙骨质组成。这一类群的长牙与其他海象亚科动物不同，后曲率更大，沿着牙还有凹槽，同时其横向被压缩的密度也更高。来自佛罗里达州、弗吉尼亚州和北卡罗来那州的动物类群成员之间象牙的大小各不相同，表明在季节性的进食迁徙过程中，雄性和雌性是相互隔离的，而这种现象在具有性双态性的鳍足类动物中几乎普遍存在。在股骨上长出的小转子表明它们像海狮科动物一样，往陆地上的迁移率非常高。

对上新世海象的研究使我们在生物地理学方面对其有了进一步的认识。有一种 *Ontocetus* 首先出现在上新世早期的北太平洋西部，这一事实为该物种源于北太平洋，并经由中美海道扩散到北大西洋的观点提供了支撑。有假说认为，来自上新世北大西洋的 *Ontocetus emmonsi* 在中美海道关闭

图4.19 圣地亚哥自然历史博物馆展出的楚拉维斯特壮海象头骨和颚骨。头骨长度为400毫米（1.3英尺）。本图由T. 德梅尔提供。

后，从北美东部开始沿北大西洋扩散开来。现存的海象（*Odobenus rosmarus*）在更新世晚期从北太平洋穿过北冰洋到达北大西洋。在此之前，北大西洋的 *Ontocetus* 种群就已经于上新世晚期末或更新世早期消失了（德梅尔等，2003年；河野和雷，2008年）。

其他海洋食肉目：类熊的水生食肉目（獭犬熊）

大型已灭绝的食肉目动物獭犬熊有两个已知物种：来自中新世华盛顿州的 *K. clallamensis* 和来自俄勒冈州沿海的 *K. newportensis*。在阿拉斯加州的阿拉斯加岛发现了一块上颌骨残片，上面有两颗大牙齿的齿槽。人们认为这一残片是獭犬熊的遗骸。研究人员将这一标本与中新世早期的物种进行比较，发现阿拉斯加岛上的这块标本出现的时间为中新世早期。

自然学家大卫·雷恩斯·华莱士在他的《海神方

---

① 一种已灭绝的海象属，属于水生食肉动物家族海象科，是中新世-更新世时期北海南部沿海地区和美国东南沿海地区特有的物种，生存于1360万到30万年前，大约有1330万年的历史。——译者注

舟》（2007年）一书中提到，*K. newportensis*的颅后骨、脊椎骨和脚骨，是由业余收藏家道格拉斯·埃隆于1969年首次在俄勒冈州纽波特附近的混凝土中发现的。非常值得注意的是，8年之后，埃隆同样在混凝土中发现了另一半头骨和下颚，并且意识到这些也是獭犬熊的化石。1960年，美国加州大学古生物学博物馆的脊椎动物古生物学家R. A.斯特顿，基于从华盛顿州奥林匹克岛收集的中新世头骨和颚骨，认为獭犬熊是一种水生浣熊科动物。獭犬熊与其他食肉目动物的关系一直存有疑问。目前最受支持的假说认为，獭犬熊是一种熊类，与已灭绝的物种半犬齿兽科的关系最为密切。半犬齿兽科包括*Amphicynodon*[①]、*Pachycynodon*、*Allocyon*和獭犬熊。有假说认为，獭犬熊和*Allocyon*是衍化出鳍足类物种的干群（泰德福德等人，1994年）。头骨和牙齿等部位的细节特征为*Allocyon*、獭犬熊和鳍足类动物共有的衍生特征，可将三者联系起来。然而，由于獭犬熊在最近的分析中被排除在熊亚目基层动物之外，因此其归属情况尚不明确。

獭犬熊有一个巨大的头骨，吻部明显向下，牙齿宽阔而锋利，栖息于近岸的海洋岩石上。锋利的牙齿适合捕食诸如螃蟹和蛤蜊一类有硬壳的海洋无脊椎动物，通过发挥其强大的颈部肌肉力量，獭犬熊可以把这些猎物撬开，然后就像海獭一样，利用其前牙食得软体部分（图4.20）。

与海洋水獭相似，獭犬熊也有以甲壳类动物为食的独特适应性，这一点直到最近才被证实。通过对獭犬熊的下颚进行有限元素分析和几何形态测定分析，以及对臼齿咬合磨损的情况进行观察，古生物学家杰克曾和同事（2016年）提出，獭犬熊的下颌骨形状与刀齿形的猫科动物剑齿虎的下颌骨形状趋同，同时也有类似的下颌锚定功能。根据单侧咬合模拟所反映的情况，獭犬熊的下颚更接近于美国棕熊。模拟结果进一步显示，海獭撕咬猎物主要靠力度，而獭犬熊则主要靠坚硬的下颌。獭犬熊有专门的捕获-咀嚼程序（图4.20）。最初，猎物捕获的过程如下：首先，将下切牙和犬齿锚定并楔入猎物及其底物之间。然后，嘴部闭合，这样上下前牙就可以把猎物的外壳包裹起来。接下来，就需要通过强壮的颈部肌肉进行有力的扭转，以前牙为支点将猎物从外壳中分离出来。最后，在撕咬的过程中，猎物的外壳就会被水獭般的牙齿咬碎。但与海獭相比，这一过程是在下颌刚度较高和机械效率较低的情况下完成的。

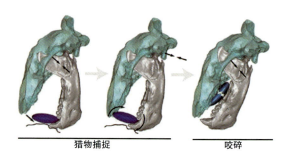

图4.20 獭犬熊咬合力的有限元模拟图。左图，锚咬（下犬齿和在前面支撑的下颌作为锚）。中图，颈部辅助转动，用以分离硬壳猎物的底物。右图，使用单侧第一颗下臼齿咬碎猎物。本图来自曾等，2016年。

---

① 一种已经灭绝的熊科哺乳动物，为渐新世欧洲和亚洲的特有物种，生存于约3390万~2840万年前，大约有550万年的历史。——译者注

第五章

海牛目冠群及其索齿兽目近亲

海牛目冠群包括两大谱系：海牛科（trichechids）和儒艮科（dugongs）。自始新世以来，它们通常栖息在温暖的近岸海域，一些物种（海牛科）经常生活在淡水区域或只生活在淡水区域，还有一种谱系（无齿海牛属）则在凉爽的温带水域生活。儒艮科是进化最成功、最多样化的海牛目哺乳动物，在世界范围内广泛分布，在西大西洋和加勒比海地区尤其多，在此地的历史尤为悠久。但目前儒艮科只有一个单一物种作为代表，即生活于印度洋-太平洋地区的现存儒艮。

已知最早的儒艮科动物出现在始新世中期的非洲。它们在渐新世期间的相关记录极为罕见，可能是因为当时的水温较低。渐新世晚期的温暖环境使得儒艮科动物的多样性增加。在中新世早期，儒艮科干群（海兽）占据了北大西洋西部地区，有几种谱系（如 *Metaxytherium*[①]）经由中美洲（巴拿马）海道（图5.1，上图）扩散到了北太平洋东部。后来人们在某个石灰岩洞穴中发现了一种未确定的中新世时期

---

① 一种已灭绝的儒艮类，生存于中新世至更新世时期，化石遗存分布于非洲、亚洲、欧洲、北美洲和南美洲（阿根廷巴拉那组、巴西皮拉尼亚斯组和秘鲁蒙特拉组）。——译者注

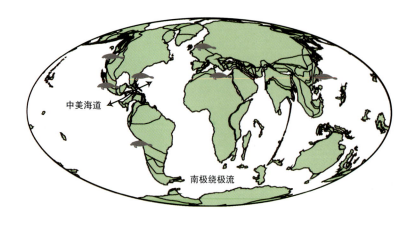

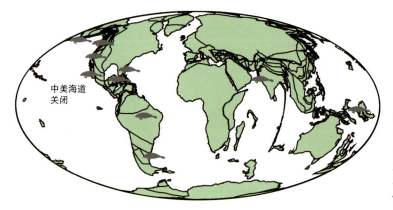

图5.1 渐新世和中新世早期（上图）以及中新世中期至上新世（下图）海牛目冠群物种的重要分布地点。本图修改自福代斯，2009年。所基于的大地构造图来自www.odsn.de/odsn/about.html。

的海牛目哺乳动物记录。尽管这一记录是大洋洲出现海牛目哺乳动物的最早证据，也是新几内亚最早的哺乳动物记录，但是印度洋-太平洋中部地区海牛目哺乳动物的化石证据依然为数不多。在这一时间段内，适应冷水环境的无齿海牛与儒艮栖息于太平洋东岸。无齿海牛谱系的最后一个家族，包括斯特拉大海牛（*Hydrodamalis gigas*），在上新世至更新世北太平洋的凉爽水域中有过一段短暂的繁荣期，它们曾从墨西哥的加利福尼亚半岛扩散到阿留申群岛。在更新世时期，儒艮进入了太平洋，但仍仅局限于印度洋-太平洋的热带地区。

海牛的进化与加勒比海地区的古生物地理环境有关（图5.1，下图）。在上新世中期（400万～300万年前），中美海道关闭，巴拿马地峡出现，切断了加勒比海与太平洋之间的通道。在南美洲，中新世晚期和上新世早期（600万～400万年前）安第斯山脉隆起，带有养分的径流注入河流系统，大量的磨料草出现。到了中新世中期，在南美洲出现了海牛科动物，但仅限于分布在淡水或河口环境中（图5.1，下图）。它们首先进化出更厚的牙釉质，然后变为不断更新的更小的、数量更多的牙齿，这才逐渐适应了这种新的食物资源。在上新世晚期或更新世早期，海牛科动物入侵到西大西洋-加勒比地区，这也可能是上新世中期至晚期该地区儒艮灭绝的原因。

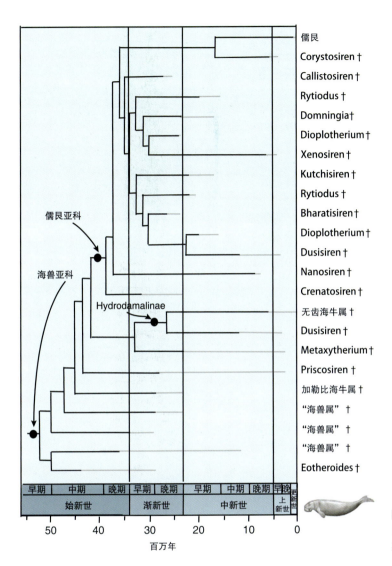

图5.2 儒艮科干群动物和冠群动物的系统发育关系图。本图修改自维莱斯·尤尔贝和杜姆宁，2015年。

儒艮科：儒艮

并系家族儒艮科包括儒艮亚科、已灭绝的无齿海牛亚科、*Metaxytherium*进化支和已灭绝的并系种群"海兽亚科"（图5.2）。正在进行的化石探索显示，海牛目哺乳动物的分类多样性比先前已知的情况要丰富很多。最早的儒艮出现在始新世中期和晚期的地中海地区，包括*Eotheroides*[①]、"海兽"*Eosiren*[②]和原兽属。*Metaxytherium*所有种+无齿海牛亚科进化支的最早成员，出现于始新世中期的加勒比海和西大西洋（图5.3）。早期的儒艮类动物的骨盆带和后肢没有像始新海牛属和原海牛属

---

① 一种已灭绝的始新世海牛目哺乳动物，为包括现存儒艮在内的儒艮科的早期成员，化石遗存分布于埃及、印度和马达加斯加。——译者注

② 一种已灭绝的海牛目哺乳动物，生存于始新世晚期。——译者注

海牛目哺乳动物的基本解剖结构

海牛目冠群与海牛目干群（两栖的四足动物）不同，它们有较大的前颌骨，有向下翻转的喙部和大而向下的下颌联合。儒艮的头骨与海牛的头骨不同，前者有更加明显的向下翻转的喙部（如右图所示），可以适应以海底海草为食的饮食习惯。海牛的喙部和无齿海牛属的喙部仅仅稍有偏转，主要是为了适应在较高的水柱中进食。海牛目哺乳动物的颊区有大量富含油脂的骨头，这与声音的接收有关。与鲸类动物在声音传导过程中发挥作用的传音脂肪不同，海牛目哺乳动物不同的脂质都可能参与了声音传导这一过程。海牛目动物的眼睛很小，而且缺乏发育良好的睫状肌（需要近距离视物），这与它们视力差的情况相一致。海牛目动物的外耳是头部两侧的两个小开口，鼻孔位于背侧，在鼻部的前端。该物种最显著的特征是有肉质的口腔，嘴部和鼻子之间的唇上部位极为开阔，唇上覆盖有短毛，能将食物送入口中。大多数的海牛目哺乳动物都有像人类和猪类一样的丘齿形/脊齿形臼齿（现存的儒艮是例外，其臼齿为圆锥形），位于下颚的后部。海牛目哺乳动物通过口腔顶部的牙齿前磨片咀

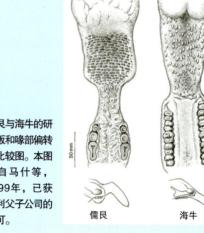

儒艮与海牛的研磨板和喙部偏转的比较图。本图来自马什等，1999年，已获威利父子公司的许可。

儒艮　海牛

嚼食物。斯特拉大海牛没有牙齿，但有研磨板用以食用藻类。

所有的海牛目哺乳动物都有非常稀疏的短毛，感觉十分灵敏。这些体毛是一种特殊的细胞，与感受水运动的神经细胞相关。海牛目的体毛似乎类似于鱼类和一些两栖动物的侧线系统，可用来探测水下物体，例如海岸线、沙洲，以及其他接近自身的

那样进一步进化，反而出现退化现象。这些早期的儒艮类动物、斯特拉大海牛和现存儒艮都是以海草为食的海洋动物。

儒艮干群*Eotheroides*有至少6个物种，出现于始新世中期（卢泰特阶）的埃及、马达加斯加和巴基斯坦。已知最古老的物种是来自开罗附近默卡塔姆山的*E. aegyptiacum*，来自印度喀奇县的*E. babiae*，以及来自马达加斯加安帕赞的*E. lambondrano*。相对于大型儒艮而言，它们的体型中等大小，长度从1.5～2.5米不等（4.9～8.2英尺）。头骨显示其喙部偏转，有极小到中等尺寸的长牙，盆腔高

度退化，从形态上可看出其具有性双态性，尾部扁平，表明有尾叶存在。马达加斯加物种*E. lambondrano*的显著特点是体型很小，头骨长度只有270毫米（10.5英寸）。根据最近修订的分类学，欧洲属种原兽属有两个已知物种，分别来自西班牙和意大利，新物种*P. ausetanum*被定位为*Eotheroides aegyptiacum*的姐妹群（巴拉格尔和阿尔巴，2016年）。然而，这还需要更全面的系统发育分析，因为同一研究发现，始新世儒艮干群中的原兽属、*Eotheroides*和*Eosiren*为并系类群。

并系亚科"海兽亚科"包括海兽属、原兽

动物。儒艮和海牛都没有鲸脂层，但是它们的皮层较厚，在水温低于20摄氏度（华氏68度）时，它们就会迁移到温暖的海域。除了海牛属所含物种只有6节颈椎以外，其他的海牛目动物都有7节颈椎。海牛目哺乳动物经历了胸椎骨延伸的进化过程。这有利于保持躯干的稳定，同时也使腰椎区域缩短。

海牛目哺乳动物的鳍状前肢已有变化，如下图所示，它们的前肢主要用于转向。其肩关节、肘关节、腕部和指关节都可以灵活移动。斯特拉大海牛的前肢短而无指，前端较钝、呈钩状，很有可能用来帮助身体沿着海底向前推进。

海牛目哺乳动物的后肢在进化过程中的退化和丧失现象与鲸相似，现存的海牛目哺乳动物只有退化的骨盆。海牛与儒艮不同，它的尾巴（尾叶）形如桨，呈圆形；而儒艮的尾巴呈三角形，就像鲸的尾巴一样。海牛目哺乳动物像鲸一样，也通过水平张开的尾巴来制造推动力。海牛目哺乳动物的骨骼通常都既厚实又坚硬，适合提供重量以保持中等性的浮力。

研究人员通过研究三个缺失腹鳍、有脊柱的棘鱼，及观察海牛和棘鱼不对称的髋骨（左侧的大于右侧）提出，相似的遗传机制可能是这两个物种骨盆减少的潜在原因。基因表达研究表明，*PitX1*基因的突变是导致棘鱼骨盆减少和实验室小白鼠后肢缺失的原因。尽管需要更多的研究来将这一突变与海牛和儒艮的后肢缺失现象联系起来，但是这一发现支持了其他的观点，即这些基因在脊椎动物谱系远亲中独立、重复地进化。

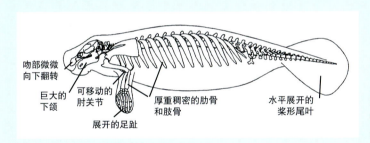

海牛目哺乳动物（海牛）的解剖学特征图。本图修改自隆美尔和雷诺兹，2009年。

属、*Eosiren*、加勒比海牛属、*Metaxytherium*和*Priscosiren*，它们来自欧洲、北非和西大西洋-加勒比地区（前特提斯海所在区域）。*Eosiren*由来自始新世至渐新世埃及的3个已知物种构成，它们分别是：*E. imenti*、*E. libyca*和*E. stromeri*。*Eosiren*与*Eotheroides*、原海牛比起来，骨盆的退化程度更大。*Eosiren*和*Eotheroides*都不同于原海牛，它们的骨骼有骨硬化现象，肋骨肥厚，后肢退化更严重。儒艮科干群的胸腔更为密实，骨骼密度与厚度较高（肥厚性硬化），两者互为平衡。因此与原海牛相比，这些儒艮科干群动物可能在浅水环境中进食。

来自西大西洋和加勒比地区渐新世早期的*Priscosiren atlantica*，已被描述为与*Metaxytherium*+无齿海牛亚科进化支和儒艮亚科进化支祖先接近的物种。该分类单元的成员体型中等大小，体长约为2米（6.5英尺）。它们保留了祖先身上的一系列特征，这在其他后来衍生出的儒艮科动物身上都不曾见到。最著名的"海兽"*Metaxytherium*在中新世时期的北大西洋和太平洋地区都有广泛分布，有至少8个已描述的代表性物种。*Metaxytherium albifontanum*被认为是西大西洋-加勒比海地区最古老、最基层的物种。这一分类单元后期衍生出的更多物种都来自上新世晚期的地中海盆地。欧洲的*Metaxytherium*所含种形成了一种祖先-后代谱系（*M. krahuletzi*、*M. medium*、*M. serresii*、*M. sub-apennium*），在整个中新世几乎都没有变化，但在上新世时期却进化出巨大的长牙。*Metaxytherium*

图5.3　古生物学家豪尔赫·维莱斯·尤尔贝在波多黎各挖掘*Priscosiren*遗骸。

的鼻子明显下弯，上切牙较小。根据牙齿同位素值可知（图5.4），大多数"海兽"为底栖动物，以中小型海草的根状茎和叶子为食。不过还有一些"海兽"也可能以淡水系统中的C3植物为食。

已灭绝的无齿海牛亚科种群包括并系种群*Dusisiren*[①]。人们认为该谱系是侵入冷水的一种谱系，它们体型巨大，适应寒冷的气候，并且还导致斯特拉大海牛（*Hydrodamalis gigas*）在最近灭绝（图5.5，图5.6）。这种情况在一定程度上是由北太平洋气温普遍变冷及海藻代替海草（在很大程度上）造成。最早的无齿海牛*Dusisiren reinhardi*出现于中新世早期至中期的墨西哥（加利福尼亚半岛南）。该物种进化出了巨大的身体，它的鼻子偏转程度变小，没有长牙，表明这种动物在水面或接近水面的地方以海藻为食。*Dusisiren dewana*，发现于约900万年前的日本和加利福尼亚州，很可能是介于*D. jordani*与斯特拉大海牛之间的过渡性物种，其牙齿和指骨的数量都在减少。

除斯特拉大海牛以外，其他后来分化出的无齿

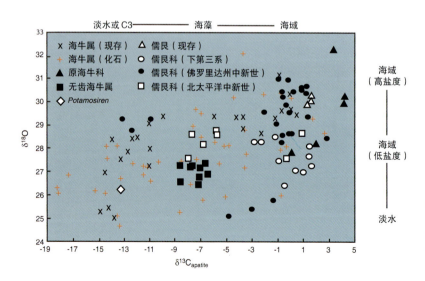

图5.4　已灭绝海牛目哺乳动物和现存海牛目哺乳动物的碳和氧同位素数据。本图来自克莱门茨等，2009年。

---

① 一种已经灭绝的儒艮，与新近纪时期生活在北太平洋的斯特拉大海牛有关。——译者注

图5.5 圣地亚哥自然历史博物馆展出的已灭绝的 *Hydrodamalis cuestae*。

海牛属物种包括：来自加利福尼亚州和墨西哥沉积物中中新世晚期和上新世的 *H. cuestae*①，以及来自日本上新世早期的 *H. spissa*②。在加利福尼亚州、加利福尼亚半岛和日本也发现了 *H. cuestae*。这一物种体型巨大，体重可达10吨。人们在圣地亚哥地区发现了一个样本，其长度超过9米（30英尺），是已知最大的海牛目哺乳动物。除了巨大的圆形躯体外，*H. cuestae* 没有牙齿，与鲸类似有一条尾巴，没有指骨的前肢较短，四肢骨骼厚实而坚硬。

斯特拉大海牛是一种体型巨大的动物，以其发现者德国博物学家乔治·W. 斯特拉的名字命名。该物种的体长至少为7.6米（约25英尺），据估计，其体重在4吨到10吨之间。这种海牛很少会出现缺少牙齿和指骨的现象。斯特拉大海牛生活在白令海里一些岛屿附近的冰冷海域中——与生活在热带或亚热带水域的其他海牛目哺乳动物形成对比——在史前时期，从日本到加利福尼亚半岛都有分布。据斯特拉的描述，这种海牛7.62～10.16厘米（3～4英寸）的厚脂肪尝起来就像杏仁油。而斯特拉大海牛的脂肪可能正是导致该物种灭绝的原因之一。因为斯特拉大海牛很快就成为俄罗斯猎人和北太平洋早期探险者主要的食物来源。有报告指出，一头海牛可以养活33个人长达一个月之久。到1768年，也就是在人们发现斯特拉大海牛的27年后，该物种灭绝。克里勒和他的同事（2014年）最近的一项研究报告称，有人在圣劳伦斯岛及白令海以北、以东的地区都发现了斯特拉大海牛的遗骸，时间定位大约为1150～1030年前。这些遗骸最初是由那些用骨头制作刀柄的商人发现的。稳定的氮同位素显示，在进食方面，圣劳伦斯岛上的斯特拉大海牛与白令海内岛上的斯特拉大海牛存在着细微差异。克里勒等人表示，如果气候变暖会改变海藻的供给，再加上因纽特人进行原始狩猎，那么就会导致历史上曾经存在的另一种斯特拉大海牛又一次惨遭灭绝（参见第7章）。虽然这一研究为斯特拉大海牛的灭绝模式提出了一种有趣的说法，但其结果却受到了质疑，因为该研究的依据是贸易市场上未分类的标本，因此无法验证样本的身份和出处。科学家根据来自白令海峡和铜岛的历史记录，以及由其近亲儒艮推测而来的生命历史数据，模拟了斯特拉大海牛的灭绝情况。他们指出，人们对斯特拉大海牛的捕杀程度过重，捕猎的速度是斯特拉大海牛繁衍延

---

① 一种已灭绝的食草性海洋哺乳动物，也是斯特拉大海牛（*Hydrodamalis gigas*）的直系祖先。——译者注
② 一种已灭绝的食草性海洋哺乳动物，生存于上新世晚期，与最近灭绝的斯特拉大海牛关系密切。——译者注

图5.6 圣地亚哥自然历史博物馆的立体模型，展示了斯特拉大海牛在海藻森林中和母体一起觅食的情形。本图由W. 斯托特提供。

续速度的7倍。对种群生存能力的分析表明，这种海牛最初的数量相对较少，可能只有2900只。

*Metaxytherium*所含种+无齿海牛亚科进化支被认为是儒艮亚科的姐妹群，是现存儒艮所属的亚科。除儒艮以外，儒艮亚科还包括以下已灭绝的属种：*Bharatisiren*、*Callistosiren*、*Corystosiren*、*Crenatosiren*、*Dioplotherium*、*Domningia*、*Kutchisiren*、*Nanosiren*、*Rytiodus*和*Xenosiren*（图5.2）。人们在美国东南部、加勒比海、地中海、西欧、印度洋、南美洲和北太平洋的热带水域中，发现了儒艮进化支的化石遗迹。

儒艮类动物中最基层的物种是*Crenatosiren olseni*，它是一种中小型海牛，来自加勒比地区。随后分化出的*Nanosiren*[①]谱系物种来自中新世早期至上新世早期的西大西洋、加勒比海、墨西哥湾和东太平洋地区（有可能）。包括体型最小的海牛目哺乳动物，成年个体的体长约为2米（6.5英尺）。*Nanosiren*的长牙较小、鼻部严重偏转，表明它们在浅水海草区（近岸水域）觅食，与体型较大的儒艮科动物（如*Metaxytherium*）不同。另一种长有长牙的儒艮科基层物种是出现于渐新世晚期（2651万～2473万年前）波多黎各的*Callistosi-*

[①] 一种已灭绝的儒艮，栖息在温暖的浅海中，也就是现在委内瑞拉所在的位置，大约生活在约1161～360万年前的中新世时期，约有5800万年的历史。——译者注

ren boriquensis。Callistosiren的颅后骨与其他大多数的海牛目哺乳动物不同。虽然它们的骨骼出现了骨硬化的现象，但骨骼的肥厚度较低，人们认为这是适应深度潜水寻找海草的表现，这种潜水深度可超过10米（32.8英尺）。Callistosiren偏转的喙部（大约43度）和头骨形态表明，该物种可能以埋在海底的较大海草的根状茎为食，类似于人们对儒艮科动物食物的猜测。除了Crenatosiren和Callistosiren，第三种儒艮科基层物种，是出现于中新世早期至上新世早期北美洲、南美洲、加勒比海和墨西哥湾的Nanosiren谱系。Nanosiren是体型最小的后始新世海牛目哺乳动物，成年个体体长约2米（6.5英尺），体重约为150千克（330磅）。这一谱系的成员除了体型较小之外，还有圆锥形长牙，严重偏转的吻部也比较小，表明它们很可能以海岸水域中的二药藻属与喜盐草属等小海草为食。

在海牛目哺乳动物中，长牙发育最复杂的是后来衍生出的儒艮类动物，比如Bharatisiren、Rytiodus①、Corystosiren、Domningia、Kutchisiren②、异海牛属和Dioplotherium。这些物种身上进化出的呈叶片状、巨大而锋利的长牙，可能用于挖掘大型海草植物的根状茎。现存儒艮长出的大型长牙可能也有相同的用途，但它们似乎主要用于社会交往。Dioplotherium出现于巴西、加利福尼亚州和墨西哥，通过中美海道扩散到其他地区。另一个能够证明儒艮科动物在世界范围内广泛分布的类群是Bharatisiren。该物种与Dioplotherium有关，发现于印度。更有趣的一种儒艮科动物，是出现于上新世墨西哥和佛罗里达州的Corystosiren varguezi。它的名字来源于希腊语的korystos，意思是"头盔"，

指的是该物种有异常厚的头盖骨，其头盖骨由长达4.5厘米（超过1.5英寸）的坚硬而致密的骨头组成，但其功能为何，至今尚无相关解释。还有一个分类单元叫作异海牛属，有假说认为该物种是Dioplotherium的直系后代。该物种可能使用其巨大而锋利的长牙来挖掘根状茎。澳大利亚古生物学家埃里希·菲茨杰拉德和他的同事（2013年）在印度洋发现了出现于中新世早期至中期（1750万~1180万年前）的化石儒艮。由于目前就有儒艮生存于这一地区，所以这可能是海牛目哺乳动物生存于澳大利亚的最早的化石记录。

现存的儒艮（Dugong dugon），有几个独特的衍生特征：无鼻骨，幼体有第一门牙，但随后会消失，成体的下门牙退化，体型上具有性双态性，会长出永久性的长牙（第一个门牙），臼齿冠上的牙釉质丧失功能，第二和第三颗上、下臼齿齿根永久性加固。虽然现代儒艮的化石记录尚不清楚，但在上新世晚期的佛罗里达州发现了一块其近亲的化石，为儒艮与加勒比海的化石儒艮之间关系密切的说法提供了支撑。

共生类群

虽然目前世界上海牛目哺乳动物只有一个物种，但却并非一直如此。根据海牛目哺乳动物的化石记录，人们发现三种或三种以上的海牛目哺乳动物同时生活的情况曾经很常见。这种物种共同出现的现象，又叫作共生现象，表明在多种海牛目哺乳动物共同出现的地区，不同的海牛目动物通常使用不同的进食方式享用同一地区的食物。2012年，博士研究员乔治·维莱斯·尤尔贝（目前在

---

① Rytiodus（出自"Rytina"一词，意为"皱巴巴的"，是斯特拉大海牛的旧名）是一种已经灭绝的海牛目哺乳动物，其化石遗存分布于法国等欧洲国家和利比亚。——译者注
② 一种已经灭绝的哺乳动物属类，生存于中新世时期现在的印度地区。由 S. 巴杰帕伊、D. P. 杜姆宁、D. P. 达斯、J. 维莱斯·尤尔贝和 V. P. 米什拉于 2010 年命名，典型物种为 Kutchisiren cylindrica。——译者注

图5.7 在过去的2600万年中,来自佛罗里达州、印度和墨西哥的儒艮种群共生图。本图来自维莱斯·尤尔贝等人,2012年。

洛杉矶自然历史博物馆工作)、霍华德大学古生物学家达里尔·杜姆宁和史密森学会的古生物学家尼克·派森,检查了不同时段的三个儒艮科动物遗址,分别是:渐新世晚期的佛罗里达州、中新世早期的印度和上新世早期的墨西哥。这三处遗址都有化石证据显示有两种或两种以上的海牛目哺乳动物同时共生。在佛罗里达州化石遗骸的聚集地中,长牙的形态是区分进食偏好的主要特征。相反,在印度和墨西哥的化石遗骸的聚集地中,有多种形态特征(如较小的体型、急剧下弯的吻部,后者是为了适应在浅水水域的底部进食),可将共生的儒艮科动物区别开来(图5.7)。有假说认为,其他一些共生的种群,如"海兽属"儒艮 *Priscosiren*、*Caribosiren turneri* 和 *Caribosiren olseni* 在波多黎各和南卡罗莱纳州共存。虽然这些类群在体型上差别不大,但它们鼻部的翻转程度和长牙的形状都存在明显的差异,这种特征为这些物种的生态位划分提供了依据。另一种共生的种群是 *Metaxytherium albifontanum*(至少该种群内部有物种如此)和另外两种儒艮科动物——*Crenatosiren olseni*、*Dioplotherium manigaulti*。这两种儒艮科物种长牙的大小不同,头盖骨的特征也存在差异,被人们认为是两个物种进食偏好差异的一种代替性表现。*M. albifontanum* 的长牙较小,与其他两个物种相比,不太适合用来拔起较大的海草。

觅食进化

海牛目干群(始新海牛)和最早的儒艮科动物的吻部相对扁平,表明它们可能以水生植物为食,至少可能是以海草为食。原海牛吻部的偏转更为明

第五章 海牛目冠群及其索齿兽目近亲 | 123

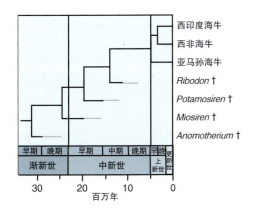

图5.8 海牛科的系统发育图。本图修改自杜姆宁，2005年。

显（35度），其食物很可能就是现存儒艮的主要食物——海草。几个地区的渐新世动物群有6种同时出现的儒艮物种共生。中新世的儒艮科动物（例如，*Metaxytherium*+无脊椎海牛亚科谱系）鼻部下弯，长牙为小到中型，表明它们以海草叶子和较小的根状茎为食。尤其是无齿海牛属谱系的成员斯特拉大海牛，没有牙齿、指骨，前肢厚实粗壮，有假说认为它们以生长在水面的植物为食。并且当它们在浅水环境中觅食时，会用爪子帮助身体前进。

海牛科：海牛

19世纪时，一些科学家认为海牛是一种特殊的热带海象。事实上，海象曾经与海牛一起被归入海牛属中。海牛科动物包括现存的海牛、海牛亚科和已灭绝的中新海牛亚科。中新海牛亚科为北欧进化支，包括两个属种，分别是来自渐新世晚期的*Anomotherium*[①]和来自中新世的*Miosiren*[②]（图5.8）。这些类群的上颚十分厚实，可能是用来咬碎甲壳类

动物的。整个海牛类进化支似乎来源于始新世晚期或渐新世早期的儒艮科动物或原海牛科动物。

海牛亚科首次出现在中新世。*Potamosiren magdalenensis*发现于哥伦比亚的淡水沉积物中，这一发现与该分类群的牙齿同位素值一致。海牛的大部分历史都在南美展开，它们于上新世或更新世从南美扩散到北美和非洲。在现存的海牛、海牛属所含种中，有一种特殊的牙齿发育形态，即牙齿水平置换（与长鼻目动物的牙齿水平置换不同）。在这种牙齿替换系统中，磨损的牙齿在颚部前端脱落，新的牙齿从后面长出。这种发展模式在中新世晚期*Ribodon*[③]类群之前还未出现。形态学分析和一些分子数据显示，在西非海牛（*Trichechus senegalensis*）与西印度海牛（*Trichechus manatus*）的共同祖先、西非海牛与亚马孙海牛（*Trichechus inunguis*）的共同祖先、西印度海牛与亚马孙海牛的共同祖先三者之中，西非海牛与西印度海牛的共同祖先出现得最晚（图5.8）。西印度海牛的两种亚种可以根据形态和地理特征区分为安地列斯海牛（*Trichechus manatus manatus*）以及佛罗里达海牛（*Trichechus manatus latirostris*）。现存的海牛从淡水水域到海洋地区都有分布。

北美洲更新世海牛的大部分化石物种都属于西印度海牛。在更新世晚期（晚兰乔拉布尔阶），有一种形态独特的西印度海牛亚种，叫作*Trichechus manatus bakerorum*，从佛罗里达到北卡罗来纳州都有分布。人们发现这一化石亚种与西印度海牛的分化物种和西非海牛的分化物种都很接近。达里尔·杜姆宁（2005年）提出了如下假说：在第

[①] 一种已经灭绝的海牛类，栖息于浅海水域中，即现在的德国北部。——译者注
[②] 一种已灭绝的海牛类，生存于中新世早期英格兰的东南部（萨福克郡）和比利时的安特卫普。——译者注
[③] 一种已经灭绝的海牛类，生存于中新世托尔托纳阶的南美，典型物种是 *R. limbatus*。——译者注

四纪期间气候温暖时期，来自加勒比海的海牛（目前以安地列斯海牛为代表）向北扩散到了美国。但生态屏障（墨西哥北部海湾寒冷的冬季；佛罗里达海峡的深水和湍急的水流）阻碍了北美种群与加勒比海地区种群的接触，却为北美特有物种（*Trichechus manatus bakerorum*和现存的安地列斯海牛）的形成创造了条件。有假说认为，西非海牛（*Trichechus senegalensis*）起源于从新大陆向非洲扩散的过程中。

根据头骨的特征（如耳部区域）能够判断，海牛类动物可整合为一种单源的进化支。其他的衍生特征包括，椎骨上的椎骨棘突减少、可能还会有扩大的趋势（至少在海牛属动物身上是这样），胸椎中心前后延伸。线粒体DNA（线粒体脱氧核糖核酸）序列数据也显示，这三个海牛类物种扩散时间接近。此外，基因证据表明，在新大陆中，海牛属有四种不同的谱系。其中一种栖息于淡水环境下的亚马孙河中，另外三种栖息于沿海系统和相关的内陆水道中。线粒体脱氧核糖核酸的研究结果证实了西印度海牛种群之间复杂的遗传关系。有分析发现，西印度海牛为并系群，并且与亚马孙海牛有密切关系。尽管分子钟和聚结时间计算表明，衍生出亚马孙海牛的谱系出现较晚，但由于遗传数据支持亚马孙海牛为基层物种的说法，所以在这方面还需要进一步的研究。

索齿兽目

索齿兽目只包括已经灭绝的海洋哺乳动物物种。它们与海牛目动物和长鼻目动物有紧密的联系，三者共同组成了特提斯兽类。化石记录表明，特提斯兽类的分化出现于古新世至始新世交界附近。如果索齿兽目起源于非洲兽总目内部（见第1章），来自于长鼻目干群或炭丘齿兽（奇蹄目干群物种），那么就意味着有一个进化出索齿兽目的谱系，它出现于5790万～4900万年前。人们认为，炭丘齿兽很可能是索齿兽目姐妹群（如盖尔布朗等人，2005年），这一物种发现于亚洲约4040万～5580万年前的岩石中。尽管巴基斯坦炭丘齿兽的最后记录与北太平洋海岸索齿兽目的记录之间的时间空缺已有缩小，但仍有600万～700万年的历史记录空白。也有可能索齿兽目和炭丘齿兽并非非洲兽总目物种，而是与其他种群（如奇蹄目）联合在一起的物种。由于在始新世、渐新世的亚洲和北美地区都有早期奇蹄目动物存在，所以这种说法在生物地理学上有些道理。

索齿兽目物种的分布仅限于太平洋北部的温带地区——日本、堪察加半岛（俄罗斯远东地区）和北美——出现于渐新世晚期和中新世中期，大约为

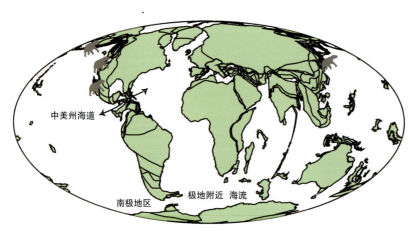

图5.9 中新世早期至上新世时期索齿兽目的主要分布地区图。本图修改自福代斯，2009年。所基于的大地构造图来自www.odsn.de/odsn/about.html。

图5.10 两个雄性 *Behemotops proteus* 在温哥华岛海岸上起了冲突。背景主要基于标本的采集地——不列颠哥伦比亚省温哥华岛的索布里奥海滩现代海岸线——的照片（由贝蒂拍摄），与现在的植物群落和地貌相似。本图由 C. 比尔绘制。

图5.11 河马眼索齿兽（B. proteus）的头部复原图。本图来自贝蒂和科伯恩，2015年，由 C. 比尔绘制。

3300万~1000万年前（图5.9）。已知的索齿兽目化石包括至少11个属种的牙齿、头骨和其他骨骼（参见贝蒂，2009年），所有这些物种都是形如河马大小的两栖四足动物，很可能以生长在亚热带至温带水域中的海藻或海草为食。有人认为索齿兽目是半水栖生物，因为它们被发现于海洋沉积物中。这就支持了该物种栖息于水生环境中的说法，但同时它们巨大的前肢和后肢暗示索齿兽目也可以在陆地上移动。而从索齿兽目可伸缩的鼻部、抬高的眶部等头盖骨特征中，我们也可以看出该物种栖息于半水生环境中。

一般来说，索齿兽目的头盖骨巨大，鼻子很粗，通常长着平伏的犬齿和长牙，犬齿后面有较长的间隙，臼齿上有紧密排布的柱形齿尖。它的鼻部可伸缩，与长鼻目动物和海牛目动物相同。

首个索齿兽目化石发现于加利福尼亚州，于1888年由著名的脊椎动物古生物学家奥塞内尔·查利斯·马什所描述。马什提出了索齿兽目（*Desmostylus*）这个名字，在希腊语中，"desma"的意思是"捆束"，而 "stylos"则表示"柱子"，指的是在该种群的某些分类单元中紧密排布的柱状

臼齿齿尖。

由于索齿兽目相关研究资料稀缺分散、发育年龄不同的标本所呈现出的形态各异，以及缺少更完整的资料来修正之前对于该物种的理解等缘故，影响了人们对索齿兽目的分类工作。最早分化出的索齿兽目代表性物种是河马眼索齿兽（*Behemotops*）（由林奈根据圣经中的怪物 *Behemoth* 命名），目前已知的物种是 B. proteus 和 B. katsuiei，来自渐新世中期或晚期的北美和日本。在不列颠哥伦比亚省的温哥华岛，人们发现了一个新物种部分连接的骨架，并称之为 B. proteus（图5.10）。还有一个物种的标本，人们最初认为是 *Behemotops emlongi*，但经过重新评价，人们发现它们并不是河马眼索齿兽，因此将该物种重新命名为 *Seuku emlongi*。*Seuku* 是俄勒冈沿岸（美国阿尔西厄地区）土著居民神话中一个英雄的名字，而该物种的标本也发现于该地区。尽管有人认为 *Seuku* 可填补河马眼索齿兽和古索齿兽科之间的空隙，但是目前还需要其他一些资料才能证实 *Seuku* 的系统发育位置。有关河马眼索齿兽喙部解剖的新信息表明，该物种的喙部可能很狭窄，并不像最初所提出的那样，喙部宽而扁平（图5.11）。这些基层类群体型相对较小，具有祖先的众多特征。

图5.12 *Cornwallius sookensis* 头骨的背侧、腹侧和侧面视图。比例尺=6厘米。本图来自贝蒂，2009年。

*Cornwallius*①是一种后来分化出的属种，最初描述自渐新世晚期的不列颠哥伦比亚省，是地理上分布最为广泛的索齿兽目类群——发现于渐新世晚期北太平洋东部的几个地区，北至阿拉斯加，南至加利福尼亚半岛南部。*Cornwallius*的显著特征是：上犬齿大幅度向下弯曲，颧骨上的眶后突，喙部背腹侧有中骨脊，在上颌裂缝中有侧唇舌嵴和矢状嵴（图5.12）。单型属种*Ashoroa*②发现于日本北海道的摩拉湾组海相地层中，相对于*Cornwallius*而言是一种更基层的物种，同时也是已知最小的索齿兽目物种，据估计，其体长为271厘米（8.9英尺）。

索齿兽目的一个新物种*Ounalashkastylus*来自中新世阿拉斯加州。据描述，这个物种比*Cornwallius*的派生程度大，但比索齿兽和*Vanderhoofius*③的派生程度小。根据其牙齿形态、拱形的上颚和中突横向支（在进食的时候可能用以支撑颌骨），人们认为这些后来分化出的索齿兽目以吸食水草为生。*Vanderhoofius*由罗伊·莱因哈特于1959年命名。有一个索齿兽属标本，牙齿的基因序列更为完整，最近对该标本的研究表明，*Vanderhoofius*是*Cornwallius*的次异名。

古索齿兽属是体型最大的索齿兽，包括3个属、4个物种：古索齿兽属、*Archaeoparadoxia*属和新索齿兽属。该类群最古老的记录来自渐新世末（约2400万年前）的北加利福尼亚竞技场岬的斯科纳峡谷组。在该处发现的标本是一具带有头骨的骨骼，最初被描述为古索齿兽的一个物种，现在被归为*Archaeoparadoxia*，名为*A. weltoni*。正如目前所知，古索齿兽有两种已知的中新世物种。一种是较为原始的物种*P. tabatai*，出现于中新世早期（约1800万年前）日本本州岛的青木组。人们在中新世早期日本北海道Sankebetsu组发现了古索齿兽的新标本，称之为古索齿兽未定种，从地质年代上来讲，该物种是最古老的分类群，并与暖温带软体动物的动物群有关。古索齿兽属物种和栖息于冷水

---

① 一种已灭绝的食草性海洋哺乳动物，属于索齿兽科。从渐新世早期（夏特阶）起，整个渐新世时期（2840万～2060万年前）都栖息于北美洲太平洋沿岸，大约有780万年的历史。——译者注

② 一种已灭绝的水生食草性哺乳动物，属于索齿兽科。*Ashoroa*的化石发现于日本北海道（43.3°N，143.8°E），以发现地北海道的*Ashoro*命名。出现时间可追溯至渐新世晚期。——译者注

③ 一种已经灭绝的食草性哺乳动物，属于索齿兽科，生存于渐新世晚期夏特阶至中新世晚期（2840万～725万年前），约有2120万年的历史。——译者注

图5.13 新索齿兽的生物复原图。本图来自巴尔内斯,2013年。

环境中的温带软体动物群之间存在典型的相关性。以上事实也表明,古索齿兽的栖息地范围比我们之前所了解的更广。有一种体型相对较大、后来分化的分类群,最初被描述为 *P. repenningi*,但后来被重新命名为新索齿兽(巴恩斯,2013年)。这一物种因出现于中新世中期(1400万年前)北卡罗来纳州拉德拉砂岩中的一个单一标本"斯坦福骨架"而为人所知。除了 *Archaeoparadoxia*,另一种大型的古索齿兽物种是 *Neoparadoxia cecilialina*,对该物种的描述基于出现于中新世晚期加利福尼亚州南部的蒙特利组的一副骨架。*N. cecilialina* 的原型骨架复原图表明,这一物种的幼体体长约为2.2米(7.2英尺),成年体长可达2.73米(8.9英尺),是目前已知体型最大的古索齿兽。人们将这一物种的身体复原后发现,该物种四肢短粗而结实,骨盆骨巨大、斜向后腹部,门齿向前突出,鼻孔较大,眼眶位置较高(图5.13)。它可能类似于北极熊,用前肢交替划水。当前肢在身下时,其掌部就会朝后划水。有假说认为,*N. cecilialina* 在海底进食,其后肢可用来稳定身体。古索齿兽在进化的过程中,口腔变得更大,鼻部和下颌骨也越来越向腹侧翻转,这也使得下颌开始联合,下犬齿和下门齿开始朝水平方向对齐。这样的腹侧翻转在海牛目哺乳动物儒艮的身上也有出现,曾有人说这是为了适应在海底觅食水生植物。所以在古索齿兽属中,腹侧翻

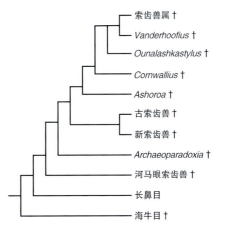

图5.14 索齿兽类动物的系统发育关系图。本图修改自贝蒂,2009年。

转也可能是为了适应海底进食。

索齿兽属是原始物种中最特殊、最具代表性的物种,在北太平洋中新世的海岸沉积物中广泛分布。该物种有独特的臼齿,也因此而得名。马克·克莱门茨和他的同事(2003年)对索齿兽属的牙釉质同位素浓度进行了研究,发现这些海牛的饮食中 ^{13}C 的含量较高,表明它们以水生植物为食。索齿兽属动物饮食中 ^{18}O 的含量,也表明索齿兽属动物在水中度过的时间和鳍足类动物一样长。其锶同位素值与陆地上的动物相似,与海洋哺乳动物不同,说明索齿兽属是一种水生食草动物,在河口或淡水系统中觅食。其牙齿资料显示

出的个体发育顺序表明，索齿兽属动物下颌骨的发育和牙齿的萌出序列与非洲兽总目中个体（延迟萌出）的相关特征相似，进一步支持了两者有共同祖先的假说。研究发现，索齿兽属动物像古索齿兽一样，在游泳时也是以前肢划水为主。

索齿兽类动物的系统发育分析强烈支持把由索齿兽属、*Vanderhoofius*、*Cornwallius*、*Ashoroa*、新索齿兽属和古索齿兽属等组成的进化支，与 *Archaeoparadoxia* 和河马眼索齿兽（以及 *Seuku* 的姐妹支）当作连续的姐妹群（图5.14）。索齿兽属的共源性状包括横向排列的下门牙，从外耳道到头骨顶部穿过鳞状骨的扩大的通道，下颌第一颗前臼齿的融合根，以及细长的副枕骨突。

对索齿兽类动物骨架的复原和移动方式的推断，都既具争议又十分有趣。这些动物在各种表现方面与海狮、青蛙和鳄鱼等物种有一些相似之处。杜姆宁（2002年）的研究表明，索齿兽类动物能够直立，姿势类似于一些地面上的树懒和爪兽。它们的身体很可能离地面很近，而四肢在身体下面（图5.15）。通过其巨大的股骨和髋关节可判断，该物种的后肢十分厚重，有垂直的髂骨、外展的膝盖和与趾型动物类似的足部。有人认为，索齿兽类动物从悬垂的树枝上拖出植物时，是使用后肢来支撑身体的。人们认为该物种移动缓慢，在陆地和海洋之间移动时，能够在各种地表条件下爬行。在水里运动时主要靠前肢推进，类似于北极熊，两者的肢体比例也相似。索齿兽类物种的牙齿形态多种多样，可能因为从海底或海岸挖来的植物体有沙粒附着其上，所以后来分化出的物种也表现出对粗糙食物的适应能力。有关索齿兽属牙釉质的稳定同位素研究表明，这些哺乳动物在河口或淡水环境中生存，不仅仅在海洋生态系统中栖息，而且能以海草和其他一些水生植物为食。

一项骨组织学研究表明，河马眼索齿兽、古索齿兽和 *Ashoroa* 的骨体积和压实度（如骨硬化和肥厚性硬化）均有增加。这与这些喜欢在浅水环境游泳的物种要么在深度合适的水中缓慢地徘徊，要么在水底行走的生活习惯相一致。*Desmostylus* 有海绵状的内骨组织（类似骨质疏松的结构），与这些索齿兽类动物有所不同。人们认为索齿兽类动物在游泳方面更活跃，可能是因为它们喜欢在水面上捕食（池袋林等人，2013年）。

渐新世时期的索齿兽类动物为 *Cornwallius sookensis*、*Behemotops proteus* 和 *Seuku emlongi*，这三个物种在太平洋西北地区共存，也是海洋哺乳动物共生群落的另一实例，与海牛共生群落类似。

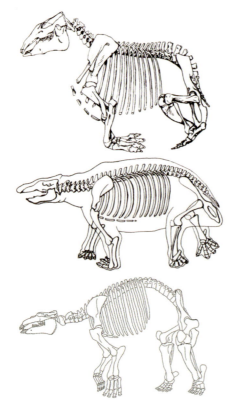

图5.15 索齿兽生物复原图。本图来自犬冢，1984年；杜姆宁，2002年。

第六章

水生树懒和最近的海洋居住者，海獭和北极熊

会游泳的树懒

目前，只存在两个种群的树懒，并且都生活在树上。在中新世时期，各种各样的树懒不仅生活在树上，而且也生活在地面和水中。有一种十分特别的哺乳动物，能适应海洋环境，是大地懒属的一种，叫作"地懒"（阿姆松等人，2016年）。法国脊椎动物古生物学家克里斯蒂安·德·慕森及其同事（如慕森和麦克唐纳，1995年；慕森等，2003年，2004b）基于大量丰富的完整骨架和部分骨架，描述了来自秘鲁海岸，以及中新世晚期到上新世晚期（720万~250万年前）智利已灭绝的水生树懒海懒兽的五个属种（图6.1）。在秘鲁，每个物种都被发现于皮斯科组的不同岩层中，它们的进化及不同的水生适应性表明，这些物种可能代表一个单一的再生谱系。秘鲁的样本来自少数几个地点中的一处，有假说认为该处为一种祖-裔世系的所在之处，并且这一谱系存在于单一的地层层序之中。

皮斯科组与中新世中期至上新世晚期秘鲁沿岸南部的主要海侵形成时间一致。海懒兽的每种物种都被发现于不同的地层层位中。最古老的物种 T. antiquus[①]，来自 the Aguado de Lomas Horizon，大约

[①] 一种已经灭绝的半水生树懒（地质学上最古老的物种），也可能是一种全水生树懒（地质学上最新的物种）。该物种生存于中新世和上新世时期的南美洲地区。——译者注

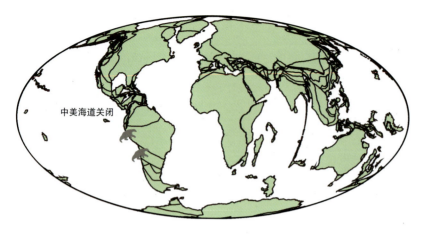

图6.1 中新世晚期至上新世时期水生树懒的分布地点。本图修改自福代斯，2009年。所基于的大地构造图来自www.odsn.de/ odsn/ about .html。

有780万年的历史；*T. natans*，来自the Montemar Herizon，有600万年的历史；*T. littoralis*，来自the Sud-Sacaco Horizon，有300万年的历史；*T. carolomartini*，来自the Sacado Horizon，有300万~400万年的历史；而*T. yaucensis*，来自晚上新世层，有150万~300万年的历史。海懒兽标本的数量很多，既有成体也有幼体，所包含的物种体型范围很广，从体型较小的物种，如*T. littoralis*，股骨长265毫米（约10英寸），到体型较大的*T. yaucensis*，股骨长度大约为前者的1倍。

海懒兽头骨最显著的特征是前部延伸，前颌骨和封闭的下颌联合有变化。这也是海懒兽与其他*nothrotherine sloths*的区别。此外，海懒兽的鼻部和下颚向外侧扩张，呈匙状。以下一系列物种的头骨前部发生了变化：在早期物种（*T. natans*）中，前颌骨严重偏转；在后来衍生的物种（*T. carolomartini*）中，前上颌骨几乎没有向腹侧偏转，头骨呈笔直形态。前颌骨相对于头骨的角度变化，以及由此导致的头骨矫直现象，影响了该物种的进食方式，这与*T. littoralis*比*T. natans*的踝骨更向后突出有关；这些变化与该谱系越来越明显的水生特性有关，在后来衍生的物种身上也可看到。两种最年轻的物种身上的变化，包括前颌骨的前方变宽和下颌前突的顶端张开（下颌联合的最前端）。另一个与

进食（和呼吸）有关的特征是，当头部部分地没入水中时，后来分化出的物种*T. littoralis*、*T. carolomartini*和*T. yaucensis*朝向前背部的鼻孔会张开（在海豹科动物中也可见到）。

海懒兽的牙齿有的破碎、有的磨损，吻部向下翻转，吻部前端向外扩展，说明该物种有发育完善的嘴唇，可以咀嚼海草。基于对海懒兽进食习惯的复原，慕森等人（2004a）提出，该属早期分化出的物种（*T. us*、*T. natans*、*T. littoralis*）是部分食草动物（中间型或混合型进食者）。海懒兽的牙齿上因摄取沙子而形成了诸多的细纹，这种现象也可以说明该物种为部分食草动物。后来衍生的物种更有可能是专门的食草动物，在下颌运动的过程中各部分明显呈水平方向排布（图6.2）。*T. yaucensis*的牙齿下陷较浅，这也显示出当其嘴部闭合时，能够有效地前后移动，有利于高效进食。除了海懒兽，索齿兽和海牛目哺乳动物也都进化出以海洋植被为食的适应性。索齿兽有高效的食草工具，比如尖端扩展的前颌骨和宽大的下颌联合，而海牛目哺乳动物却没有扩展的前颌骨，但是在上颌骨和下颌骨上有宽大的上唇和角状的肉垫，可在进食的过程中抓住海草。

最近，古生物学家伊莱·阿姆松和他的同事（阿姆松等人，2014年，2015a，b））对海懒兽颅

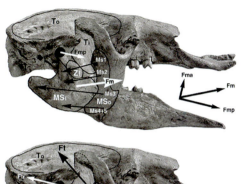

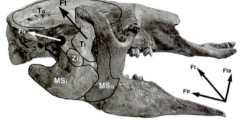

图6.2 *T. yaucensis*头骨上附着咬肌的复原图（上图）和附着颞肌的复原图（下图）。缩写：Fm，由咬肌深层部分所产生的一般力；Fma，咬肌表面部分所产生的内收力；Fmp，咬肌深层部分所生产的牵引力；Ft，活动颞肌所产生的一般力；Fta，活动颞肌所产生的内收力；Ftr，活动颞肌所产生的收缩力；MSi，咬肌表层部分的嵌入点；MSo，咬肌表层部分的起源；Ti，嵌入颞肌处；To，颞肌的起始端；Zo，颧下颌肌的起源。本图来自慕森等人，2004a。

后骨架进行了详尽的描述，并对其功能作出了解释。海懒兽的一些前肢特征（如肱骨和桡骨较短，巨型爪上极为健壮的足趾）可将其与其他树懒区分开来。此外，该属后来分化出的物种（如*T. carolomartini*、*T. yaucensis*）的特征是：桡骨有旋前肌嵴长出、尺骨坚实稳固、近端腕骨扩大和掌骨缩短（图6.3）。据推测，海懒兽除了会使用四肢划水，还会使用前肢在海洋底部行走。此外，海懒兽的前肢可能还用于与获取食物有关的活动，如连根拔起海草的根状茎。

与早期物种相比，*T. carolomartini*骨盆的髂骨翼呈水平方向、发育较弱，可能反映了其水生的生活习性，以及在水中支撑躯体而非在陆地上对抗重力的需要。海懒兽后肢的胫骨相对于股骨较长，这一特征通常出现在水生和半水生类群中。比较海懒

兽不同物种的肢体比例可得出，较晚分化的物种的后肢较小。海懒兽脊柱的形态表明，该部分并非用于提供推进力，脊柱后部稳定性的增强（如健壮的关节突关节）显示该部分用于水下采挖。海懒兽的尾椎节数较多（20多个）——比其他树懒长不止1/3，所以尾部相对而言较长且宽。它的尾部肌肉发达（有发育完善的横突分支可证明这一点），很可能不用来提供推进力，而主要用来潜水、增强水下稳定性。

海懒兽的五个物种记录了该类群从一种姿势到另一种姿势的转变过程。由足部外侧承担身体重量的站姿可见于最早的海懒兽物种，以及其他的大地懒物种（图6.4）。这一站姿显然被后来属种中的物种所抛弃，取而代之的是一种脚掌着地的站立方式。使用这种站姿时，身体重量主要由脚掌承担。海懒兽主要的游泳模式是并用四肢游

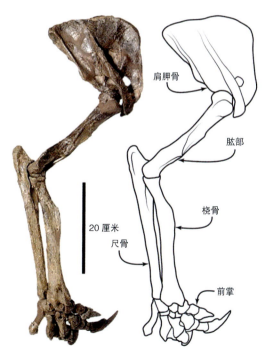

图6.3 *Thalassocnus natans*有关节连接的右前肢图。本图来自阿姆松等人，2015 b。

图6.4　*Thalassocnus natans*的生物复原图及其骨架侧视图。本图来自阿姆松等人，2015a。生物复原图由C. 比尔绘制。

泳，而其跖行的后肢以及扩大的爪子或许可以帮助它更有效地划水和在海洋底部行走。

在海懒兽的早期物种中，并不存在骨硬化和骨肥厚现象，但在后来分化出的物种，如*T. carolomartini*中，肋骨和肢骨，逐渐出现了骨硬化现象。这种骨厚度的增加表明，随着这些物种待在水中的时间变长，它们对浮力的适应性也逐渐产生。

海牛目哺乳动物儒艮在皮斯科组中有过报道，这一现象十分罕见。有观点认为儒艮是海懒兽的潜在竞争对手。然而，对"海牛目哺乳动物"肋骨组织的再研究表明，它明显与海牛目哺乳动物的肋骨组织不同，与海懒兽的肋骨组织吻合。这就意味着，从地层上来看，水生树懒与海牛目哺乳动物在皮斯科组并不重叠。重要的一点是，海牛目哺乳动物在南大西洋西部灭绝后，其生态位就由海懒兽所占据。这些水生树懒与北太平洋已灭绝的鳍足类动物索齿兽在进食方面具有相似性，也就增加了它们是南太平洋索齿兽生态同源物的可能性。水生树懒的灭绝与海洋温度下降有关，海洋温度的下降可能改变了食物来源和/或可用性。据推测，海懒兽较低的基础代谢率（可见于现存的贫齿总目）也可能与它的灭绝有关，因为较冷的水域会增加温血动物的代谢成本。

海獭类动物

海獭类动物包括海獭（*Enhydra lutris*），以及南美水獭中的一种海洋生物——秘鲁水獭。这两种动物都是食肉目鼬科的成员，鼬科包括共70种水獭、臭鼬、鼬鼠以及其他物种。虽然海獭是最小的海洋哺乳动物，但它们是最大的鼬科动物，体长1.4米（4.6英尺）。海獭的属名来自希腊语的*enhydris*，而其具体的种名则来自拉丁语的*lutra*，这两个词的意思都是"水獭"。根据头骨形态和地理分布的差异，可识别出海獭有三个亚种。西海獭（*Enhydra lutris lutris*）栖息于千岛群岛、堪察加半岛东海岸，以及科曼多尔群岛。阿拉斯加海獭（*Enhydra lutris kenyoni*）分布于阿留申群岛至俄勒冈州地区。加州海獭（*Enhydra lutris nereis*）历史上曾分布于北加利福尼亚至大约彭塔阿布霍斯、加利福尼亚半岛、墨西哥等地；现在，它零散分布于加利福尼亚州，种群集中于蒙特雷湾和圣尼古拉斯群岛地区（图6.5）。

现存的海獭主要以甲壳类动物为食，大部分情况下捕食各种坚硬的底栖无脊椎动物，特别是海胆、蛤蜊和鲍鱼。然而，在某些阿拉斯加海獭和西海獭的捕食对象中，鱼类占有更大的比例。我们可以根据这三个亚种所在地理位置和进食习惯的差异，来预测它们之间头骨的变化。由功能解剖学家蒂姆·戴维斯和他的同事们（2015年）所进行的形态学研究显示，与其他亚种相比，西海獭的主要颌闭肌肉（咬肌）的机械优势较小，咬合力强度也较弱。这一特征与它们之间的饮食差异相对应。在食用猎物时，海獭通常用前爪和岩石等工具将猎物撬开，然后再将其抵在胸前用牙齿或工具弄碎外壳。尽管海獭能够在陆地上行走，但它们大部分时候都呆在水中，在海藻床上休息。现存的海獭在游泳时主要使用后肢，但化石物种却并非如此。

现代海獭（*Enhydra*），于更新世初（距今约300万～100万年）出现在北太平洋，自出现起从未扩散至其他地方。有关海獭属动物的记录来自更新

图6.5 海獭分布图。本图来自埃斯蒂斯和博德金，2002年。

世早期的俄勒冈州和加利福尼亚州，以及上新世至更新世的阿拉斯加州。已灭绝的物种 *Enhydra macrodonta* 描述自更新世中期的加利福尼亚。其下颌骨的比例表明，该物种的头骨可能比现存海獭的头骨略大。另一物种叫作 *Enhydra reevei*，对该物种的研究基于发现于英国的几颗上新世晚期的牙齿。该物种比任何一种 *Enhydritherium* 或 *Enhydriodon*[①] 都更像海獭属动物，并且根据威廉森（1992年）的说法，*Enhydra reevei* 是海獭属中最古老的一种。

海獭属最亲密的现存近亲是其他的水獭。根据裂齿的形态（上颌第四颗前臼齿和下颌第一颗臼齿），水獭可分为两个属种：一种是"吃鱼"的水獭，包括已灭绝的水獭属巨獭和现存的水獭属欧亚水獭（*Lutra*）、美洲獭属（*Lontra*）、斑颈水獭属（*Hydrictis*）、小爪水獭属（*Aonyx*）、巨獭属（*Pteronura*）、亚洲小爪水獭属（*Amblonyx*）和江獭属（*Lutrogale*）。与其他丘齿形水獭种群相比，这些水獭的裂齿更像锋利的刀片。

丘齿形水獭的裂齿呈非刃状，有较厚的牙釉质和圆形的齿尖。该种群包括现存的海獭属，以及已灭绝的巨型水獭属 *Enhydritherium* 和 *Enhydriodon*。在有关现存海獭和相关的灭绝类群的系统发育分析中，伯塔和摩根（1985年）提出了海獭的两种谱系：一种是产生已灭绝属种 *Enhydriodon* 的早期分化谱系，另一种是产生已灭绝巨型水獭 *Enhydritherium* 和现存海獭属的后期分化谱系。*Enhydriodon* 仅出现于非洲和欧亚大陆，发现于中新世晚期至上新世晚期（500万~70万年前）的沉积物中。我们还不清楚 *Enhydriodon* 是生活在海洋环境中还是淡水环境中，抑或两者兼有。这些动物和现代的海獭一样大，甚至比现存海獭的体型还要大，而且它们的臼齿也发育得很好。有看法认为，这种物种主要以软体动物和鲶鱼等硬食物为食。巨型的"熊水獭"，*Enhydriodon dikikae* 出现于上新世（400万年前）埃塞俄比亚下阿瓦什河谷的迪基卡，其特征为：体型较大、吻部较短、牙齿巨大而强健、犬齿长而有力（图6.6）。据估计，该物种体重为77~126千克（约169~277磅），体长有2米多（约7英尺）。*Enhydriodon dikikae* 的颅后骨遗骸表明该物种大部分情况下在陆地上栖息。例如，与真正的水生水獭（巨獭属、海獭属）相比，*Enhydriodon dikikae* 的股骨较细，肱骨内侧上髁较弱。

Enhydritherium 出现于中新世晚期的欧洲和中新世晚期至上新世中期（1365万~360万年前）的北美。*Enhydritherium* 有两种已描述属种：来自西

图6.6 *Enhydriodon dikikae* 的前颅骨和下颌骨（左图和中图），以及上颚（右图）。比例尺=10厘米。本图来自杰拉德等人，2011年。

---

① 一种水獭，生存于上新世时期现在的埃塞俄比亚所在位置。人们认为该物种与现存水獭有亲属关系。

班牙的 *E. lluecai*（*Paludolutra*），帕卢杜洛特·费德·皮克福德，2007年），以及来自佛罗里达州和加利福尼亚州的 *E. terraenovae*。基于牙齿的共源性状，*Enhydritherium* 与海獭属可以归在一起。*Enhydritherium* 可能因其上颌的第四颗前臼齿的上原尖前部和内侧位置，下颌第一颗臼齿无原附尖，有下后附尖而与 *Enhydriodon* 和海獭属相区别（图6.7）。旧世界的水獭（如 *Enhydriodon*）和北美水獭（如海獭属和 *Enhydritherium*）之间传说的密切关系可能是趋同进化的结果，但需要根据新的报告资料（如有关 *Enhydriodon dikikae* 的资料）来对这一假说重新进行核实。

人们在佛罗里达州北部的莫斯阿克赛马场发现了北美海獭 *E. terraenovae* 的遗骸，该遗骸部分残缺，但有关节连接。该物种的发现地位于离海岸相当远的地方，其沉积环境表明，*E. terraenovae* 在陆地上的时间可能比以前人们所想象的更长，而且除了栖息于沿海的海洋环境之外，它还经常出没于内陆河流和湖泊一带。*Enhydritherium* 与海獭属的不同之处主要在于其游泳时主要使用前肢，且骨骼形态很特殊（如前肢和后肢的比例更匀称）。这也说明它在陆地上能更为灵活地移动。*Enhydritherium* 的大小与海獭属相似，据估计，它的体重约为22千克（48磅）。其普通后肢末端部分及其发达的肱骨肌肉都明显表明，这种动物与海獭属不同，主要用前肢来游泳。鉴于它比海獭属能更灵活地在陆地上移动，所以 *Enhydritherium* 在陆地上度过的时间可能比现存物种更长。*E. terraenovae* 上颌第四颗前臼齿的齿尖变厚，而且有严重磨损的倾向（图6.7），表明这些水獭如海獭等，以诸如软体动物等极其坚硬的食物为食。然而，在部分骨骼的发现地如佛罗里达地区附近，也有鱼类化石聚集（最有可能是胃内残留物），说明这些水獭也会食用鱼类等其他食物。不擅长使用后肢游泳，肢体比例与现在鱼食性的水獭相似，有强健有力的颈部肌肉，这些证据表明，该物种并不像海獭属动物那样用前肢捕食猎物，它们适应于用颌部捕食鱼类及其他移动的猎物（兰伯特，1997年）。

海貂

已经灭绝的海貂（*Neovison macrodon*）最著名的发现地，是缅因州海湾沿岸岛屿的海洋及河口栖息地附近距今约5100年的本土贝丘。最初该物种被归入鼬属中，但细胞遗传学数据和生物化学数据支持将其与美国水貂一同并入美洲水鼬属而非鼬属之中。尽管海貂早在更新世早期（伊尔文登阶）就已出现，但这一物种的化石记录并不为人所知，而且自更新世晚期（兰乔拉布尔阶）起，有关该物种的记录就已经变得很少。更新世时期的大约25种海貂物种都属于现存的美国水貂，而且伊尔文登阶标本和兰乔拉布尔阶标本在形态上似乎没有什么差异。这些海洋物种可以通过其整体较大的尺寸和健壮的躯体，尤其是强健的牙齿与美国水貂区分开来（图6.8，图6.9）。已知最大的海貂标本体长约为83厘米（约3英尺）。海貂与美国水貂一样，也以海鸟为食。海貂通过四肢划水移动，这一点与主要靠后肢推水的海獭不同。这一物种是唯一因被捕杀致灭绝的鼬科动物，也是19世纪晚期毛皮贸易的受害者。

北极熊

北极熊（*Ursus maritimus*）也叫冰熊或白熊，是唯一一种大部分时间在咸水水域中度过的熊。北极熊是现存的六种熊类中体型最大的一种，也是最近进化出的海洋哺乳动物物种，大约在50万年前出现于北极。北极熊的属名 *Ursus*，在拉丁语中表示"熊"的意思，而其特殊种名 *maritimus* 则指的是该物种的海洋栖息地。介于其外表及对水生环境的适应，有人认为北极熊可能为单一属种——北极熊属，但这种说法并不受支持。

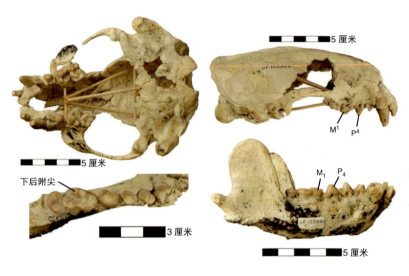

图6.7 Enhydritherium terra-enovae 的头骨（上图）和下颌骨（下图）显示出的上下齿列。缩写：M，臼齿；P，前臼齿。版权：佛罗里达自然历史博物馆，佛罗里达大学。

图6.8 海貂（下图）和北美水貂（上图）的头骨对比图。本图由A. 斯皮思提供。

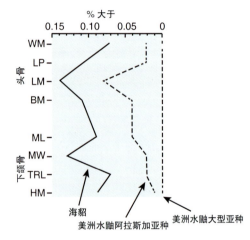

图6.9 美国水鼬亚种与海貂亚种的头骨测量及下颌骨测量的对数比率图，美洲水鼬大型亚种为参照点（0）。缩写：BM，M1处的宽度；HM，下颌骨高度；LM，M1处的长度；LP，上颚长度；ML，下颌骨长度；MW，下颌骨宽度；TRL，齿列长度；WM，M1处的上颚宽度。本图修改自米德等人，2000年。

早期的分子数据表明，北极熊于150万到100万年前从棕熊中分化出来。最近，人们在北极圈北部发现了最古老的北极熊化石残骸，通过对该残骸进行DNA分析，测出了北极熊进化的时间和地点。这些数据表明北极熊起源于北极，同时这也可以作为证据，证明它们从棕熊中分离出来的时间较晚，可能还不到50万年。北极熊牙齿化石的稳定同位素分析表明，该物种的摄食生态显然与棕熊的摄食生态及其早期进化史中的摄食生态不同。北极熊能迅速适应以鱼类等海味和海洋哺乳动物为食，成为北极地区顶级的海洋捕食者。

北极熊的化石记录很少，而且仅限于更新世时期。北极熊化石来自英格兰南部、西班牙北部和北海。该物种最古老的遗骸，是一块来自挪威斯瓦尔巴特的下颌骨，出现于13万～11万年前（图6.10）。这只北极熊的诊断特征及其颌骨的大小表明，这是一块成年雄性的遗骸，且该个体与现存物种的大小相似。化石遗址的气候寒冷干燥，完好地保存了该物种的DNA，而这块下颚骨化石为我们提供了迄今为止最古老的哺乳动物线粒体基因组——年龄大约为最古老的长毛象基因组的两倍，大约出现于6.5万年前。

尽管北极熊和棕熊之间关系密切，也有大量相关的DNA分析，但这两个物种之间确切的关系仍不清楚。先前人们估计北极熊和棕熊分化的时间为500万～400万年至大约60万年前，但刘等人（2014年）通过使用种群基因组模型对这两个种群的核基因组进行分析，发现分化的时间仅为47.9万～34.3万年前（图6.11）。在分化之后，北极熊与棕熊持续性的基因流动都有很可靠的证据，这与卡荷尔等人的发现一致（2013年）。当这些基因组数据与从斯瓦尔巴特群岛收集的更新世颌骨犬齿的稳定同位素分析相结合时，相关信息可以表明，至少在11万年前，北极熊就已经适应了在北极高海拔地区生存，并以海洋生物为食（林奎斯特等人，2010年）。这说明北极熊的进化非常迅速，并且其独特的适应性可能进化了还不到2.05万代。

关于棕熊和北极熊的遗传史，另一个有趣的话题与对一群棕熊的研究相关。这些棕熊居住在阿拉斯加州东南部的阿德米勒尔蒂群岛、巴拉诺夫群岛和奇恰戈夫群岛（ABC）。它们的线粒体脱氧核糖核酸比其他棕熊更接近北极熊。有关阿拉斯加棕熊进化史中可能性最大的说法表明，该物种由北极熊进化而来，通过与扩散自阿拉斯加大陆的雄性棕熊杂交而逐渐演化为棕熊（卡荷尔等人，2013年）。这一假说与当今的气候事件一致。一些地区的北极熊由于气候变暖、冰盖缩小而要花更多的时间在陆地上活动。

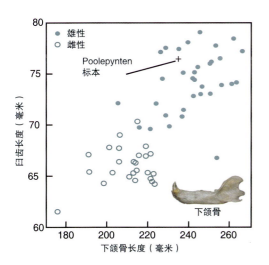

图6.10 北极熊下颌骨长度与臼齿齿列长度的关系。本图修改自英格尔森和威格，2008年。

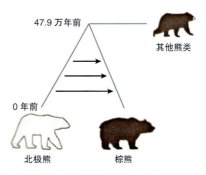

图6.11 北极熊和棕熊的分化图。本图基于刘等人，2014年。

第七章

生物多样性的变化过程

气候变化和人类活动的影响

全球模式
过去的生物多样性

物种多样性的变化过程和全球模式是决定物种是否有灭绝风险的重要因素,在保护规划中我们需要将其考虑在内。无论是目前还是过去,海洋哺乳动物的多样性都是由生物过程如竞争和捕食(红皇后假说),或环境因素如气候和食物供应(宫廷小丑假说),或两者一起来调节的。正如2009年脊椎动物古生物学家迈克尔·本顿所述,这两个过程很明显都推动了生物进化的过程。但人们争论的焦点在于哪个因素更重要,在什么时候更重要,以及在何种程度上(地理和时间)更重要。

红皇后假说是以《爱丽丝梦游仙境》中的红皇后来命名的。红皇后对爱丽丝说过这样一句话,"即便你用尽全力跑啊跑,最终也还是一直呆在同一个地方"。这个命题基于这样一种观点:没有动物(或其他生物)是孤立的,如果你不进化,你周围的动物就会进化,那么你就会灭亡。另一种假说认为进化是由环境变化引起的,即宫廷小丑假说。比如,芝加哥大学进化生物学家格雷厄姆·斯莱特及其同事(2010年)认为,在海洋哺乳动物的进化过程中,鲸类冠群的适应性扩张现象,就是由于鲸类干群灭绝、回声定位,及鲸须的出现导致的。回声定位以及鲸须的出现是进化史上的一种关键性创新,为鲸类冠群带来了新的生态机会,推动了进化进程。但就导致适应性扩张的因素而言，物理因素可能也很重要。例如，渐新世末期鲸目动物的多样化，就是由海洋的物理结构调整导致的。这些海洋物理结构的调整包括南极绕极流的出现、上涌，以及初级生产者数量的增加（斯蒂曼等人，2009年）。人们利用比较系统发育的方法检验了关于宏观进化模式的假说，也得到了一些新的见解，不过对这些新见解的探索也才刚刚开始。

目前的生物多样性及未来的生物多样性

目前对海洋哺乳动物生物多样性的现状分析建立在环境适宜性模型（水深测量、海洋表面温度）之上，并发现海洋哺乳动物生物多样性的现状可与物种丰富度的观察模式进行比较。当今海洋哺乳动物种群密度最高的地区位于南北半球的温带水域（卡希纳等人，2011年）（图7.1）。比较不同海洋哺乳动物的谱系，可以发现：首先，须鲸亚目与齿鲸亚目不同，前者集中于中纬度地区；其次，鳍足类动物在亚极地和极地水域的聚集程度更高。

利用这个框架，科学家对未来的生物多样性模式做出了预测。根据卡希纳等人的分析，在所预测的未来时段里（2040～2049年），环境变化对海洋哺乳动物的影响程度适中。他们表示一些物种会减少（如巴伦支海、印度洋北部水域、日本周围水域及加拉帕戈斯群岛附近海域的本土物种），而其他一些物种则会增加，主要是因为极地水域（如北格陵兰海水域、白令海中部水域、北极高海拔水域、威德尔海部分水域）有新物种入侵（图7.2）。特别是热带水域和温带水域鳍足类动物的生物多样性预计将大幅减少。

气候变化及其对物种分布的影响

全球变暖是一个现实，而且在很大程度上由人为造成。大气中二氧化碳和其他温室气体的增加是导致全球气候变暖的主要原因。全球变暖对海洋哺乳动物的影响已经出现。美国国家海洋和大气管理局（NOAA）的科学家休·摩尔（2008年）将海洋哺乳动物描述为生态系统变化的哨兵，因为它们能在广阔的空间和时间尺度上反映生态变化。目前所观察到的变化包括物种分布的变化、栖息地的丧失，以及海洋生态系统中饮食的变化和食物网的变化。

与气候相关的物种分布变化：
鲸鱼和海狗

由于气候变化造成的生物地理变化（例如，

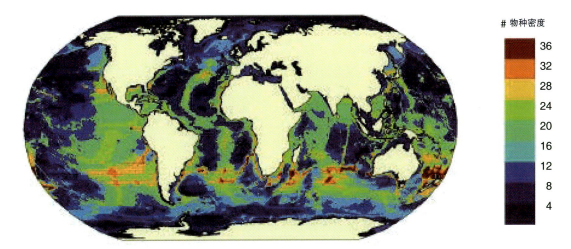

图7.1 当前海洋哺乳动物物种丰富度的预测模式图。本图来自卡希纳等人，2011年。

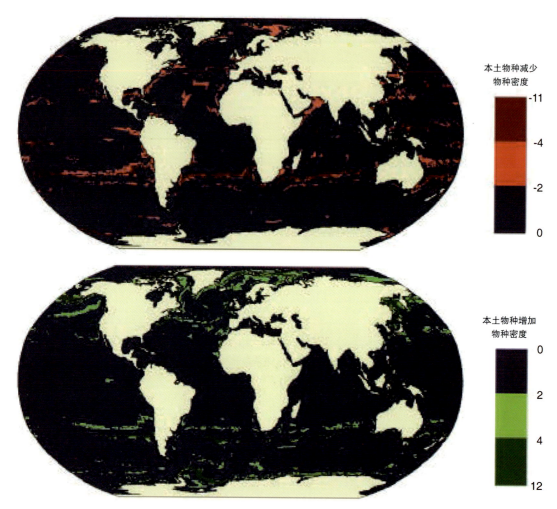

图7.2 当前海洋哺乳动物物种丰富度的预测模式图。气候变化对海洋哺乳动物物种丰富度的影响预测图,从1990年~1999年至2040年~2049年。本图来自卡希纳等,2011年。

那些与冰期-间冰期有关的变化)已经在各种海洋哺乳动物的谱系中有所表现。有一种研究与气候相关的物种分布变化的方法,是通过对古DNA(aDNA)进行分析。对aDNA的研究表明,栖息地随冰川周期而扩展和收缩,物种种群动态也随之发生变化。例如,研究人员在一项使用aDNA分析和栖息地适宜性建模的研究中发现,目前居住在北极水域的北极露脊鲸(*Balaena mysticetus*),在更新世-全新世时期,已将其栖息范围转向了更靠南

的纬度地区(福特等人,2013年)。此外,在全新世开始之际,随着冰川的消退和水温的升高,在以上这些纬度地区栖息的北极露脊鲸已被其姐妹物种北大西洋露脊鲸(*Eubalaena glacialis*,温带水域占领者)所取代(图7.3)。

另一项与气候相关的物种分布变化研究发现,从1984年到2010年,长须鲸(*Balaenoptera physalus*)和座头鲸(*Megaptera novaeangliae*)已经改变了它们抵达北大西洋觅食地(圣劳伦斯湾)的

时间。安普及其同事（2015年）的分析显示，长须鲸和座头鲸的出现提前了27年，这与冰川破裂和海面温度上升有很大关系，表明鲸有能力适应变化的环境（图7.4）。

斯坦福大学生物学家伊丽莎白·奥尔特及其同事（2015年）进行了一项综合研究。他们利用基因（古代DNA和现代DNA）及同位素信息，来探索更新世和全新世期间灰鲸（*Eschrichtius robustus*）的生态变化。研究结果表明，灰鲸的分布与气候相关。在上一个冰期之前的更新世和全新世早期，白令海峡一开放，灰鲸就出现了。大西洋灰鲸的遗传多样性在频繁的商业捕鲸活动出现之前就已经减少，表明这种生物多样性减少的现象，可能是由气候变化或其他生态原因引起的。目前，大西洋灰鲸（以色列和西班牙沿海）的遗传数据与栖息地模型共同表明，这些灰鲸的发现可能说明这一物种的栖息地已经开始超出了目前北太平洋的范围。

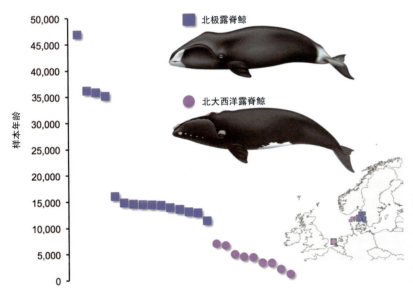

图7.3 物种变化事件——北大西洋露脊鲸取代北极露脊鲸（见文）——在更新世–全新世的过渡时期（在此之前的数年）中。本图来自富特等人，2013年。

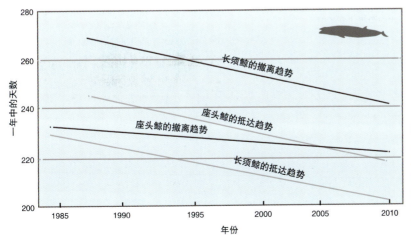

图7.4 长须鲸（Bp）和座头鲸（Mn）的年平均抵达天数，在它们抵达的第一周内，圣劳伦斯湾是无冰的。抵达和撤离的趋势差异代表平均停留时间。本图来自安普等人，2015年。

在一项早期的研究中，古生物学家尼克·派森和大卫·林德伯格（2011年）表示，更新世海平面的周期性变化导致了可供使用的底栖摄食区域发生变化（图7.5）。这些科学家认为，灰鲸通过在鄂霍次克海域和白令海峡海域之外的地方进食，在更新世冰川时期得以存活下来。它们的这些进食区域被冰川覆盖，需要使用更广泛的摄食策略以求得生存。也正是这些策略使灰鲸能够像在太平洋西北海岸发现的季节性物种灰鲸那样，以鱼类等其他猎物为食。

鲸鱼分子生物学家菲尔·莫林及其同事（2015年）用线粒体脱氧核糖核酸来证明虎鲸（*Orcinus orca*），曾从更新世中期（大约35万年前）开始经历了迅速发展的全球物种多样化时期。这种远距离的跨半球及大洋盆地的扩散活动，发生在更新世晚期和全新世时期（图7.6）。虎鲸这一物种

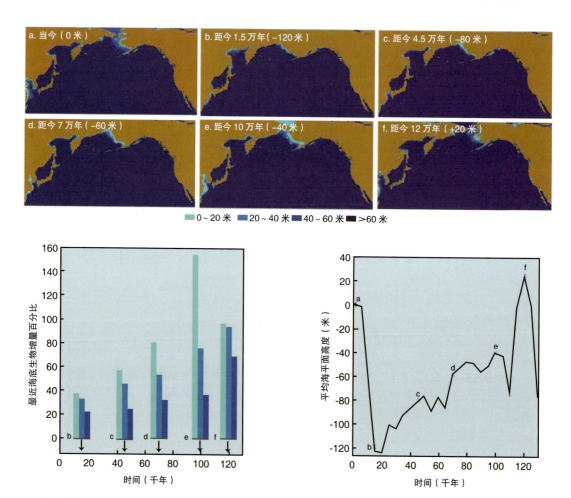

图7.5　过去12万年中所选时段的海底生物量、海平面变化（与现在相比水深变化），以及在北太平洋大陆边缘的海岸构造。上图：海岸构造复原图和20米等深线（a）当今，（b）距今1.5万年，（c）距今4.5万年，（d）距今7万年，（e）距今10万年，（f）距今12万年。下图：选定时段（a–f）内，水下20米处海底生物的增量。本图来自派森和林德伯格，2011年。

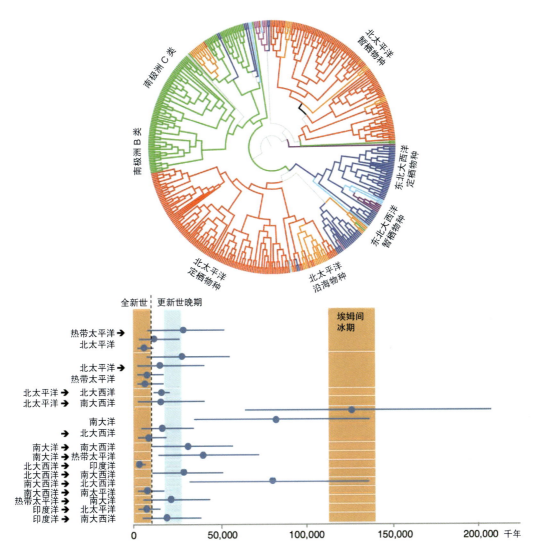

图7.6 进化分支图（上图），显示研究中所有虎鲸的样本（从生态学或形态学角度辨别，基于划分完善的类型或种群），着色的节点和分支基于地理位置（详细方法见莫林等人，2015年）。下图，虎鲸地理分布位置相对于原始分布范围变化的估计节点日期。橙色条表示间冰期时段；蓝色条表示末次盛冰期时段。本图来自莫林等，2015年。

的扩张与收缩范围受冰川周期影响。生境模型显示，在末次盛冰期期间，核心栖息地的范围只收缩了15%。该研究的一个更有趣的结果是，虎鲸的遗传分化和谱系分类的迅速积累，导致了生态和地理的变化。

赛斯·纽瑟姆、保罗·科赫和马林·平斯基等科学家所做的同位素数据、遗传数据和年代数据报告，揭示了北海狗（*Callorhinus ursinus*）从全新世到现在的史前生态变化情况（科赫等人，2009年；纽瑟姆等人，2007年、2010年；平斯基等人，2010

年)。这一物种在南加利福尼亚到阿留申群岛的考古贝丘中十分常见。今天,这一物种几乎只在高纬度的沿海岛屿上繁殖,最大群栖地位于白令海(普里比洛夫群岛)。不同地区北海狗的同位素值不同,在加利福尼亚、太平洋西北部和阿留申群岛东部地区发现的北海狗幼崽考古证据,证实了中纬度地区有繁殖群落存在的事实。在目前的种群中,当幼崽从吸食母乳成长到独立觅食的阶段后,母兽就会马上断奶。而年龄在2~6个月和6~9个月之间的幼崽氮同位素值下降的情况就与断奶一事相符(图7.7)。与此相反,全新世温带地区的氮同位素值表明,北海狗在12个月或更大的时候才会断奶,并不像现在,4个月就断奶了。这一物种不仅在其繁殖范围急剧下降和皮毛贸易大肆兴起中幸存下来,而且在占领亚北极地区(普里比洛夫群岛)后,还保持了较高的遗传多样性。历史种群和现代种群的高扩散率有效地防止了该物种丧失遗传多样性。这表明,在大范围内能够随机交配的物种将更能适应未来的变动和环境的变化。

南象海豹(*Mirounga leonina*)环极地分布,

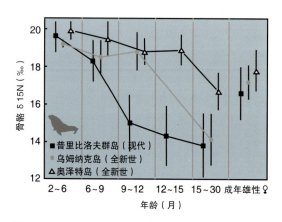

图7.7 北海狗在奥林匹克半岛、华盛顿(奥泽特岛)和阿留申群岛(乌姆纳克岛)三地的全新世群落与现代群落之间,断奶年龄差异巨大的氮同位素证据。本图来自纽瑟姆等人,2010年。

有一项对该物种古DNA的研究,探索了从更新时晚期至今气候变化对这一物种的影响。南极麦夸里岛和南极大陆南象海豹遗传多样性的增加,是因为大约在7000年前罗斯海沿岸无冰区范围扩大,所以其种群数量迅速增加。而在1000年前,随着海冰覆盖范围的扩大,该地区的象海豹数量缩减并丧失了遗传多样性。这远早于19世纪人类捕猎海豹的时期(图7.8)。或许最重要的是,这些数据表明气候变化可以在很短的时间范围内刺激动物进化改变。遗传研究也揭示了其他南大洋食肉动物历史上种群的扩张——特别是威德尔氏海豹(*Leptonychotes weddellii*)、食蟹海豹(*Lobodon carcinophaga*)、罗斯海豹(*Ommatophoca rossii*)——很可能是由环境所驱动的(杨格等人,2016年)。

最近的研究表明,海洋哺乳动物牙齿的生长速度对气候变化很敏感,可作为一种工具对"气候变化-牙齿生长关系"进行历史记录,但目前其尚未得到充分利用。对新西兰海狗(*Arctocephalus forsteri*)的牙齿研究表明,海洋表面年均温度是影响年际牙齿生长的最重要的气候因素。威特曼及其同事(2016年)基于这些结果提出,海洋哺乳动物牙齿可以提供关键信息,帮助我们了解新西兰海狗在过去和未来对于环境变化的生态回应。但这一点在其他海洋哺乳动物物种中还有待进行进一步的探索。

栖息地减少

北极海洋哺乳动物如海象(*Odobenus rosmarus*)、北极熊(*Ursus maritimus*)和冠海豹(*Cystophora cristata*),都把海冰作为休息和繁殖的平台,所以海冰的消失对这些动物构成了威胁。对海象的观察表明,在远离海岸的海象中,母亲们被迫抛弃正待在消退的冰面上的幼崽。北极熊可能会因为消退的冰原之间距离变远而溺亡。海冰的厚

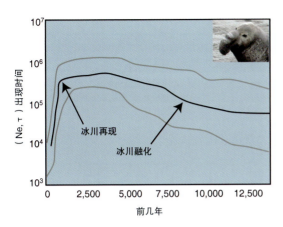

图7.8 南象海豹种群规模的贝叶斯曲线图。中央黑线表示后验有效种群的中位数随时间的变化情况。灰线表示在将合并模型和系统发育的不确定性考虑在内的情况下，95%的最高的后验密度间隔。在这类分析中，某一种群中多个个体的DNA序列数据，可一起用来估计不同的时间点南象海豹的系谱关系和有效种群的大小。缩写：Ne.τ，出现时间。本图来自德布鲁因等人，2011年。

度和范围的变化，也影响着它们的海岸栖息地和赖以生存的物种。海冰的消失使北极熊的体型变小，并且导致其繁殖能力和幼崽的存活率下降（莫尔纳等人，2011年）。海洋变暖导致物种的分布范围发生变化，包括迁徙路线和迁徙时间的改变。例如，近年来科学家观察到，灰鲸推迟了南下到墨西哥加利福尼亚半岛的潟湖进行繁殖的时间。由于温暖的海水会融化海洋中的海冰，所以其他动物会进入鲸鱼的栖息地，并开始捕食甲壳类动物。正是因为新竞争者的出现，灰鲸的栖息地变得拥挤，于是它们不得不向北迁徙，花更长时间觅食。这些变化打乱了灰鲸每年定期迁徙的时间。

科学家可以利用全球气候模型对温度的升高和冰川的消退进行预测。气温的升高导致极地地区磷虾消失，据估计，在过去的40年中，南极的磷虾数量减少了80%。海冰的消失带走了磷虾的主要食物来源——长在冰上的藻类。对于许多海洋物种，包括食蟹海豹和大多数须鲸类动物来说，磷虾都是重要的食物。鉴于此，磷虾的消失就变得十分令人担忧了。此外，温度的变化也会改变初级生产者的区域分布。因为初级生产者是海洋哺乳动物的食物来源，所以这些分布区域对海洋哺乳动物而言就显得十分重要。例如，在过去的10年里，在加利福尼亚沿岸觅食的蓝鲸（*Balaenoptera musculus*）数量已经减少，但是在加拿大和阿拉斯加北部海域，这些鲸鱼的数量却有所增加。研究表明，加利福尼亚沿岸的磷虾由于气候变暖而消失，因此蓝鲸可能正在向北迁徙，寻找磷虾。

改变食物网动力学

食物网形成了海洋哺乳动物相互作用的框架，因为食物网定义了（或至少描述了）能量通过生态系统从初级生产者流向不同消费者的过程。虽然有一些海洋食物链（例如，鲸落群体，参见下文）依赖于细菌的化能合成作用，也就是使用化学能源来进行生产，但几乎所有的食物网都以光合作用为基础。在海洋哺乳动物中，海牛目哺乳动物比较特殊，它们以食物链底端的海草和海藻为食。而其他所有的海洋哺乳动物都是食肉动物（主要是食鱼性动物），食用有较高营养的食草动物和其他食肉/食鱼动物。生态系统的食物网络动态是通过"自上而下"和"自下而上"两种方式而得到控制的（图7.9）。"自上而下"指的是在生物系统中，由顶级掠食者（捕食者控制猎物的密度）进行控制的方式；"自下而上"指的是施加在食物链上的控制，由物理性质（如气候）驱动，以决定系统中猎物"资源"的多少（安利等人，2007年）。海獭、北极熊和虎鲸都是海洋食物链中的顶级掠食者，它们作为主要的捕食者或关键物种，控制着较低层级上物种的丰富性和多样性。例如，气候调节和北极熊自上而下的效应，对北极地区的海豹（例

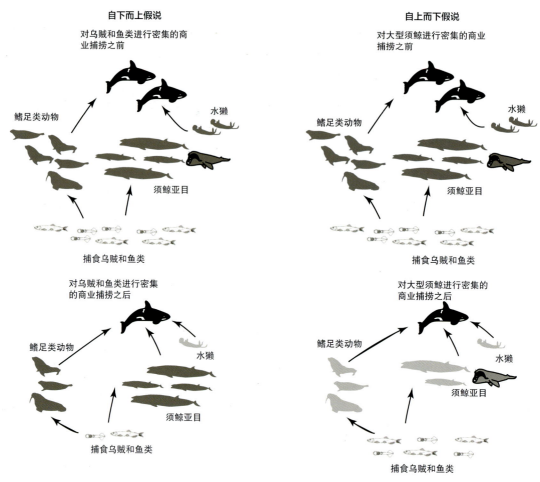

图7.9 海洋哺乳动物群落，说明自上而下和自下而上的控制过程。箭头的粗细程度表明虎鲸对两种不同类型猎物进行觅食的相对强度。

如，环斑海豹、*Pusa hispida*）会产生积极影响，但对亚北极地区的海豹（如格陵兰海豹、*Pagophilus groenlandicus*）、筑巢的海鸟（凫鸟）以及陆地资源（图7.10）则会产生消极影响。

关键物种海獭

北太平洋地区的海獭（*Enhydra lutris*）是一种关键物种。该物种可将海胆（以海藻为食）数量维持在较低水平，所以在海藻床群落中扮演着关键的

角色（图7.11）。相比之下，南半球的澳大利亚生物群落中就缺少海獭这样的捕食者。在这种食物网中，没有可以保护海带的生物，但是却让海带进化出了对抗食草动物的化学防御机制。

海獭、海草林和斯特拉大海牛之间的相互作用

已灭绝的斯特拉大海牛（*Hydrodamalis gigas*）的近亲在上新世晚期和更新世时期分布范围较广，从日本到阿留申群岛，再到加利福尼亚半

第七章 生物多样性的变化过程 | **147**

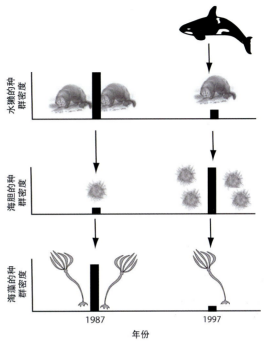

图7.10 北极地区北极熊自上而下的控制效应（以气候为调节手段），积极影响及消极影响（见文）。橙色箭头表示直接的气候控制；红色箭头表示自上而下的交互作用。实线表示积极良好的影响；虚线表示假设的影响。**本图来自赛德曼等，2015年。**

图7.11 1987年与1997年阿留申群岛沿海水域生态系统的对比，海獭数量减少，海胆数量增加，海藻数量减少。竖条是所列变量的相对指标。注，据猜测1997年的连续崩溃是由虎鲸过量捕食造成的。**本图改编自埃斯蒂斯等人，1998年。**

岛的太平洋海岸都有分布。从更新世时期至18世纪欧洲人到达北太平洋这段时间内，大部分地区的斯特拉大海牛都消失了。但在这次大范围的消失事件中，科曼多尔群岛却是一个值得注意的例外之处。1741年，当白令远征队遭遇海难在岛上越冬时，发现有大量斯特拉大海牛幸存了下来。至于斯特拉大海牛分布范围的缩小，究竟是由于温度降低将其栖息范围限制在了科曼多尔群岛（可能是食物减少所造成的间接影响），还是由于原住民的狩猎行为，目前尚无定论（参见第5章）。不过还有一种可能，即因为其他关键物种的缺失，所以斯特拉大海牛的栖息地发生了变化，从而导致了它们的灭绝。这一发现来自于生物学家吉姆·埃斯蒂斯及其同事（2015年）的一项研究。该研究表明，斯特拉大海牛的灭绝是海獭数量和海藻数量同时减少的结果（图7.12）。该研究运用已知儒艮（斯特拉大海牛最亲密的现存近亲）的种群数量和对关键

性食物缺失的行为反应，模拟特斯拉大海牛的反应。通过这些科学家的操作，结果显示白令岛周围的海牛（假定的最后一个种群）在1768年左右接近消失或完全消失，这一年是该物种最后一次得到目击报告的年份。虽然人类狩猎可能是导致白令岛斯特拉大海牛数量减少的主要原因，但该物种的灭绝也是海獭和海草林数量减少所导致的一个几乎不可避免的后果，即假使没有人对该物种进行捕杀，斯特拉大海牛也依然会消失。

捕食和营养降级

人们认为，虎鲸的捕食活动是影响许多海洋哺乳动物种群数量变化的主要因素之一。然而，在

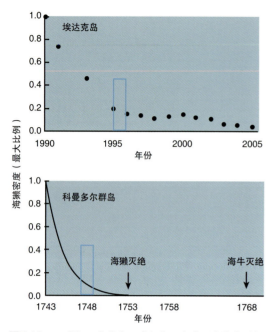

图7.12 20世纪90年代和21世纪初阿留申群岛的海獭数量下降轨迹图（上图），以及1743年毛皮交易开始后科曼多尔群岛的海獭数量下降轨迹图（下图）。下图中的线条是表示假设海獭的密度在1743年达到了最大值，该物种在1753年灭绝，且其间种群数量成指数下降。蓝框表示埃达克岛海草林阶段性转移的时间（上图），以及科曼多尔群岛上这一阶段性转移的大约时间。本图来自埃斯蒂斯等人，2015年。

某些海洋哺乳动物的种群数量下降之时，我们却并不清楚虎鲸对于它们的捕食力度。但最近的证据表明，对虎鲸的捕杀可能是阻碍目前这类物种从衰竭状态中恢复的一个因素。但有的情况会更复杂一些，比如在虎鲸数量不断减少的地区，北海狮（*Eumetopias jubatus*）和海獭的数量也在减少；但在虎鲸数量丰富的地区，北海狮的数量则也显示出复苏的迹象。

捕食扩张假说是指，在商业捕鲸高峰之后，由于大型须鲸（长须鲸、鳁鲸）和抹香鲸的种群数量锐减，虎鲸无法再捕食这些物种。这就引发了"自上而下"的捕食变化。在20世纪70年代早期，虎鲸转而捕食阿拉斯加湾、阿留申群岛和白令海等地区的北海狮。而北海狮种群数量的减少和鲸类动物种群的缓慢恢复，使虎鲸继而再次改变捕食对象，转向其他一些海洋哺乳动物：斑海豹、北海狗和海獭，这些物种的种群数量最近出现了下降的情况。支持这"一系列巨型动物灭绝"假说的证据包括物种灭绝的时间、已知的食物和所观察到的虎鲸及其猎物的觅食行为（施普林格等，2003年，2008年）。大型顶级消费者的消失被称为"营养降级"，这种现象在全球的海洋系统、陆地系统及淡水系统中都可见到（埃斯蒂斯等人，2011年）。另一种"自下而上"的模式提出，养料供应和生产力的减少才是罪魁祸首，北海狮和其他猎物的案例表明，由于猎物数量的下降，这些物种自身已经灭绝（德玛斯特等人，2006年；参见下面的讨论和图7.9）。在另一项关于生态系统动力学的研究中，一些科学家针对南大洋的生态情况提出了一种自上而下的解释，也被称为"磷虾剩余假说"。"这一假说表明，大型鲸鱼的消失导致磷虾过剩，进而使得其他捕食者如企鹅和小须鲸的种群数量增加，因为它们不需要与大型鲸鱼竞争。"包括美国国家海洋和大气局科学家丽莎·巴兰斯及其同事（2006年）在内的其他人提出，该系统是由系统中"自下而上控制"的磷虾种群密度来驱动的，磷虾种群密度的变化与冰层覆盖有关。对于这些假说人们很感兴趣，也在热烈地进行讨论（鲁格等人，2010年）。显然，自上而下和自下而上的过程，在目前和过去很可能都非常重要。要理清生态系统变化的因果关系，就需要一个特定的空间尺度（即：区域），也就是谨慎地对生态系统变化的生物和物理驱动力提一个假设。

林德伯格和派森（2006年）对施普林格自上而下的假设进行了不同的研究，在化石记录的背景下考虑的是体型而非营养级。他们的研究结果表明，主要谱系的原始鲸类（抹香鲸、海豚、剑吻鲸），会按照猎物体型递增的次序，来依次"捕捞"猎物——也就是说，随着进化时间的变化，它们会不断捕食更大的猎物。按照猎物体型的大小进行捕食的行为可能始于"古鲸亚目"，或者更古老的海洋爬行动物。此外，鲸目动物在进化过程中倾向于捕捉体型相对较小但数量相对较多的猎物，可能是由于猎物与鲸类动物的数量都在增加，所以鲸目动物才会产生这种捕食倾向。在鳍足类动物中，虎鲸的化石记录表明，其祖先形态比现存的物种要小，长约4米（13英尺），但比大多数鳍足类动物要大。这与捕捞进化假说——即现存虎鲸捕食大型鲸鱼的能力正在进化——相一致。这种体型更大的鳍足类祖先捕捞体型更大猎物的模式，可见于中新世晚期的剑吻鲸、抹香鲸和须鲸亚目。上新世时期须鲸亚目数量的减少与其可能的捕食者——噬人鲨（见第3章）的出现及多样化相符。尽管这些食肉动物在新第三纪期间以须鲸亚目为食，但仍然无法依据化石记录来判断，一些须鲸亚目谱系的灭绝是否由这些捕食者直接造成。

鲸落和化石鲸落群落

鲸落群落就像深海热液喷口附近的动物群落一样，也会在食物来源附近进化。它们大多数发现于深水环境中。在热液喷口，从喷口喷出的硫化物会被细菌消耗，从而为动物提供养料。而在鲸落中也可见到类似的食物网，这之中的硫化物可能是由鲸鱼组织的细菌衰变产生的。亲硫的鲸落群落与典型的食物网不同，它并非以光合生物为基础，而是以化能合成的细菌为基础。鲸落中所发现的大约10%到20%的亲硫细菌也可见于深海热液喷口中，但在这两种环境中发现的大多数物种都是独一无二的。

不仅海洋生物学家对深海鲸落群落感兴趣，就连古生物学家也对深海鲸落群落兴趣十足。有证据表明，鲸落在海底和相对较浅的海下，都会残存，然后分解。它们会经历一系列重叠的连续性阶段，这些阶段依残骸大小、水体深度和环境条件而发生变化。鲸落是一种特殊动物群适应辐射的热点，可以促进其他生物类群的形成。化石鲸落群落在北美、欧洲、亚洲和非洲的50多个地点都有发现（史密斯等人，2015年）。

首先在移动清道夫阶段，与大多数化石鲸落有关的鲨鱼和甲壳类无脊椎动物（如海螺）负责清除鲸尸中的软组织。在随后的机会主义者阶段，则由以鲸类遗骸为食的瓣鳃动物主导。鲸鱼骨骼上的腹足类等细菌捕食者出现于中新世，并延续生存至今；而鲸鱼骨骼上以骨为食的食骨蠕虫则出现于渐新世，同样延续生存至今。在化能自养阶段，玉螺和掘足纲软体动物会寄生在鲸类骨骼和沉积物上。而在最后阶段，鲸落就主要成了悬浮物摄食者（如牡蛎和藤壶等）的聚居地，这在浅水鲸落中也很常见（图7.13）。其他的埋葬学研究（丹尼斯和多梅尼西，2014年）发现，浅水鲸落可能不会经历生态演替的所有阶段（化石记录中并没有明显地体现出化能自养阶段）。

分子研究表明，鲸落是物种形成和新进化的热点，可能是海底喷口/渗漏动物群进化或生态的"垫脚石"。而化石记录与这种解释也是一致的。

搁浅

在世界各地，海洋哺乳动物死去后会搁浅，然后被冲到岸上。搁浅的原因有很多种，包括疾病、污染、军事声呐和与周期性气候事件有关的猎物资源的变化。通过汇编和比较搁浅记录，尼克·派森（2011年）表示，鲸目动物的搁浅（尸体聚集）真实地记录了生物群落的生态情况，包括物种的数量及其多样性。派森的研究结果表明，一些聚集的化石可能也记录了古生态学的数据，从而能够

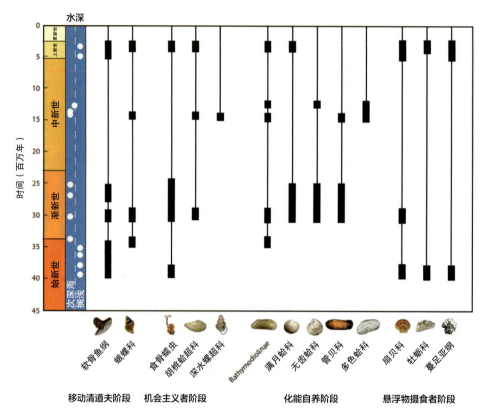

图7.13 化石记录中的鲸落群落。本图来自史密斯等人,2015年。

为鲸类群落的结构和数量提供线索。

搁浅的海洋哺乳动物聚群大多是齿鲸亚目,可能包括数百个个体。这种搁浅在历史上就有记录,但要想发现化石搁浅事件的因果机制则是一件很有挑战性的事情。在由浮游植物引起的有害藻华(HABs)中,有一些会产生强效的化学毒素,对一些大规模搁浅事件产生影响。随着海洋中营养元素的周期性增长,这些藻类会不断繁殖,直到它们能够覆盖到数百英里的沿海水域。释放软骨藻酸的HABs会导致海洋哺乳动物的大量死亡。一组化石海洋哺乳动物的死亡聚群中,有40具来自智利阿塔卡马地区中新世的须鲸、抹香鲸、海豹和水生树懒的遗骸(图7.14)。据尼克·派森及其同事(2014年)的解释,这一聚群由HABs引起,这些物种因为捕食猎物或吸入毒素,所以加速了在海中的死亡。有大批量的海洋哺乳动物尸体漂浮在海岸线上,然后在未被处理的情况下就被掩埋。HABs导致海洋哺乳动物大批量搁浅一事与沿大陆海岸的上升流系统有关,这与所假设的沿南美洲西部海岸线的情况一致。

疾病

疾病对海洋哺乳动物产生影响的相关证据,与骨骼病理学的关系最为密切。骨软骨病是一种影响骨关节的疾病,在各种现存海洋哺乳动物和灭绝的海洋哺乳动物如鳍足类动物、鲸目动物和索齿兽目动物的身上都有出现。其病理通过骨关节表面(如肩关节、肘关节和手腕关节)上的疤

图7.14 智利塞罗巴莱纳，重叠在一起的成年长须鲸和幼年长须鲸标本。本图来自派森等，2014年

痕显示出来。根据这些情况可以判断，骨关节表面上的伤口可能是这些动物在与其他动物进行互动造成的；也可能像鳍足类动物和索齿兽目动物那样，是在进入水中或离开水中时的移动造成的（托马斯和巴恩斯，2015年）。

污染物和压力

海洋哺乳动物通过提高应激激素的水平来应对海洋生态系统中分布广泛、持续存在的污染物。例如，贝勒大学的科学家斯蒂芬·特朗布尔及其同事（2013年）发现，蓝鲸（*Balaenoptera musculus*）的耳塞能够对聚集在鲸脂中的污染物（如汞、杀虫剂）和激素（如皮质醇、睾酮）定期进行记录。在耳塞的蜡质层中检测到的污染物和激素，可以用来复原鲸鱼一生中体内所暴露出的污染物和所承受的压力。由于须鲸亚目动物也长有耳塞，所以很有可能在须鲸亚目动物身上也是如此。

人们从北极露脊鲸（*Balaena mysticetus*）的鲸须中，发现其体内的压力和生殖激素（皮质醇，黄体酮）值在升高。这些数据表明，鲸须是重建须鲸亚目过往生活的一种有效的新工具，很可能在重建压力模式和生殖周期模式中具有价值。例如，无论是气候变化，还是频繁的人类活动而引起的产犊间隔时间变化，都可以用来记录种群规模的长期变化状况，以及生命历史模式随时间变动的情况（亨特等人，2014年）。

物种灭绝和人类与海洋哺乳动物之间的互动

灭绝：这是常规，而非例外

物种灭绝是一个正常的过程。每个物种都有自己自然存在的持续时间，从几千年到几百万年不等，因此它们会存活一段时间，然后消失或者灭绝。最令人惊叹的物种灭绝是大规模的物种灭绝，即一大群不同的物种在相对较短的时间内同时灭绝。在过去的地质年代里，至少有五次物种大灭绝，但只有一次影响到了海洋哺乳动物，这是由于它们的进化史相对较晚。目前的物种灭绝危机始于更新世晚期，常被称为第六次物种大灭绝事件，也是唯一一次由人类造成的大灭绝事件。由于过度捕捞、过度狩猎、生境丧失、栖息地退化、环境污染和全球变暖，人类加速了许多海洋物种的灭绝速度，包括海洋哺乳动物。

大型海洋脊椎动物，包括鲸鱼、海牛和僧海豹，现在在大多数沿海生态系统中已呈功能性灭绝或完全灭绝的状态。值得注意的是，过度捕捞已成为人类干扰生态系统的关键因素。例如，历史记录记载了早期殖民者在美洲大量捕杀海牛，以及澳大利亚土著居民大量捕杀儒艮的情况。这种过度捕捞使海草床变得更加脆弱，而海草床既是海牛、儒艮和其他脊椎动物的养料，也是它们的栖息地。同时过度捕捞也导致最近一些事件（如水中沉积物、水体浊度和疾病）的出现频率增加。破坏海草生态系统最终会导致曾经数量庞大的儒艮（*Dugong dugon*）和海牛变得日益分散（杰克逊等人，2001年）。这一案例及其他改变生态系统动力学的例子（例如，上文中讨论过的有关虎鲸和海獭的例子），说明了收集有关人类利用沿海资源获取食物和材料的历史数据的重要性（见布拉耶和里克，2011年）。这些历史数据是生态系统恢复的重要管理工具，因为它们所揭示的最近发生的事件（例如，气候变化、污染）往往都具有深刻的历史渊源。

生物学家能预测未来的物种灭绝率吗？

在过去的500年里，如果没有人类的干预，动植物物种的灭绝率会低现在1000~10000倍。我们很难去评估海洋哺乳动物灭绝的可能性，因为这需要确定野生物种种群的大小和某一特定时间段内种群数量的变化。此外，导致物种灭绝的各种动因的相对重要性，以及这些动因之间的相互作用无法确定，对许多物种也尚无基本评估，且气候预测的空间也不确定。国际自然保护联盟（IUCN）指出，25%的海洋哺乳动物有灭绝的危险，但由于数据不足，有近40%的海洋哺乳动物的受保护状况尚未可知。生物学家安娜·戴维森及其同事（2012年）的一项研究量化了海洋哺乳动物的灭绝风险，主要的风险预测是两个内在因素：一是断奶时的体重，二是每年的出生数量（图7.15）。这两种生活史变量可以反映繁殖率，而诸如海牛目哺乳动物等高危物种的繁殖率就比较低、生活史也比较短。其他重要的预测因子包括狭小的地理范围和较小的社会种群规模，之所以将后者考虑在内，是因为社会化可以降低被捕食的几率。根据戴维森等人的研究，全球海洋哺乳动物最主要的外部威胁就是过度捕捞和兼捕。航运和污染以船舶撞击、噪音、石油泄漏、丢弃渔具和塑料碎片入海等形式影响着海洋哺乳动物。这些影响遍及整个北半球，特别是人口中心和航运路线密集的北太平洋西部沿岸。

海洋动物主要谱系的灭绝率并不相同（图7.16）。海洋哺乳动物（鲸类动物、海洋食肉动物、海牛目哺乳动物）的灭绝率比大多数无脊椎动物高10倍以上。

了解过去的灭绝模式对于预测未来动物灭绝的趋势至关重要。一项通过对过去2300万年间（中新世-更新世）物种灭绝的基线数据进行分析确定的海洋类群（包括鳍足类动物和鲸类动物）灭绝风险研究显示，在海洋化石记录中，地理范围和类群特性是最一致的灭绝风险预测因子（芬尼根等人，2015年）。因此，在戴维森等人基于现代全球生物多样性模式的灭绝风险研究中也发现这两种因素就不足为奇了（2012年）。

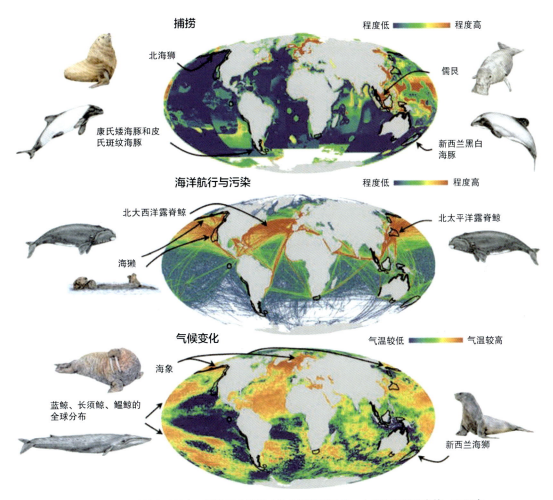

图7.15 海洋哺乳动物物种的全球热点,覆盖了人类影响的主要地理区域。本图来自戴维森等,2012年。

历史上第一个被记录在案的人类造成的灭绝事件是斯特拉大海牛（*Hydrodamalis gigas*）灭绝事件。在不到10年的时间里,白鳍豚由于栖息地的丧失而灭绝,对此,人类也负有不可推卸的责任。加勒比僧海豹（*Neomonachus tropicalis*）在20世纪因捕杀而灭绝。而其他几种海洋哺乳动物也都在濒临灭绝的边缘徘徊,如加利福尼亚海湾刺网捕捞时兼捕渔获物中的受害者小头鼠海豚（*Phocoena sinus*）,以及由于被船只碰撞而导致死亡的北大西洋露脊鲸（*Eubalaena glacialis*）。

灭绝与更替：人类导致的转变

在由人类导致的物种灭绝与更替的例子中,柯林斯等人（2014年）利用aDNA分析,发现了新西兰大陆地方性物种熊海狮的亚化石种群与现代种群的遗传差异。熊海狮于公元1280～1450年出现后不久就因人类而灭绝,这促使栖息于新西兰大陆的熊海狮种群向北扩散,从而取代了之前栖息于亚南极地区的熊海狮谱系。

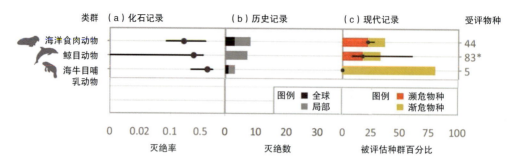

图7.16 （a）新生代化石记录中的物种灭绝率，（b）物种灭绝数量的历史记录，以及（c）海洋食肉动物、鲸目动物和海牛目哺乳动物目前的灭绝风险的比较图。（a）中位数（圆）、第一四分位值和第三四分位值（线）；（b）全球灭绝数量（深灰色）和局部灭绝数量（浅灰色）；（c）现代物种中，被IUCN评估为濒危物种的百分比（深灰色）和渐危物种的百分比（浅灰色）（相关数据不足的物种排除在外）。右侧数字表示IUCN所评估的每一类群的现代物种数。星号指示类群中有>50%的被评估物种数据不足。（c）中的线段表示，在所有数据不足的物种都分别被列为濒危物种或非濒危物种的情况下，濒危物种比例的上下限。本图来自哈尼克等人，2012年。

最后的思考

诸多海洋哺乳动物谱系从其陆地哺乳动物祖先的栖息地那里返回海洋，标志着海洋生态系统在进化上发生了宏观性的变化。古生物学、解剖学、分子生物学和发育生物学的数据，都帮助记录了这一从陆地到水中的过渡过程。在海洋哺乳动物谱系中，这种独立的过渡现象至少出现了7次，包括始新世（5000万年前）的鲸鱼和海牛目，渐新世晚期（3000万年前）的鳍足类动物，渐新世晚期到中新世早期（3300万～1000万年前）的索齿兽目动物，中新世晚期及上新世早期（780万～150万年前）的已灭绝的水生树懒，以及更新世以来（100万年前）的海獭和北极熊。这些由栖息地变化所导致的形态适应和生理适应，使海洋哺乳动物不仅能够有效定位水生食物源并对之进行处理，而且也能够进行深海潜水，在水中用四肢和尾部提供的推进力游泳。在过去的5000万年间，海洋哺乳动物取得了巨大的成功，而在21世纪，它们在生态学上的地位仍然十分重要。海洋哺乳动物居于食物链的顶端，随着海洋和气候发生重大变化，它们既可以捕食食物链底端的生物，也可以捕食较高营养级的生物。了解过去生物多样性的环境动因和生物动因如何在当今发挥作用，有助于我们保护和管理这些值得注意的海洋哺乳动物。

越来越多的人意识到，认识进化过程中发生的情况对于保护生物多样性非常重要（萨拉赞和莱康特，2016年）。化石为我们提供了关键而独特的参考，让我们得以了解海洋哺乳动物群落的历史变化及多样性。因此，化石记录为评估目前正在影响海洋哺乳动物数量和全球生态系统生物多样性的危机提供了重要的背景。

化石海洋哺乳动物的分类

海洋哺乳动物学学会分类委员会（2016年）所提供的现存海洋哺乳动物物种和亚种的分类表是一项重要的参考文献。在以下分类中，对于传统高级分类编排的一些最重要的变动将在"附注"中写明。该分类将重点放在提供"科"一级单源群的内容（包括属类），分布数据及化石记录数据方面。对于分类单元的定义主要依据祖先关系和分类关系，重点定义在本书中讨论过的有完善记录的化石分类单元。较高层次的分类一般均依据古生物数据库进行划分（www.pbdb.org）。有关鳍足亚目的分类，请参见伯塔等人（1989年）；有关鲸类的分类，请参见盖斯勒等人（2011年）；有关海牛目哺乳动物的分类，请参见维莱斯·尤尔贝等人（2012年）。有关分类成员的详细信息，请参阅本文。有关现存类群地理分布的更多信息，请参见IUCN红色名录（IUCN，2015年）和杰弗逊等人（2015年）的数据。对尚存质疑的单源分类群，文中均加引号标注。所用时间尺度（见第1章，图1.18）按照格拉德·斯坦因等人（2012年）的划分。Ma=百万年前；kya=千年前。化石类群的时间分布和年龄分布遵循的是古生物学数据库相关信息。

食肉类 鲍迪奇1821年

 熊超科 弗劳尔1869年

  鳍足形类 伯塔等1989年。

  早期分化的鳍足形类海熊兽和翼熊兽出现于渐新世晚期至中新世早期（27—16Ma）的北太平洋（北美、日本）（见德米雷尔等，2003年）。由伯塔（2009年）对化石鳍足形类进行综述。

   海熊兽†米切尔和泰德福德1973年

   太平洋熊兽†巴恩斯1992年

   鳍熊兽†巴恩斯1979年

   翼熊兽†巴恩斯1989年

   鳍足亚目 伊力格尔1811年

内容——已知的现存鳍足类动物有3个科，也包括一些化石属（见下文），其中有一些不属于现代科（例如，皮海豹科）。

分布——鳍足类动物在全世界各大海洋中均有分布。

化石历史——鳍足类动物的化石记录表明，它们生存于中新世中期（20Ma）至更新世的北太平洋（北美、日本）地区；中新世晚期至更新世的南太平洋东部（南美洲）地区；中新世中晚期至更新世的北大西洋（西欧、北美）地区；中新世末期至上新世早期的南太平洋西部（澳大拉西亚）地区；上新世早期的南大西洋东部（南非）地区（见德米雷尔等，2003年）。

  海狮科 吉尔1866年

内容——现存属类有7属15种。分类学按照分类委员会（2016年）以及伯塔和丘吉尔（2012年）。

分布——海狮科分布于世界各地，特别接近极地的地区除外。

化石历史——有化石记录的现存属种包括：1866年发现的更新世早期南太平洋（新西兰）的澳洲海狮属；1826年发现的上新世（5—2.7Ma），晚更新世（330—1kya）南太平洋（非洲）的毛皮海狮属，及更新世晚期的毛皮海狮属；1859年发现的上新世晚期至更新世（3.6Ma至今）北太平洋东部（加利福尼亚、日本、墨西哥）的海狗属；1866年发现的更新世（2.588Ma至今）北太平洋东部（日本）和南太平洋东部（南美洲）的北海狮属。

海狮科的化石记录始于中新世早中期（20.43—13.65Ma）更新世的北太平洋东部，更新世的南太平洋东部（秘鲁）。已灭绝属种由丘吉尔等（2014年）进行综述。

晨海狮属†波塞内克和丘吉尔2015年

海德拉海狗属†慕森1978年

Oriensarctos†米切尔1968年

皮氏美洲海狮属†凯洛格1925年

先特罗海狮属†巴尔内斯等，2006年

洋海狮属†雷佩宁和泰德福德1977年

海象科 艾伦1880年

内容——1属1种，海象（林奈1758年）和已识别的有两个亚种：大西洋海象（帕拉斯1861年）和太平洋海象（伊力格尔1815年）。第三个提出的亚种是海象拉普捷夫海亚种（查普斯基1940年）发现于拉普提夫海，林奎斯特等人（2009年）发现该物种不属于该亚种，应认定为太平洋海象最西端种群。

分布——现存的海象栖息在北极沿岸附近的极地地区。

化石历史——现存属种海象属（布里森，1762年）的化石记录可追溯至上新世（2.588Ma）。化石海象可追溯至中新世早中期（16Ma）至更新世的北太平洋东部（北美）；上新世早期至更新世的北大西洋（西欧）；更新世晚期的北太平洋东部（日本）（见德米雷尔等，2003年）。已灭绝的类群由波塞内克和丘吉尔（2013年）进行综述。

Archaeodobenus†田中和河野2015年

拟海象†米切尔1968年

堪察加兽†杜布罗沃1981年

新海象†凯洛格1931年

拟海熊兽†巴尔内斯1988年

李海象†特鲁1905年

原新海象†河野等1995年

原海狮兽†竹山和小泽1984年

伪海狮兽†河野2006年

    海象亚科 米切尔1968年

        杜希纳海象属†凯洛格1927年

        嵌齿海象属†巴尔内斯和拉舍克1991年

    海象亚科 米切尔1968年

艾化海象属†雷佩宁和泰德福德1977年

迅捷鲸属†莱迪1859年

原海象属†堀川1995年

壮海象属†米切尔1961年

海豹科 格雷1821年

内容——现存的海豹包括个14属和19个种。分类按照伯塔和丘吉尔（2012年），及谢尔等（2014年），由分类委员会（2016年）修订。

分布——海豹分布于世界各地。

化石记录——有化石记录的现存物种包括：中新世（12.7Ma）欧洲（奥地利），上新世英国、美国，第四纪加拿大、欧洲和美国的斑海豹属（1758年）；更新世中晚期大西洋南部（智利），更新世晚期南非，更新世早期北太平洋（加利福尼亚）的象形斑海豹属（1827年），以及中新世（20.43Ma）南非和更新世早期新西兰具有争议的象形斑海豹属的化石记录；食蟹海豹属发现于1844年，豹形海豹发现于1848年，均出现于更新世晚期至全新世的南非；罗斯海豹属发现于1844年，出现于更新世早期（或上新世晚期）的新西兰；髯海豹属发现于1866年，生存于第四纪（0.126Ma）至近期的加拿大、欧洲、美国；鞍纹海豹属发现于1844年，生存于更新世（1.806Ma）至近期的加拿大、欧洲、美国；环斑海豹属发现于1777年，生存于更新世晚期至近期的加拿大。

由科尔茨基和桑德斯（2002年）报道了来自渐新世晚期（29—23Ma）的海豹记录。然而，该标本的地层来源尚不确定。海豹在中新世中期至更新世的北大西洋西部（西欧），北大西洋东部（马里兰、弗吉尼亚）；上新世早期至更新世的南太平洋（非洲）；中新世中期至更新世的南美洲都有完善的记录。已灭绝属种由伯塔（2009年），阿姆松和慕森（2013年），科尔茨基，杜姆宁（2014年）和巴伦苏埃拉-托罗等（2016年）进行综述。

迪文海豹†科尔茨基和霍莱茨2002年

僧海豹亚科 特鲁萨特1897年

弓海豹属†慕森1981年

Afrophoca[①]†科尔茨基和杜姆宁2014年

南方海豹属†巴伦苏埃拉-托罗等2016年

加洛海豹属†贝内登1876年

短齿海豹属†阿姆松和慕森2013年

胡氏海豹属†慕森和亨迪1980年

僧形海豹属†贝内登1876年

掌状海豹属†金斯伯格和詹维尔1975年

皮斯科海豹属†慕森1981年

上新海豹属†塔瓦尼1941年

Pontophoca†克雷佐伊1941年

Pristophoca†热尔韦1853年

---

① 一种已灭绝的无耳海豹属类，发现于利比亚中新世时期的海洋沉积物中。——译者注

原褶边海豹†阿梅吉诺1887年

海豹亚科 格雷1821年

Batavipusa†科尔茨基和彼得斯2008年

囊海豹†科尔茨基和雷1994年

格雷海豹†贝内登1876年

卡瓦斯海豹†慕森和邦德1982年

细海豹属†特鲁1906年

摩哲哥海豹属†克雷佐伊1941年

Necromites†博加乔夫1940年

斑海豹属†贝内登1877

皮斯科海豹属†慕森1981年

扁海豹属†贝内登1876年

Praepusa†克雷佐伊1941年

原海豹属†贝内登1877年

皮海豹科†海1930年

化石历史——皮海豹出现于中新世早期（23—13Ma）的北太平洋地区。

异索兽属†凯洛格1922年

Atopotarus†唐斯1956年

Brachyallodesmus†巴尔内斯和广太1995年

皮海豹属†康登1906年

Megagomphos†巴尔内斯和广太1995年

鼬科 费舍尔1817年

内容——现存的鼬科有22个属和50多个种，包括海獭（*Enhydra*）和水獭（小爪水獭属、斑颈水獭属、美洲獭属、欧亚水獭、江獭属、巨獭属）。

分布——除澳大利亚和南极洲外，在世界各地都有分布。

化石历史——现存海獭（*Enhydra*，弗莱明1828年）的化石记录从上新世（2.588Ma）延续至今。化石海獭的记录可以追溯至中新世（13.65—3.6Ma）北太平洋。已灭绝的海貂美洲水鼬属（巴雷什尼科夫和阿布拉莫夫1997年）被确认为曾经分布于在加拿大沿岸（新布伦瑞克、纽芬兰）和北美东部沿岸（马萨诸塞州、缅因州）的特殊种。

Enhydritherium†伯塔和摩根1985年

美洲水鼬属†普伦蒂斯1903年

半犬齿兽科 辛普森1945年

化石历史——并系科半犬齿兽科的化石类群包括：半犬齿兽、Pachycynodon、Allocyon和獭犬熊。已灭绝的熊类食肉动物獭犬熊只出现于中新世（20.4—13.6Ma）的俄勒冈州、华盛顿和阿拉斯加州（有可能）。

獭犬熊†斯特顿1960年

熊科 格雷1825年

内容——现存的熊科动物有5个现存属和7个种。

分布——大部分熊类分布在北半球（亚洲、北美、欧洲），只有眼镜熊（*Tremarctos*）出现在南美洲。

化石历史——现存的北极熊（*Ursus maritimus*，菲普斯1774年）的化石记录可追溯至第四纪（0.012Ma至今）。

贫齿目 科普1889年

 大地懒科 格雷1821年

化石历史——*Nothrotheriids*是一种已灭绝树懒，包括生活在北美和南美的10个属。唯一的水生树懒属为海懒兽，出现于中新世至上新世早期（7.2—5.88Ma）的秘鲁和智利。

  海懒兽†慕森和麦克唐纳1995年

 鲸偶蹄目 蒙加尔德等，1997年

 鲸目 布里森1762年

内容——鲸目有两个进化支（通常称为亚目），即须鲸亚目和齿鲸亚目，包括所有现存鲸类。

分布——鲸类在世界各大洋中均有分布。

化石历史——鲸类的化石记录始于始新世早期（约54—53Ma）的东特提斯（印度和巴基斯坦），始新世早期的中特提斯（埃及），始新世晚期的西特提斯（美国东南部、澳大拉西亚），始新世晚期的摩洛哥，并一直延续至更新世。

  陆行鲸科†德威森等1996年

   陆行鲸属†德威森等1994年

   甘达克鲸属†德姆和奥廷根-斯皮尔伯格1958年

   喜马拉雅鲸属†巴杰尔和金格里奇1998年

  巴基鲸科†德威森等1996年

   鱼中兽†德姆和奥廷根-斯皮尔伯格1958年

   娜拉鲸属†德威森和侯赛因1998年

   巴基鲸属†金格里奇和拉塞尔1981年

  原鲸科†施特罗默1908年

   埃及鲸属†比亚努奇和金格里奇2011年

   熊神鲸属†金格里奇等2001年

   巴比亚鲸属†特里维迪和萨桑吉1984年

   卡罗纳鲸属†盖斯勒等2005年

   圆齿鲸属†麦克劳德和巴尔内斯2008年

   Dhedacetus†巴杰帕伊和德威森2014年

   始原鲸属†法拉斯1904年

   加伏特鲸†金格里奇等1995年

   乔治亚鲸属†赫尔伯特等1998年

   印支鲸属†萨尼和米什拉1975年

   Kharodacetus†巴杰帕伊和德威森2014年

   慈母鲸属†金格里奇等2009年

麦卡鲸属†金格里奇等2005年

*Natchitochia*①†尤恩1998年

柏普鲸属†安德鲁斯1920年

*Pontobasileus*②†莱迪1873年

原鲸属†法拉斯1904年

乔丹斯鲸属†金格里奇等2001年

罗德侯鲸属†金格里奇等1994年

泰卡鲸属†金格里奇1995年

多哥鲸属†金格里奇和卡佩塔2014年

雷明顿鲸科†库马尔和萨尼1986年

安德鲁斯鲸属†萨尼和米什拉1975年

阿托克鲸属†德威森和侯赛因2000年

大连特鲸属†金格里奇等1995年

库奇鲸属†巴杰帕伊和德威森2000年

Rayanistes†贝贝伊等2016年

雷明顿鲸属†库马尔和萨尼1986年

PELAGICETI 尤恩2008年

龙王鲸科†科普1867年

弯臂鲸属†金格里奇和尤恩1996年

龙王鲸属†哈伦1834年

巴西勒鲸属†金格里奇等1997年

帝王鲸属†高尔丁和茨沃诺克2013年

金鲸属†尤恩和金格里奇2001年

辛西娅鲸属†尤恩2005年

矛齿鲸属†吉布斯1845年

Masracetus†金格里奇2007年

奥库卡赫鲸属†尤恩等2011年

Platyosphys†凯洛格1936年

海乡鲸属†莱迪1852年

撒格哈鲸属†金格里奇1992年

施特勒默尔鲸属†金格里奇2007年

---

① 一种已灭绝的原鲸，出现于始新世中期（巴顿阶，4040万至3720万年前）路易斯安那州纳基托什教区的库克山组中。——译者注

② 一种古鲸亚目物种，因莱迪1873年描述的一颗牙齿残骸而为人所知。该物种出现的时间可追溯至始新世时期，出现地点为亚拉巴马州。——译者注

死神鲸属†尤恩等2011年

轭根鲸属†特鲁1908年

吉肯鲸亚科†米切尔1989年

吉肯鲸属†赫克托1881年

NEOCETI福代斯和慕森2001年

齿鲸类†弗劳尔1867年

内容——有29个属和76个现存物种,经近期确定,其中一种已灭绝。

化石历史——最早的齿鲸亚目出现于渐新世晚期(29.3—23Ma)至更新世的北大西洋西部(美国东南部),类特提斯(欧洲、亚洲),北太平洋东部(日本)和南太平洋西部(新西兰);中新世早期至更新世的南大西洋西部(南美洲)和北太平洋东部(俄勒冈州和华盛顿)。

齿鲸亚目干群物种†格雷1863年

Archaeodelphis†艾伦1921年

阿根海豚†莱德克1894年

Cotylocara†盖斯勒等2014年

Huaridelphis†兰伯特等2014年

裂孔鲸†阿吉雷-费尔南德斯和福代斯2014年

阿哥洛鲸科†尤恩2008年

Agorophius†科普1895年

ASHLEYCETIDAE†盖斯勒和桑德斯2015年

Ashleycetus†盖斯勒和桑德斯2015年

始恒河豚科†慕森1988年

始恒河豚属†达尔·皮亚斯1916年

MIROCETIDAE†盖斯勒和桑德斯2015年

Mirocetus†盖斯勒和桑德斯2015年

原鲨齿鲸科†福代斯和慕森2001年

原鲨齿鲸属†施特罗默1908年

西蒙海豚科†福代斯2002年

西蒙海豚属†福代斯2002年

鲨齿鲸科†勃兰特1873年

鲨齿鲸属†格拉特卢1840年

怀佩什海豚科†福代斯1994年

Awamokoa†田中和福代斯2016年

Otekaikea†田中和福代斯2014年

怀佩什海豚属†福代斯1994年

沙拿鲸科†尤恩2008年

艾伯特鲸属†尤恩2008年

Echovenator†丘吉尔等2016年

沙拿鲸属†凯洛格1923年

泛抹香鲸科†维莱斯·尤尔贝等2015年

内容——新命名下的进化支包括以下化石属：

抹香鲸属†兰伯特等2008年

Albicetus†布尔斯马和派森2015年

长野鲸属†木村等2006年

蒂普罗鲸属†特鲁萨特1898年

欧鲸属†迪比1872年

艾多抹香鲸属†凯洛格1925年

拟艾多鲸属†凯洛格1925年

梅尔维尔鲸属†兰伯特等2010年

奥巴斯托鲸属†莱迪1853年

古喙抹香鲸属†贝内登1869年

横扼抹香鲸属†比亚努奇和兰迪尼2006年

抹香鲸总科 格雷1868年

抹香鲸科 格雷1821年

内容——已确认1个属和相关种，抹香鲸属（林奈1758年）：抹香鲸。

分布——抹香鲸广泛分布于世界各大洋之中，两级浮冰海域除外。

化石历史——现存抹香鲸属的记录来自上新世。抹香鲸的化石记录至少可追溯至中新世早期（23.3—21.5Ma）的地中海（意大利），类特提斯（欧洲）和南大西洋西部（阿根廷）；中新世早期末的南太平洋西部（大洋洲），北太平洋东部（加利福尼亚中部）和北太平洋西部（日本）；中新世中早期的北大西洋西部（马里兰州、弗吉尼亚州）；中新世中晚期至晚期的北大西洋东部（西欧）；中新世晚期至上新世晚期的北大西洋东部（佛罗里达州）；中新世晚期末的南太平洋东部（秘鲁）；上新世晚期的北太平洋东部（加利福尼亚），若将出现在渐新世晚期的凯氏法勒西鲸（29—23Ma）（福代斯，2009年）计算在内，化石记录会更早。已灭绝的属类由比亚努奇和兰迪尼（2006年），兰伯特等人（2008年，2010年），布尔斯马和派森（2015年），以及维莱斯·尤尔贝等（2015年）进行综述。

管状鲸属†凯洛格1927年

凯氏法勒西鲸†姆切德利泽1970年

龈抹香鲸属†贝内登1877年

小抹香鲸科 吉尔1871年；米勒1923年

内容——一已确认出1个属和两个现存的物种，小抹香鲸（*Kogia breviceps*）和侏儒抹香鲸（*Kogia sima*）。

分布——小抹香鲸科分布于世界各大海域中（温带水域、亚热带水域和热带水域），小抹香鲸则分布于温暖的海洋中（参见汉德利，1966年）。

化石历史——现存属类小抹香鲸属出现于上新世晚期的意大利。小抹香鲸的化石记录可追溯至中新世早期（20.4Ma）

的北大西洋东部（比利时），南太平洋东部（秘鲁）；上新世早期的北大西洋西部（佛罗里达）；中新世晚期的加勒比海（巴拿马）；上新世晚期的地中海（意大利）。已灭绝属类由维莱斯·尤尔贝等（2015年）进行综述。

阿普里斯小抹香鲸†惠特莫尔和卡顿巴赫2008年

Nanokogia†维莱斯·尤尔贝等2015年

柏加小抹香鲸属†巴尔内斯1973年

舟小抹香鲸属†慕森1988年

洋抹香鲸属†艾贝尔1905年

SYNRHINA 盖斯勒等2011年

剑吻鲸科 格雷1865年

内容——目前已知6属和22种现存物种。

分布——剑吻鲸分布于世界各地的温带海域和热带海域之中，其中有些物种位于深海水域。例外：贝氏喙鲸（史丹吉1883年）分布于北太平洋，梭氏中喙鲸（索尔比1804年）分布于北大西洋亚北极地区。

化石历史——现存属类中喙鲸出现于中新世中期末（14.6—11Ma）的北大西洋东部（西欧），上新世晚期至全新世的南太平洋西部（阿根廷）。剑吻鲸的化石记录可追溯至中新世早期（23.3—21.5Ma）的北太平洋东部（俄勒冈州，华盛顿）；中新世中期末的北大西洋东部（西欧）；上新世早期的北美；中新世中晚期的北太平洋西部（日本）；中新世中晚期至上新世早期的澳大拉西亚，北大西洋西部（弗吉尼亚州、北卡罗来纳州、佛罗里达州），北大西洋东部（丹麦），南太平洋东部（秘鲁），西南大西洋（阿根廷）；上新世晚期的地中海（意大利）和澳大拉西亚。已灭绝类群由福代斯（2009年），比亚努奇等（2013b，2016）和兰伯特等（2013年）进行综述。

非喙鲸†高尔丁和维什尼亚科娃2013年

Anoplonassa†科普1869年

Aporotus†迪比1868年

小古喙鲸属†兰伯特和卢瓦耶2006年

Belemnoziphius†赫胥黎1864年

Beneziphius[①]†兰伯特2005年

Caviziphiu†比亚努奇和波斯特2005年

查文喙鲸属†比亚努奇等2016年

奇穆喙鲸属†比亚努奇等2016年

夏恩喙鲸属†迪韦努瓦1851年

大衮鲸属†拉马萨米2016年

Eboroziphius†莱迪1876年

球喙鲸属†比亚努奇等2013年

底喙鲸属†比亚努奇等2013年

伊勒之喙鲸属†比亚努奇、兰伯特和波斯特2007年

---

① 一种已灭绝的剑吻鲸，发现于中新世晚期至上新世比利时的海洋沉积物中，以及西班牙的渔场内。该属名是为了纪念比利时新近纪海洋哺乳动物研究的先驱——皮埃尔 - 约瑟夫·冯·贝内登。——译者注

艾斯阁喙鲸属†博诺和科佐尔2013年

马什喙鲸属†比亚努奇等1992年

*Microberardius*①†比亚努奇、兰伯特和波斯特2007年

纳斯卡喙鲸属†兰伯特等2009年

Nenga†比亚努奇等2007年

利隆喙鲸属†慕森1983年

南风喙鲸属†博诺和科佐尔2013年

翼手喙鲸属†比亚努奇等2007年

*Tusciziphius*②†比亚努奇1997年

科萨喙鲸属†比亚努奇等2007年

Ziphirostrum†迪比1868年

淡水豚总科 布尔斯马和派森2016年

内容——许多被归入淡水豚总科的齿鲸亚目干群物种，其系统发育地位颇具争议，一些系统分析并未发现该分类单元为单源群（见盖斯勒等，2011年；也可参见文中讨论）。这些种群包括：道皮尔兹海豚†慕森1988年，*Ninjadelphisc*†木村和巴尔内斯 2016年，南鲸属†莫雷诺1892年，*Zarhinocetusd* †巴尔内斯和雷诺兹 2009年，*Huaridelphise*†兰伯特等 2014年，*Goedertiusf*†木村和巴尔内斯 2016年，*Potamodelphis*†艾伦 1921年，以及札哈豚†科普1868 年。最近的综合性系统发育分析（见布尔斯马和派森，2016年）提出，这一进化支包括淡水豚科和化石类群怀佩什海豚科、异海豚科和角齿海豚科。

异海豚科 布尔斯马和派森2016年

异海豚属†威尔逊1935年

Arktocara†布尔斯马和派森，2016年

Goedertius†木村和巴尔内斯2016年

Ninjadelphis†木村和巴尔内斯2016年

Zarhinocetus†巴尔内斯和雷诺兹2009年

淡水豚科 格雷1863年

内容——已识别出单一属和现存物种恒河豚（泽贝克1801年），以及两个亚种——恒河亚种（泽贝克1801年）和印度河亚种（欧文1853年），佩兰和布劳内尔（2001）。

分布——淡水豚分布于巴基斯坦和印度境内的印度河流域及恒河流域。

化石历史——化石淡水豚出现于中新世早期末（21.5—16.3Ma）的北大西洋西部（佛罗里达州）以及北大西洋东部（欧洲—德国，南美—委内瑞拉）；中新世中期初的北大西洋西部（马里兰州、弗吉尼亚州、佛罗里达州）。淡水豚的扩散由盖斯勒等人（2011年），比亚努奇等人（2013a），以及布尔斯马和派森（2016年）进一步讨论。一些原本

---

① 一种已灭绝的巨型剑吻鲸属类，生存于中新世时期。该属类的典型物种 *M. africanus* 因 2007 年在南非发现的部分头骨遗骸而为人所知。——译者注

② 一种已灭绝的剑吻鲸属类，分布于中新世时期的葡萄牙和西班牙，上新世时期的意大利和美国。该属已知的物种有两种，分别是:*T. atlanticus* 和 *T. crispus*。——译者注

被确定为该科的化石类群，包括*Pachyacanthus*勃兰特1871年和*Prepomatodelphis*[①]巴尔内斯2002年，最近已不属于该科。

  盖豚属†艾伦1921年

  札哈豚属†科普1868年

 角齿海豚科 金斯伯格和詹维尔1971年

  南鲸属†

海豚科 慕森1988年

 肯氏海豚科†斯里普1936年

  玻利别洛诺海豚属†慕森1988年

  特尔斐海豚属†莱迪1869年

  巨头豚属†凯洛格1966年

  Heterodelphis†勃兰特1873年

  印加海豚†科尔伯特1944年

  甘蓬海豚属†伦斯伯格1969年

  肯氏海豚属†凯洛格1927年

  俄罗斯小海豚属†基尔皮希尼科夫1954年

  滑海豚属†凯洛格1931年

  冠海豚属†科普1867年

  巨肯海豚†道森1996年

  小鼠海豚属†库德林和塔塔里诺夫1965年

  皮深海豚属†艾贝尔1905年

  路德海豚属†比亚努奇2001年

  萨尔马西安海豚属†基尔皮希尼科夫1954年

  苏菲娅海豚属†哈扎尔2006年

  塔吉海豚属†兰伯特等2005年。

 白鳍豚科 周谦和李1979年。

内容——已识别一个最近灭绝的属和相关现存物种白鳍豚（米勒1918年）。

分布——白鳍豚仅分布于中国大陆长江流域。

化石历史——出现于第三纪中国的已灭绝物种郁江原白鳍豚（见周等，1984年），由于缺乏化石记录而未被归入白鳍豚科中（见福代斯，2009年）。佩阿波特波鲸最初被归入普拉塔河豚科，后被定位为白鳍豚属的姐妹类群（例如盖斯勒等，2011年，2012年）。

  佩阿波特波鲸†巴尔内斯1984年

 亚马孙河豚总科 慕森1988年

---

① 一种已灭绝的淡水豚，发现于奥地利中新世早期的海洋沉积物中。——译者注

该科中的未定种

*Brujadelphis*①†兰伯特等2017年

亚马孙河豚科 弗劳尔1867年

内容——已识别一个单一属类亚马孙河属（奥尔比尼1834年）和3个现存的物种，以及2个亚种。

分布——亚马孙河豚分布于南美洲中部和北部的亚马孙河流域和奥里诺科河流域。

化石历史——亚马孙河豚出现于中新世晚期初（10.4—6.7Ma）的南大西洋西部（阿根廷、乌拉圭）；更新世早期的北大西洋西部（佛罗里达州）。化石亚马孙河豚由福代斯（2009年）、盖斯勒等（2012年）和派森等（2015年）进行综述。

棱河豚属†艾伦1941年

等吻河豚属†阿梅吉诺1891年

Isthminia†派森等2015年

梅赫林亚河豚属†盖斯勒等2012年

蜥河豚属†伯迈斯特1871年

普拉塔河豚科 吉尔1871年；粕谷1973年

内容——已识别1个单一现存属和相关种普拉塔河豚。

分布——普拉塔河豚仅分布于南美洲大西洋中部沿岸水域。

化石历史——普拉塔河豚的化石记录可追溯至中新世晚期（10.4—6.7Ma）的南大西洋西部（阿根廷）；中新世晚期末的北太平洋东部（加利福尼亚、加利福尼亚半岛）；中新世的北海和南太平洋东部（秘鲁）；上新世早期的北大西洋西部（弗吉尼亚、北卡罗来纳），北太平洋东部（加利福尼亚）和南太平洋东部（秘鲁、智利）。普拉塔河豚报道自中新世晚期初（10.4—6.4Ma）的南大西洋西部（阿根廷）。最近已灭绝属类由盖斯勒等（2012年）和兰伯特和慕森等（2013年）进行综述。派森等（2015年）将奥罗拉鲸和斯特恩海豚确认为亚马孙河豚。

奥罗拉鲸属†吉布森和盖斯勒2009年

短吻河豚属†慕森1988年

Pliopontos†慕森1983年

拟拉河豚属†伯迈斯特1885年

Protophocoena†艾贝尔1905年

斯特恩海豚属†戈弗雷和巴尔内斯2008年

海豚总科 弗劳尔1865年

亚加海豚科 巴尔内斯1984年

亚加海豚属†巴尔内斯1984年

海豚科 格雷1821年

内容——已识别17个属和38个现存物种。

---

① 一种已灭绝的类淡水豚鲸类，出现于中新世晚期现在的秘鲁所处的位置。该属类的典型物种为 *B. ankylorostris*。——译者注

分布——海豚广泛分布于世界各海域中。

化石历史——现存属类领航鲸和伪虎鲸出现于更新世晚期（10000—790年前）的北大西洋东部（佛罗里达）（摩根，1994年）。海豚属和宽吻海豚属出现于更新世晚期的北大西洋东部（西欧）（见范德芬，1968年）。宽吻海豚属在更新世的日本也有发现（见木村等，2012年）。海豚属在上新世晚期的新西兰也有发现（参见福代斯，1991年；麦基，1994年）。

最古老的海豚出现于中新世末（11—7Ma）至更新世的北大西洋西部（弗吉尼亚州、北卡罗来纳）；中新世晚期至更新世的北太平洋西部（新西兰、日本）；中新世晚期至上新世早期的北太平洋东部（加利福尼亚）；上新世早期的（西欧）；早期上新世的南太平洋东部（秘鲁）；更新世晚期的北大西洋东部（西欧）（见比亚努奇等，2009年；村上等，2014年）。已灭绝属类由福代斯（2009年）和比亚努奇等（2009年，2013b）进行综述。

亚里美鲸属†比亚努奇2005年

雅士达海豚属†比亚努奇1996年

南方海豚属†福代斯等2002年

Eodelphinus[①]†村上等2014年

托斯卡纳海豚属†比亚努奇等2009年

半全豚属†勃兰特1873年

斑纹海豚属†格雷1846年

匙吻鲸属†波斯特和库姆潘杰2010年

原领航鲸属†阿吉雷-费尔南德斯等2009年

赛普丁海豚属†比亚努奇2013年

独角鲸总科 盖斯勒等2011年

独角鲸科 格雷1821年，米勒和凯洛格1955年

内容——已识别两种现存属类：独角鲸（林奈1758年）和白鲸（帕拉斯1776年），以及两个种。

分布——白鲸和独角鲸仅分布于北极和亚北极水域。

化石历史——现存属类白鲸属出现于上新世（5.3Ma）的北大西洋西部（弗吉尼亚州、北卡罗来纳州）（参见惠特莫尔，1994年）。现存的物种白鲸出现于更新世晚期（781kya）的北大西洋西部（加拿大）（见哈林顿，1977年）。独角鲸的化石记录可追溯至中新世晚期初（10.4—6.7Ma），中新世晚期末的北太平洋东部（加利福尼亚州），中新世晚期末的北太平洋东部（加利福尼亚半岛），中新世末至上新世早期的北大西洋西部（弗吉尼亚、北卡罗来纳）和北太平洋东部（加利福尼亚），上新世晚期的北太平洋东部（加利福尼亚），更新世晚期的北大西洋东部（西欧）和北冰洋（阿拉斯加北部）。已灭绝属类由福代斯（2009年），维莱斯·尤尔贝和派森（2012年）进行综述。

似独角博哈斯卡鲸属†维莱斯·尤尔贝和派森2012年

Denebola[②]†巴尔内斯1984年

鼠海豚科 格雷1825年，布拉瓦尔1885年

---

① 一种已灭绝的海洋海豚，属于海豚科。——译者注

② 一种已灭绝鲸类，属于独角鲸科，也是目前已知的白鲸最早的祖先，其出现时间可追溯到中新世时期。——译者注

内容——已识别3个现存属和7个种,以及8个亚种(罗泽尔等人,1995年;王等人,2008年;杰斐逊和王,2011年)。

分布——鼠海豚分布于世界各地。

化石历史——据化石记录,鼠海豚出现于中新世晚期初至晚期末(10.4—6.7Ma)的北太平洋东部(加利福尼亚);中新世晚期末的北太平洋东部(加利福尼亚半岛和南太平洋东部的秘鲁);上新世早期的北大西洋西部(弗吉尼亚、北卡罗来纳);上新世晚期初的北太平洋东部(加利福尼亚);更新世晚期的北大西洋东部(西欧),北大西洋西部(加拿大)。已灭绝的属类由村上等(2012a,b;2014)进行综述。现存的鼠海豚(林奈1758年)出现于更新世晚期的北大西洋东部(西欧)(参见范德芬,1968年)和北大西洋西部的加拿大(见哈林顿,1977年)。

  Archaeophocoena†村上等2012年

  南方鼠海豚属†慕森1988年

  Brabocetus†科尔帕特等2015年

  Haborophocoena†一岛和木村2005年

  洛马鼠海豚属†慕森1986年

  Loxolithax†凯洛格1931年

  Miophocoena†村上等2012年

  沼津鼠海豚属†一岛和木村2000年

  皮斯科鼠海豚属†慕森1983年

  Pterophocoena†村上等2012年

  沙利曼鼠海豚属†巴尔内斯1985年

  Semirostrum†拉西科特等2014年

  玫巧豚属†兰伯特等2008年

海牛鲸科 慕森1993年

化石历史——海牛鲸出现于中新世(7.246—5.332Ma)的智利和秘鲁。

  海牛鲸属†慕森1993年

剑吻海豚科†艾贝尔1901年

  卡特鲸属†莱迪1877年

  剑吻古豚属†贝内登和热尔韦1880年

  似亚河豚属†莱德克1893年

  鹅鲸属†兰伯特2004年

  拟鼠海豚属†赫胥黎1859年

  裂海豚属†热尔韦1861年

  范布鲸属†比亚努奇和兰迪尼2002年

  剑海豚属†兰伯特2005年

  喙海豚属†达尔·皮亚斯1908年

该科未定属种(兰伯特等2015年)

  阿根海豚属†莱德克1894年

Chilcacetus†兰伯特等2015年

巨海豚属†威尔逊193年

鲨齿喙鲸属†慕森1991年

须鲸亚目 弗劳尔1864年

内容——目前已识别6属和14种现存物种。

化石历史——最古老的须鲸亚目出现于始新世早期至渐新世早期（34—33Ma）的南极洲，渐新世晚期至更新世的北太平洋东部（加利福尼亚）和北太平洋西部（日本、大洋洲），新世早期初至更新世的南大西洋西部，中新世中期初的北大西洋西部，中新世中期末至更新世的北大西洋东部（西欧）（德梅尔等，2005年）。

拉诺鲸科†米切尔1989年

    拉诺鲸属†米切尔1989年

乳齿鲸科†米切尔1989年

    简君鲸属†菲茨杰拉德2006年

    乳齿鲸属†普理查德1939年

艾什欧鲸科†埃隆1966年

    艾什欧鲸属†埃隆1966年

    足寄鲸属†巴尔内斯等1995年

    西恩鲸属†拉塞尔1968年

    Fucaia†马克思等2015年

    莫那印鲸属†巴尔内斯等1995年

    威朗加鲸属†普莱奇2005年

原始须鲸科†米切尔1989年

    哈里鲸属†凯洛格1969年

    帕斯克鲸属†皮莱里和皮莱里1989年

    Sitsqwayk†佩雷多和尤恩2016年

始弓鲸科†桑德斯和巴尔内斯2002年

    始弓鲸属†桑德斯和巴尔内斯2002年

    Matapanui†博森克和福代斯2016年

    微须鲸属†桑德斯和巴尔内斯2002年

    额孔晨鲸属†博森克和福代斯2014年

    Tokarahia†博森克和福代斯2015年

    Waharoa†博森克和福代斯2015年

    Whakakai†蔡和福代斯2016年

    大和鲸属†冈崎2012年

    BALAENOMORPHA 盖斯勒和桑德斯2003年

        露脊鲸科 格雷1825年

内容——已识别2个属和3个现存物种。

分布——北极露脊鲸属分布于北极附近，露脊鲸属分布于南北半球的温带水域。

化石历史——据化石记录，露脊鲸属出现于中新世晚期初（23Ma）的北大西洋西部（佛罗里达州）；中新世晚期末的北太平洋东部（加利福尼亚州）；中新世晚期至上新世早期的南太平洋西部（澳大拉西亚）；上新世早期的北大西洋西部（弗吉尼亚州、北卡罗来纳州）、北太平洋东部（加利福尼亚）和北太平洋西部（日本）；上新世晚期的北太平洋东部（加利福尼亚），北太平洋东部（佛罗里达州），以及地中海（意大利）（见丘吉尔等，2012年）。露脊鲸属（林奈1758年）报道自上新世早期（5.2—3.4Ma）的北大西洋西部（弗吉尼亚州、北卡罗来纳州），上新世晚期的地中海（意大利）和北太平洋西部（日本），更新世早期的北太平洋东部（俄勒冈州）。现存物种北极露脊鲸报道自更新世晚期的北大西洋（加拿大）和北大西洋（瑞典）。真露脊鲸属（格雷1864年）报道自中新世晚期至上新世早期的北太平洋西部（日本）。北大西洋露脊鲸出现于更新世晚期的北大西洋西部（佛罗里达州）。

附注——化石露脊鲸的分类历史由丘吉尔等（2012年）进行综述。

  侏露脊鲸属†比斯康提2005年

  似露脊鲸属†贝内登1872年

  异特鲸属†卡佩里尼1876年

  毛诺鲸属†卡布雷拉1926年

  Peripolocetus[①]†凯洛格1931年

PLICOGULAE 盖斯勒等2011年

小露脊鲸科 格雷1874年；米勒1923年

内容——已识别一个现存属和相关物种小露脊鲸（*Caperea marginata*）。

分布——小露脊鲸仅分布于南半球温带水域（包括塔斯马尼亚岛和南澳大利亚、新西兰、南非沿岸）。

化石历史——除去有一种可能是小露脊鲸的物种出现于中新世的澳大利亚（参见菲茨杰拉德，2012年），首个保存完好的化石小露脊鲸美丽中新小露脊鲸描述自中新世晚期（11.608—7.246Ma）的秘鲁（参见比斯康提，2012年）。

附注——根据福代斯和马克思（2013年）的说法，小露脊鲸可能是已灭绝的新须鲸科中最后的幸存者。

  美丽中新小露脊鲸†比斯康提2012年

THALASSOTHERII 比斯康提等2013年

  似新须鲸属†勃兰特1871年

  等鲸属†贝内登1880年

新须鲸科†（狭义）

  Brandtocetus†高尔丁和斯塔特谢夫2014年

  首鲸属†科普1896年

  新须鲸属†勃兰特1843年

  欧新须鲸属†勃兰特1873年（同名：*Vampalus*）

---

① 须鲸露脊鲸科中的一个属类，发现于中新世中期加利福尼亚州的克恩县。——译者注

Herentalia†比斯康提2015年

　　哈柏须鲸属†贝内登1872年

　　Hibacetus†小冢和太田2008年

　　燕摩洛鲸属†麦克切尔德1964年

　　清水上毛鲸属†木村和长谷川2010年

　　*Kurdalogonus*塔拉森科和洛帕京2012年

　　马德须鲸属†科普1896年

　　那须鲸属†凯洛格1929年

　　平丘鲸属†齐齐夫斯卡和里齐维茨1976年

　　皮斯科须鲸属†皮莱里和西贝尔1989年

　　*Zygiocetus*①†塔拉塞诺科2014年

新须鲸科†（广义）博森克和福代斯2015年

　　安格罗鲸属†凯洛格1934年

　　Cephalotropsis†科普1896年

　　高柏斯鲸属†帕卡德和凯洛格1934年

　　蒂奥鲸属†凯洛格1968年

　　艾珊鲸属†木村和小泽2002年

　　毛伊岛须鲸属†贝纳姆1939年

　　奥特鲸属†姆切德利泽1984年

　　隔板须鲸属†凯洛格1924年

　　佩罗鲸属†凯洛格1965年

　　薄鲸属†凯洛格1969年

　　特菲鲸属†凯洛格1931年

　　*Titanocetus*②†比斯康提2006年

　　优莱鲸属†斯蒂曼2009年

TRANATOCETIDAE†高尔丁和斯蒂曼2015年

　　"*Aulocetus*"†贝内登1875年

　　"新须鲸属"†勃兰特1843年

　　中须鲸属†贝内登1880年

　　混须鲸属†凯洛格1934年

　　Plesicetopsis†勃兰特1873年

　　Tranatocetus†高尔丁好斯蒂曼2015年

须鲸超科 格雷1868年

---

① 新须鲸科中的一个属类，为新须鲸科亚科成员。——译者注

② Titanocetus（"蒂塔诺鲸"）是一种已灭绝的鲸类动物，与新鲸科动物关系密切。——译者注

灰鲸科 埃尔曼和莫里森-斯科特1951年

内容——已识别1个属和现存物种灰鲸。

分布——已识别至少3个聚群：北大西洋聚群（或聚群组），在最近的历史时期已灭绝（大约在17世纪晚期或18世纪）；韩国聚群或西太平洋聚群至少在1966年之前已被猎杀，现在濒临灭绝；加州聚群或东太平洋聚群（参见杰斐逊等，2015年）。

化石历史——灰鲸属（格雷1864年）出现于上新世晚期的北太平洋西部（日本）、更新世晚期的北大西洋西部（佛罗里达、佐治亚州）和北太平洋东部（加利福尼亚州），第四纪（11—10kya）的台湾。已灭绝的属类由比斯康提（2008年）进行综述。

弓灰鲸属†比斯康提和瓦洛拉2006年

远洋鲸属†博斯勒和波斯特2010年

*Eschrichtioides*①†比斯康提2008年

格雷斯鲸属†惠特莫尔和卡顿巴赫2008年

近须鲸属†比斯康提2010年

须鲸科 格雷1864年

内容——已识别2个现存属类（鳁鲸属、座头鲸属）的8个种。

分布——座头鲸、小须鲸、长须鲸和蓝鲸广泛分布于世界各地的海洋中。鳁鲸和南非鲸通常分布于热带水域和温暖的温带水域，并不像其他长须鲸那样分布在极地地区。

化石历史——须鲸出现于中新世晚期初（12Ma）的北太平洋东部（加利福尼亚州）；中新世晚期末的北大西洋西部（马里兰州、弗吉尼亚州），北太平洋东部（南加利福尼亚州、加利福尼亚半岛），北大西洋西部（日本）和南太平洋东（秘鲁）；中新世末至上新世早期的澳大拉西亚；上新世早期的北大西洋东部（西欧），北大西洋西部（弗吉尼亚州、北卡罗来纳州），北大西洋西部（佛罗里达州），北太平洋东部（加利福尼亚州），北太平洋西部（日本），以及南太平洋东部（秘鲁）；上新世晚期的地中海（意大利），北大西洋西部（佛罗里达州），北太平洋东部（加利福尼亚州）和南太平洋西部（澳大拉西亚）；更新世早期的北大西洋西部（西欧）；更新世晚期的北大西洋西部（加拿大）和北太平洋东部（加利福尼亚州）。

座头鲸出现于中新世晚期初的北太平洋东部（加利福尼亚州中部），中新世晚期至上新世早期（澳大拉西亚），上新世早期的北大西洋西部（弗吉尼亚州、北卡罗来纳州），上新世晚期北大西洋西部（佛罗里达州），更新世晚期的北大西洋西部（佛罗里达州）和北大西洋西部（加拿大）。鳁鲸（*Balaenoptera borealis*）出现于更新世晚期的北太平洋西部（日本）。座头鲸（*Megaptera novaeangliae*）出现于更新世晚期的北大西洋西部（佛罗里达州），北大西洋西部（加拿大）。已灭绝属类由德梅尔等（2005年）和马克思、河野（2016年）进行综述。

古须鲸属†比斯康提2007年

平新须鲸属†勃兰特1873年

始须鲸属†杜利等2004年

---

① 一种已灭绝的灰鲸，出现于上新世早期意大利的北部地区。——译者注

Fragilicetus[①]†比斯康提和博斯勒2016年

Incakujira†马克思和河野2016年

Notiocetus†阿梅吉诺1891年

Palaeocetus†西利1865年

副鲲鲸属†齐格勒等1997年

更新鲸属†贝内登1859年

副座头鲸属†贝尔曼1995年

原须鲸属†比斯康提2007年

海牛目 伊力格尔1811年

内容——该目有2个科,包括所有现存物种。

分布——海牛目哺乳动物分布于印度洋—太平洋地区(儒艮),美国东南部,加勒比海以及南美的亚马孙流域(海牛)。

化石历史——据化石记录,海牛目哺乳动物最早出现于始新世早期(56.5—50Ma)的特提斯海西部(牙买加);始新世中期的特提斯海东部(巴基斯坦、印度),特提斯海中部(埃及)和特提斯海西部(美国东南部);始新世晚期的特提斯海中部(埃及、欧洲);中新世中期出的澳大拉西亚(新几内亚);并贯穿至全新世(更新数据请参见维莱斯·尤尔贝和杜姆宁,2014a,b)。

始新海牛科†科普1889年

Pezosiren†杜姆宁2001年

始新海牛属†欧文1855年

原海牛科†西肯贝格1934年

Ashokia†巴杰帕伊2009年

原海牛属†阿贝尔1904年

儒艮科 格雷1821年

内容——已识别2个现存属(儒艮属、海牛属)和2个物种。儒艮的分类历史由杜姆宁(1996年)进行综述,更新的信息请参见维莱斯·尤尔贝等(2012年),以及维莱斯·尤尔贝和杜姆宁(2014a,b)。

分布——儒艮广泛分布于印度洋—太平洋的浅海海湾地区。

化石历史——现存的物种儒艮(伊力格尔1811年)也有可能出现于更新世(参见杜姆宁,1996年)。化石儒艮出现于始新世中期(50—38.6Ma)的特提斯海中部;始新世晚期的特提斯海中部(埃及);始新世晚期的摩洛哥;渐新世早期的大西洋西部和加勒比海(波多黎各);渐新世晚期的类特提斯(高加索)和特提斯海中部(欧洲);中新世早期的南大西洋西部(阿根廷);中新世早期末的类特提斯(奥地利,瑞士),北大西洋西部(佛罗里达州),以及南大西洋西部(巴西);中新世中期初的北大西洋西部(马里兰州、弗吉尼亚州);中新世中期末的地中海(意大利),北大西洋东部(西欧),北大西洋西部(佛罗里达)和北太平洋东部(加利福尼亚、加利福尼亚半岛);中新世晚期初的北大西洋西部(佛罗里达),北太平洋西部(加利福尼亚)和北太平洋西部(日本);中新世晚期末的北太平洋东部(加利福尼亚州南部)和北太平洋西部(日本);上新世早期的北大西洋西部(佛罗里达),北

[①] 须鲸科中一种已灭绝的属类,发现于比利时上新世早期的沉积物中。——译者注

太平洋东部（加利福尼亚）和北太平洋西部（日本）；上新世晚期的地中海（意大利），北大西洋西部（佛罗里达）和北太平洋东部（加利福尼亚）；更新世早期的南太平洋西部（澳大拉西亚）；更新世晚期的北太平洋东部（阿拉斯加至加利福尼亚中部）和北太平洋西部（日本）。

  Anisosiren†科尔多斯1979年

  Eosiren†安德鲁斯1902年

  Eotheroides†帕尔默1899年

  Indosiren†孔尼华1952年

  Metaxytherium†克里斯托尔1840年

  Miodugong†德拉尼亚加拉1969年

  Paralitherium†科尔多斯1977年

  Priscosiren†维莱斯·尤尔贝和杜姆宁2014年

  Prohalicore†弗洛1887年

  原兽属†德齐诺1887年

  Sirenavus†克雷佐伊1941年

  儒艮亚科 辛普森1932年

    Bharatisiren†巴杰帕伊和杜姆宁1997年

    Callistosiren†维莱斯·尤尔贝和杜姆宁2015年

    Corystosiren†杜姆宁1990年

    Crenatosiren†杜姆宁1991年

    Dioplotherium†科普1883年

    Domningia†德威森和巴杰尔2009年

    "海兽属"†考普1838年

    Kutchisiren†巴杰尔等2010年

    Nanosiren†杜姆宁和阿奎莱拉2008年

    Rytiodus†拉尔泰1866年

    异海牛属†杜姆宁1989年

  无齿海牛亚科 帕默1895年

    Dusisiren†杜姆宁1978年

    无齿海牛属†雷丘斯1794年

  海牛科 吉尔1872年

内容——已识别1个现存属（海牛属，林奈1758年）和3个种。亚种的形态差异由杜姆宁和海克（1986年）描述，了解有关更新世晚期亚种*Trichechus manatus bakerorum*的形态特点可参见杜姆宁（2005年）。

分布——该科的成员分布于佛罗里达州海湾滨海地区（安地列斯海牛），加勒比海和南美洲沿岸（佛罗里达海牛），亚马孙盆地（亚马逊海牛）和西非（西非海牛）。

化石历史——安地列斯海牛（*Trichechus manatus*）出现于更新世晚期的北大西洋西部（佛罗里达州）。化石海牛出现于中新世晚期的南太平洋西部（阿根廷）和南太平洋东部（巴西、秘鲁），上新世早期的北大西洋西部（弗吉尼亚州、北卡罗来纳州），更新世早期至晚期的北大西洋西部（佛罗里达州）（参见科佐尔，1996年；南美记录）。

  Anomotherium†西格弗里德1965年

  中新海牛属†多洛1889年

  Potamosiren†莱因哈特1951年

  *Ribodon*①†阿梅吉诺1883年

索齿兽目†莱因哈特1953年

内容——没有现存属类。

化石历史——索齿兽出现于渐新世晚期至中新世中期的北美和日本（参见杜姆宁，1996；贝蒂，2009年；巴尔内斯，2013年；贝蒂和科伯恩，2015年）。

  Ashoroa†犬冢2000年

  河马眼索齿兽†杜姆宁等1986年

  Cornwallius†海1923年

  索齿兽属†长尾1937年

  *Kronokotherium*②†普罗尼纳1957年

  Ounalashkastylus†千叶等2015年

  Seuku†贝蒂和科伯恩2015年

  Vanderhoofius†莱因哈特1959年

  古索齿兽科†莱因哈特1959年

    Archaeoparadoxia†巴尔内斯2013年

    新索齿兽属†巴尔内斯2013年

    古索齿兽属†莱因哈特1959年

---

① 一种已灭绝的海牛属类，出现于中新世中期的哥伦比亚。——译者注

② 一种已灭绝的食草性海洋哺乳动物，属于索齿兽科索齿兽目中的一个属类。——译者注

参考文献

Amson, E., Muizon, C. de. 2013. A new durophagous phocid (Mammalia: Carnivora) from the late Neogene of Peru and considerations on monachine seals phylogeny. *Journal of Systematic Paleontology* 12: 523-548.

Barnes, L.G. 2013. A new genus and species of late Miocene paleoparadoxiid (Mammalia, Desmostylia) from California. *Natural History Museum of Los Angeles County Contributions in Science* 521: 51-114.

Beatty, B.L. 2009. New material of *Cornwallius sookensis* (Mammalia: Desmostylia) from the Yaquina Formation of Oregon. *Journal of Vertebrate Paleontology* 29: 894-909.

Beatty, B.L., Cockburn, T.C. 2015. New insights on the most primitive desmostylians from a partial skeleton of *Behemotops* (Desmostylia, Mammalia) from Vancouver Island, British Columbia. *Journal of Vertebrate Paleontology*, doi: 10.1080/02724634.2015.979939.

Berta, A. 2009. Pinniped evolution. In: Perrin, W.F., Wursig, B., Thewissen, J.G.M. (eds.), *Encyclopedia of Marine Mammals*, 2nd ed. Elsevier, San Diego, CA, pp. 861-868.

Berta, A., Churchill, M. 2012. Pinniped taxonomy: review of currently recognized species and subspecies, and evidence used for their description. *Mammal Reviews* 42: 207-234.

Berta, A., Ray, C.E., Wyss, A.R. 1989. Skeleton of the oldest known pinniped, *Enaliarctos mealsi*. *Science* 244: 60-62.

Bianucci, G. 2013. *Septidelphis morii*, n. gen. et sp. from the Pliocene of Italy: new evidence of the explosive radiation of true dolphins (Odontoceti, Delphinidae). *Journal of Vertebrate Paleontology* 33: 722-740.

Bianucci, G., Landini, W. 2006. Killer sperm whale: a new basal physeteroid (Mammalia, Cetacea) from the Late Miocene of Italy. *Zoological Journal of the Linnean Society* 148: 103-131.

Bianucci, G., Vaiani, S.C., Casati, S. 2009. A new delphinid record (Odontoceti, Cetacea) from the Early Pliocene of Tuscany (Central Italy): systematics and biostratigraphic considerations. *Neues Jahrbuch Geologie und Paläontologie* 254: 275-292.

Bianucci, G., Lambert, O., Salas-Gismondi, R., Tejada, J., Pujos, F., Urbina, M., Antoine, P.-O. 2013a. A Miocene relative of the Ganges river dolphin (Odontoceti, Platanistidae) from the Amazonian Basin. *Journal of Vertebrate Paleontology* 33(3): 741-745.

Bianucci, G., Mijan, I., Lambert, O., Post, K., Mateus, O. 2013b. Bizarre fossil beaked whales (Odontoceti, Ziphiidae) fished from the Atlantic Ocean floor off the Iberian Peninsula. *Geodiversitas* 35: 105-153.

Bianucci, G., di Celma, C., Urbina, M., Lambert, O. 2016. New beaked whales from the late Miocene of Peru and evidence for convergent evolution in stem and crown Ziphiidae (Cetacea, Odontoceti). *PeerJ* 4: e2479. doi: 10.7717/peerj.2479.

Bisconti, M. 2008. Morphology and phylogenetic relationships of a new eschrichtiid genus (Cetacea: Mysticeti) from the Early Pliocene of northern Italy. *Zoological Journal of the Linnean Society* 153: 161-186.

———. 2012. Comparative osteology and phylogenetic relationships of *Miocaperea pulchra*, the first fossil pygmy right whale genus and species (Cetacea, Mysticeti, Neobalaenidae). *Zoological Journal of the Linnean Society* 166: 876-911.

Boersma, A.T., Pyenson, N.D. 2015. *Albicetus oxymycterus*, a new generic name and redescription of a basal physeteroid (Mammalia, Cetacea) from the Miocene of California, and the evolution of body size in sperm whales. *PLOS ONE* 10(12): e0135551.

———. 2016. *Arktocara yakataga*, a new fossil odontocete (mammalia, cetacean) from the Oligocene of Alaska and the antiquity of Platanistoidea. *PeerJ*, doi: 10.7717/peerj.2321.

Boessenecker, R.W., Churchill, M. 2013. A reevaluation of the morphology, paleoecology, and phylogenetic relationships of the enigmatic walrus *Pelagiarctos*. *PLOS ONE* 8: e54311.

———. 2015. The oldest known fur seal. *Biology Letters* 11(2): 20140835.

Churchill, M., Berta, A., Deméré, T.A. 2012. The systematics of right whales (Mysticeti: Balaenidae). *Marine Mammal Science* 28: 497-521.

Churchill, M., Boessenecker, R.W., Clementz, M.T. 2014. Colonization of the Southern Hemisphere by fur seals and sea lions (Carnivora: Otariidae) revealed by combined evidence phylogenetic and Bayesian biogeographical analysis. *Zoological Journal of the Linnean Society* 172(1): 200-225.

Committee on Taxonomy, Society for Marine Mammalogy. 2016. List of Marine Mammal Species and Subspecies. www.marinemammalscience.org (consulted in July 2016).

Cozzuol, M.A. 1996. The record of the aquatic mammals in southern South America. *Müncher Geowissenschaften Abhandlungen* 30: 321-342.

Deméré, T.A., Berta, A., Adam, P.J. 2003. Pinnipedimorph

evolutionary biogeography. *Bulletin of the American Museum of Natural History* 279: 32-76.

Deméré, T.A., Berta, A., McGowen, R. 2005. The taxonomic and evolutionary history of fossil and modern balaenopteroid mysticetes. *Journal of Mammalian Evolution* 12: 99-143.

Domning, D.P. 1996. Bibliography and index of the Sirenia and Desmostylia. *Smithsonian Contributions in Paleobiology* 80: 1-611.

———. 2005. Fossil Sirenia of the West Atlantic and Caribbean region, VII: Pleistocene *Trichechus manatus* Linnaeus, 1758. *Journal of Vertebrate Paleontology* 25: 685-701.

Domning, D.P., Hayek, L.C. 1986. Interspecific and intraspecific morphological variation in manatees (Sirenia: *Trichechus*). *Marine Mammal Science* 2: 87-144.

Fitzgerald, E.M.G. 2012. Possible neobalaenid from the Miocene of Australia implies a long evolutionary history for the pygmy right whale *Caperea marginata* (Cetacea, Mysticeti). *Journal of Vertebrate Paleontology* 32: 976-980.

Fordyce, R.E. 1991. The fossil vertebrate record of New Zealand. In: Vickers-Rich, P., Monaghan, J.M., Baird, R.F., Rich, T. (eds.), *Vertebrate Paleontology of Australasia*. Pioneer Design Studio, Melbourne, Australia, pp. 1191-1314.

———. 2009. Cetacean fossil record. In: Perrin, W.F., Wursig, B., Thewissen, J.G.M. (eds.), *Encyclopedia of Marine Mammals*, 2nd. ed. Elsevier, San Diego, CA, pp. 201-207.

Fordyce, R.E., Marx, F.G. 2013. The pygmy right whale *Caperea marginata*: the last of the cetotheres. *Proceedings of the Royal Society of London B* 280(1753): 1-6.

Geisler, J.H., McGowen, M.R., Yang, G., Gatesy, J. 2011. A supermatrix analysis of genomic, morphological and paleontological data from crown Cetacea. *BMC Evolutionary Biology* 11: contrib. 112. doi: 10.1186/1471-2148-11-112.

Geisler, J.H., Godfrey, S.J., Lambert, O. 2012. A new genus and species of late Miocene inioid (Cetacea, Odontoceti) from the Meherrin River, North Carolina, USA. *Journal of Vertebrate Paleontology* 32: 198-2011.

Gradstein, F.M., Ogg, J.G., Schmitz, M.D., Ogg, G.M. 2012. *The Geologic Time Scale*. Elsevier, Oxford.

Handley, C.O. Jr. 1966. A synopsis of the genus *Kogia* (pygmy sperm whales). In: Norris, K.S. (ed.), *Whales, Dolphins, and Porpoises*. University of California Press, Berkeley, CA, pp. 62-69.

Harrington, C.R. 1977. Marine mammals from the Champlain Sea and the Great Lakes. *Annals of the New York Academy of Sciences* 288, 508-537.

IUCN. 2015. IUCN Red List of Threatened Species. Version 2015-4. www.iucnredlist.org.

Jefferson, T.A., Wang, J.Y. 2011. Revision of the taxonomy of finless porpoises (genus *Neophocaena*): the existence of two species. *JMATE* 4: 3-16.

Jefferson, T.A., Webber, M.A., Pitman, R.L. 2015. *Marine Mammals of the World*, 2nd ed. Elsevier, San Diego, CA.

Kimura, T., Yuji, T., Koichi, Y. 2012. A fossil delphinid (Cetacea, Odontoceti) from the Pleistocene Ichijiku Formation, Kazusa Group, Chiba, Japan. *Bulletin of the Gunma Museum of Natural History* 16: 71-76.

Koretsky, I.A., Domning, D.P. 2014. One of the oldest seals (Carnivora, Phocidae) from the Old World. *Journal of Vertebrate Paleontology* 34: 224-229.

Koretsky, I., Sanders, A.E. 2002. Paleontology from the late Oligocene Ashley and Chandler Bridge Formations of South Carolina 1: Paleogene pinniped remains: the oldest known seal (Carnivora: Phocidae). *Smithsonian Contributions in Paleobiology* 93: 179-183.

Lambert, O., Bianucci, G., Muizon, C. de. 2008. A new stem-sperm whale (Cetacea, Odontoceti, Physeteroidea) from the latest Miocene of Peru. *Comptes Rendu Palevol* 7: 361-369.

Lambert, O., Bianucci, G., Post, K., Muizon, C. de, Salas-Gismondi, R., Urbina, M., Reumer, J. 2010. The giant bite of a new raptorial sperm whale from the Miocene epoch of Peru. *Nature* 466: 105-108.

Lambert, O., Muizon, C. de. 2013. A new long-snouted species of the Miocene pontoporiid dolphin *Brachydelphis* and a review of the Mio-Pliocene marine mammal levels in the Sacaco Basin, Peru. *Journal of Vertebrate Paleontology* 33(3): 709-721.

Lambert, O., Muizon, C. de, Bianucci, G. 2013. The most basal beaked whale *Ninoziphius platyrostris* Muizon, 1983: clues on the evolutionary history of the family Ziphiidae (Cetacea, Odontoceti). *Zoological Journal of the Linnean Society* 167: 569-598.

Lindqvist, C., Bachmann, L., Anderson, L., Born, E.W., Arnason, U., Kovacs, K.M., Lydersen, C., Abramov, A.V., Wiig, O. 2009. The Laptev sea walrus *Odobenus rosmarus laptevi*: an enigma revisited. *Zoologica Scripta* 38: 113-127.

Marx, F., Kohno, N. 2016. A new Miocene baleen whale from the Peruvian desert. *Royal Society Open Science*, doi: 10.6084/m9.

McKee, J.W.A. 1994. Geology and vertebrate paleontology of the Tangahoe Formation, south Taranaki coast, New Zealand. *Geological Society Miscellaneous Publication* 80B: 63-91.

Mead, J.I., Spies, A.E., Sobolik, K.D. 2000. Skeleton of extinct North American sea mink. *Quaternary Research* 53: 247-262.

Morgan, G.S. 1994. Miocene and Pliocene marine mammal faunas from the Bone Valley Formation of central Florida. *Proceedings of the San Diego Society of Natural History* 29: 239-268.

Murakami, M., Shimada, C., Hikida, Y., Hirano, H. 2012a. A new basal porpoise, *Pterophocaena nishinoi* (Cetacea, Odontoceti, Delphinoidea), from the upper Miocene of Japan and its phylogenetic relationships. *Journal of Vertebrate Paleontology* 32: 1157-1171.

———. 2012b. Two new extinct basal phocoenids (Cetacea, Odontoceti, Delphinoidea), from the upper Miocene Koetoi Formation of Japan and their phylogenetic significance. *Journal of Vertebrate Paleontology* 32: 1172-1185.

Murakami, M., Shimada, C., Hikida, Y., Soeda, Y., Hiranov, H. 2014. *Eodelphis kabatensis*, a new name for the oldest true dolphin *Stenella kabatensis* Horikawa, 1977 (Cetacea, Odontoceti, Delphinidae) from the upper Miocene of Japan, and the phylogeny and paleobiogeography of Delphinoidea. *Journal of Vertebrate Paleontology* 34: 491-511.

Perrin, W.F., Brownell, R.L. Jr. 2001. Appendix 1 (of Annex U). update on the list of recognized species of cetaceans. *Journal of Cetacean Research and Management* 3(suppl.): 364-365.

Pyenson, N.D., Vélez-Juarbe, J., Gutstein, C.S., Little, H., Vigil, D., O'Dea, A. 2015. *Isthminia panamensis*, a new fossil inioid (Mammalia, Cetacea) from the Chagres Formation of Panama and the evolution of "river dolphins" in the Americas. *PeerJ* 3: e1227. doi: 10.7717.

Rosel, P.E., Dizon, A.E., Haygood, M.G. 1995. Variability of the mitochondrial control region in populations of the harbour porpoises, *Phocoena phocoena*, on interoceanic and regional scales. *Canadian Journal of Fisheries and Aquatic Sciences* 52: 1210-1219.

Scheel, D.M., Slater, G.J., Kolokotronis, S.O., Potter, C.W., Rotstein, D.S., Tsangaras, K., Greenwood, A.D., Helgen, K.M. 2014. Biogeography and taxonomy of extinct and endangered monk seals illuminated by ancient DNA and skull morphology. *ZooKeys* 409: 1-33.

Valenzuela-Toro, A.M., Pyenson, N.D., Gutstein, C.S, Suarez, M.E. 2016. A new dwarf seal from the late Neogene of South America and the evolution of pinnipeds in the southern hemisphere. *Papers in Paleontology* 2(1): 101-115.

Van der Feen, P.J. 1968. A fossil skull fragment of a walrus from the mouth of the River Scheldt (Netherlands). *Bijdragen tot de dierkunde* 38: 23-30.

Vélez-Juarbe, J., Domning, D.P. 2014a. Fossil Sirenia of the West Atlantic-Caribbean region IX. *Metaxytherium albifontanum*. *Journal of Vertebrate Paleontology* 34: 444-464.

———. 2014b. Fossil Sirenia of the West Atlantic and Caribbean region. X. *Priscosiren atlantica*, gen. et sp. nov. *Journal of Vertebrate Paleontology* 34: 951-964.

Vélez-Juarbe, J., Pyenson, N.D. 2012. *Bohaskaia monodontoides*, a new monodontid (Cetacea, Odontoceti, Delphinoidea) from the Pliocene of the western North Atlantic Ocean. *Journal of Vertebrate Paleontology* 32: 476-484.

Vélez-Juarbe, J., Domning, D.P., Pyenson, N.D. 2012. Iterative evolution of sympatric seacow (Dugongidae, Sirenia) assemblages during the past ~26 million years. *PLOS ONE* 7: e31294.

Vélez-Juarbe, J., Wood A.R., De Gracia C., Hendy, A.J.W. 2015. Evolutionary patterns among living and fossil kogiid sperm whales: evidence from the Neogene of Central America. *PLOS ONE* 10(4): e0123909. doi: 10.1371/journal.pone.

Wang, J.Y., Frasier, T.R., Yang, S.C., White, B.N. 2008. Detecting recent speciation events: The case of the finless porpoise (genus *Neophocaena*). *Heredity (Edinburgh)* 101(2): 145-155.

Whitmore, F. 1994. Neogene climatic change and the emergence of the modern whale fauna of the North Atl. Ocean. *Proceedings of the San Diego Society of Natural History* 29: 223-227.

Zhou, K., Zhou, M., Zhao, Z. 1984. First discovery of a Tertiary platanistoid fossil from Asia. *Scientific Reports of the Whales Research Institute* 35: 173-181.

术语表

古DNA： 指从考古标本或生物标本中发现的古代DNA。

非洲总兽目： 指成员起源于非洲的哺乳动物进化支。

龙涎香： 指在一些鲸鱼的肠道中发现的一种蜡状物质，形成于乌贼喙部周围。

再生： 指某一谱系内部的进化，即某物种进化为另一物种，同时又未脱离原谱系。

"古鲸亚目"： 指一种鲸目干群物种的非单源群。

无血管（骨骼）坏死： 指由于缺乏血液供应而导致的骨组织死亡。

深度测量法： 指对水体深度的测量。

自下而上： 指通过养分供应控制的生态系统。

丘齿形： 指白齿有较低的圆形齿尖。

兼捕： 指从事捕捞作业时捕捉到的非目标种类的比例，诸如捕鱼时意外获得的其他猎物的比例。

鲸偶蹄目： 指哺乳动物总目，包括鲸类动物和偶蹄类动物（趾数为偶数的有蹄类动物）。

特征： 指有机体可遗传的形态属性、分子属性、生理属性或行为属性。

化能合成体： 指利用化学能量而非光合作用产生碳水化合物的有机体，如细菌等。

支序分类学： 指一种重建有机体进化历史的方法，主要依据来自共同祖先的衍生特征。

进化分支图： 指根据有机体与共同祖先关系的紧密程度绘制的用以描述有机体间关系的分支图。

点击： 指短时声音的声波频率。

聚合： 指有机体间非遗传导致的相似性。

逆流交换器： 指允许相邻液体反向流动的组织结构，可使传热率最大化。

冠群： 一个共同祖先及其所有后裔组成的单系群，即构成一个冠部类群。形成于一次分支发生事件，其识别依据是共同衍征。

减压综合症： 指潜水员在压力下呼吸空气，并在深水中停留一段时间后快速上浮时出现的一种严重的症状。当氮进入血液、关节和神经组织时会出现该症状，如若没有进行渐进的减压治疗，会导致疼痛、麻痹和死亡等后果。该病症也被称为"减压病"。

小齿： 指小的齿状结构（例如，齿尖）。

牙间隙： 指牙齿间的间隙或空隙。

数字声波标记： 指能够测量野生海洋哺乳动物对声音的反应的小装置。

趾行： 指用趾行走（手指和脚趾）。

二源： 指两个单独的祖先。

头骨定向不对称： 指在齿鲸亚目中，右侧的头骨和软组织比左侧的大。

软骨藻酸： 指一种由海洋硅藻产生的毒素。

durophagous： 指以甲壳类生物（如有壳的软体动物或螃蟹）为食。

回声定位： 指通过反射的回声，发出并接受高频声波；齿鲸类动物通过这种方式为自己导航并定位猎物。

脑化商值： 指脑部大小与身体大小的数字比例。

局部性： 指分布局限于特定的地理区域。

颅腔模型： 指保留了某结构轮廓的模具。

温血性： 指通过肌肉活动对体温进行调节。

时期： 细分的地质年代。

有限元分析： 指一种方法，预测结构对力、振动和流体流动的反应。

尾叶： 指鲸目动物和海牛目动物的水平展开的尾巴。

几何形态学： 指利用几何坐标来分析形状。

幽灵谱系： 指一种进化谱系，本身没有化石记录，但却能从相关类群的记录中推断出其存在。

温室气体： 指能够吸收辐射、维持大气热量的化合物。

有害藻华： 指水域系统中由于藻类数量的迅速增加而形成的一种海洋灾害。缩写为 HAB。

异齿形： 指牙齿具有多种类型，如门齿、犬齿、前臼齿和臼齿，它们分别具有不同的功能。

同齿形： 指所有的牙齿在形状上和功能上都非常相似。

共源性状： 指存在两个类群中，但来自于同一祖先的性状。

超级食肉类： 指牙齿上有片状成分的动物。

多指型： 指足趾数量的增加，在鲸鱼中可见。

内群： 指以进化关系为研究对象的有机体群体；也可见外群。

海藻： 指一种水藻。

关键种： 指在生态系统中起关键作用的物种。

磷虾： 指像虾一样的甲壳类动物，属磷虾科，是须鲸类和某些鳍足类动物（例如，食蟹海豹）的主要食物来源。

千年： 指几千年前。缩写为KYA或ka。

谱系： 指祖先—后代群落。

谱系排序： 指每个基因的血统沿着两个分离物种聚合到整个系统发育关系中的过程。

脂质： 指一组自然产生的分子，包括脂肪、蜡和植物固醇。

Ma： 指百万年前。缩写为MYA。

大进化： 指进化高于物种水平。

大规模灭绝： 指涉及许多不相关物种灭绝的一种大规模的事件。

大规模搁浅： 指3个或以上的同一物种个体故意游到岸上或无意被海浪或推潮困在岸上的现象。

额隆： 指齿鲸亚目前额上由脂肪填充的结构，用来聚焦声音。

单源： 指由一个共同祖先和所有后代组成的群体。

肌红蛋白： 指肌肉细胞中氧与蛋白结合。

骨软骨病： 指影响骨骼生长的疾病。

骨硬化： 指密质骨。

外群： 指与某一类群密切相关但却位居其外的有机体类群或种群，两者间的关系为人们研究的对象；也可见内群。

外群对比： 指确定某一特征的极性（祖先条件或派生条件）的过程；先假设在外群中发现的特征是所研究种群的祖先条件。

多骨： 指厚密的骨头。

稚态： 指随着发育时间的改变，成体仍保持幼体的特征。

近有蹄类： 指包括长鼻类动物、海牛目动物和蹄兔类动物在内的哺乳动物进化支。

随机交配： 指一种采用随机交配模式的交配策略。

并系： 指由共同祖先和部分后代组成的群体。

类特提斯海： 指原先存在于欧洲中部与亚洲东部之间的一大片浅海。

被动选择： 指一种进化的趋势，为某一进化支多样性和可用形态空间填充的结果；与主动选择相对，导致某一谱系的进化发生方向性变化。

过型形成： 指发育时间的增加，成熟期推迟，发育延长。

音唇： 指位于鼻腔内的软组织结构，被假设为发出声音的器官。

系统发育关系： 指某一组有机体的进化史。

鳍足类动物： 指一种包括现存鳍足类动物及其已灭绝的化石亲属的进化支。

食鱼： 指主要以鱼类为食。

跖行： 指一种脚掌着地的站立姿势。

板块构造论： 指地球表面被分为大块可移动的地壳物质的观点。

极性： 特性状态变化的方向（祖先与派生）。

多齿： 指牙齿的数量增加。

一雄多雌： 指在繁殖季节一个雄性与多个雌性交配的交配策略。

多源： 指一种非单性群体，有趋同的进化特征。

多分枝： 指分类群之间未解决的关系模式。

主成分分析： 指一种统计过程，将一组对可能的相关变量的观察转换成一组线性不相关变量的值（主成分）。

假基因： 指已经丧失编码蛋白质能力的非功能性基因的

近亲。

根状茎：指植物改良的地下茎。

学名：指某一物种的特定名称，包括一个属名和种名（特定的叫法）。

性双态性：指某一特定物种的雄性和雌性之间的外形差异。

性别选择：指一种特殊类型的自然选择，以独特的性别特征为选择依据，或者是因为某种性别的成员会选择具有特定特征的伴侣，或者是因为在同性别成员之间争夺配偶的竞争中，只有具有某些特质的成员才会成功。

姐妹类群：指一对彼此关系最亲密的物种。

干群：属于冠群之外的有机体。

同域：指生存于同一地点的两个种群或物种。

共源性状：指有共同的衍生特征，是不同类群之间有共同祖先的证据。

地层学：指地质学的分支，研究岩石层（地层）及其解释。

埋藏学：研究机体死亡后，受到影响的过程。

分类单元：指某一给定等级的特定分类群（复数形式为taxa）。

特提斯海：指过去存在的位于现在印度和巴基斯坦地区的一片浅海水域。

特提斯兽类：指一种包括长鼻类动物（大象）、海牛目动物和灭绝的索齿兽目动物在内的单源群。

teuthophagous：指主要以头足类动物（如鱿鱼）为食。

时间尺度：指一种将地层学与时间联系起来的系统。

牙齿同位素：指可以在牙齿中测量到的同位素标记（同位素分布），能反映动物的饮食情况。

自上向下：指由掠食者控制的生态系统。

上升流：指一种在大陆边缘地区将营养丰富的水带到表层的环流模式。

凭证标本：指有出产地、出土信息等详细资料可以防止误认的参考标本。

鲸落：指在海底的鲸鱼尸体周围进化的有机体。

Ypb：几年前。

浮游动物：指在海洋上部发现的浮游动物。

参考文献

第一章 绪论

Berta, A., Sumich, J.L., Kovacs, K.M. 2015. *Marine Mammals: Evolutionary Biology*, 3rd ed. Elsevier, San Diego, CA.

Kuntner, M., May-Collado, L.J., Agnarsson, I. 2010. Phylogeny and conservation priorities of afrotherian mammals (Afrotheria, Mammalia). *Zoologica Scripta* 40: 1-15.

Marx, F. 2009. Marine mammals through time: when less is more in studying paleodiversity. *Proceedings of the Royal Society B* 276: 887-892.

Mirceta, S., Signore, A.V., Burns, J.M., Cossins, A.R., Campbell, K.L., Berenbrink, M. 2013. Evolution of mammalian diving capacity traced by myoglobin net surface charge. *Science* 340: 1234192.

Nowacek, D.P., Johnson, M.P., Tyack, P.L., Shorter, K.A., McLellan, W.A., Pabst, A. 2001. Buoyant balaenids: the ups and downs of buoyancy in right whales. *Proceedings of the Royal Society B* 268: 1811-1816.

Pyenson, N.D., Gutstein, C.S., Parham, J.F., Le Roux, J.P., Chavarría, C.C., Little, H., Metallo, A., Rossi, V., Valenzuela-Toro, A.M., Vélez-Juarbe, J., Santelli, C.M., Rubilar Rogers, D., Cozzuol, M.A., Suárez, M.E. 2014. Repeated mass strandings of Miocene marine mammals from Atacama region of Chile point to sudden death at sea. *Proceedings of the Royal Society B* 281(1781). doi: 10.1098/rspb.2013.3316.

Shubin, N. 2001. Quoted in *Whale Evolution*. WGBH Educational Foundation and Clear Blue Sky Productions. www.pbs.org/wgbh/evolution/library/03/4/l_034_05.html.

Thewissen, J.G.M. 2015. *The Walking Whales: From Land to Water in 8 Million Years*. University of California Press, Berkeley, CA.

Thewissen, J.G.M., Bajpai, S. 2009. New skeletal material of *Andrewsiphius* and *Kutchicetus*, two Eocene cetaceans from India. *Journal of Paleontology* 83: 635-663.

Thewissen, J.G.M., Cooper, L.N., Clementz, M.T., Bajpai, S., Tiwari, B.N. 2007. Whales originated from aquatic artiodactyls in the Eocene epoch of India. *Nature* 450: 1190-1194.

Uhen, M.D., Pyenson N.D. 2007. Diversity estimates, biases, and historiographic effects: resolving cetacean diversity in the Tertiary. *Palaeontologica Electronica* 10(2): 11A.

第二章 最古老的海洋哺乳动物

Andrews, C.W. 1902a. Dr. C. W. Andrews on fossil vertebrates from Upper Egypt. *Proceedings of the Zoological Society of London* 1902: 228-230.

———. 1902b. Preliminary note on some recently discovered extinct vertebrates from Egypt, part III. *Geological Magazine*, Decade IV, 9: 291-295.

———. 1904. Further notes on the mammals of the Eocene of Egypt, part III. *Geological Magazine*, Decade V, 1: 211-215.

Bebej, R.M., ul-Haq, M., Zalmout, I.S., Gingerich, P.D. 2012. Morphology and function of the vertebral column in *Remingtonocetus domandensis* (Mammalia, Cetacea) from the middle Eocene Domanda Formation of Pakistan. *Journal of Mammalian Evolution* 19: 77-104.

Bebej, R.M., Zalmout, I.S., Abed El-Aziz, A.A., Antar, M.S.M., Gingerich, P.D. 2016. First remingtonocetid archaeocete (Mammalia, Cetacea) from the middle Eocene of Egypt with implications for biogeography and locomotion in early cetacean evolution. *Journal of Paleontology*, doi: 10.1017/jpa.2015.57.

Benoit, J., Adnet, S., El Mabrouk, E., Khayati, H., Ali, M.B.H., Marivaux, L., Merzeraud, G., Merigeaud, S., Vianey-Liaud, M., Tabuce, R. 2013. Cranial remain from Tunisia provides new clues for the origin and evolution of Sirenia (Mammalia, Afrotheria) in Africa. *PLOS ONE* 8: e54307.

Bianucci, G., Gingerich, P.D. 2011. *Aegyptocetus tarfa*, n. gen. et sp. (Mammalia, Cetacea), from the middle Eocene of Egypt: clinorhynchy, olfaction, and hearing in a protocetid whale. *Journal of Vertebrate Paleontology* 31: 1173-1188.

Buchholtz, E.A. 2007. Modular evolution of the cetacean vertebral column. *Evolution and Development* 9: 278-289.

Churchill, M., Martinez-Caceres, M., Muizon, C. de, Mnieckowski, J., Geisler, J.H. 2016. The origin of high-frequency hearing in whales. *Current Biology* 26: 1-6.

Cooper, L.N., Hieronymus, T.L., Vinyard, C., Bajpai, S.,

Thewissen, J.G.M. 2014. Applications for constrained ordination: reconstructing feeding behaviors in fossil Remingtonocetinae (Cetacea: Mammalia). In: Hebbree, D.I., Platte, B.F., Smith, J.J. (eds), *Experimental Approaches to Understanding Fossil Organisms, Topics in Geobiology*, vol. 41. Springer Science + Business Media, Dordrecht, Netherlands, pp. 89-107.

Domning, D.P. 2000. The readaptation of Eocene sirenians to life in the water. *Historical Biology* 14: 115-119.

Ekdale, E.G., Racicot, R.A. 2015. Anatomical evidence for low frequency sensitivity in an archaeocete whale: comparison of the inner ear of *Zygorhiza kochii* with that of crown Mysticeti. *Journal of Anatomy* 226(1): 22-39.

Fahlke, J.M., Hampe, O. 2015. Cranial symmetry in baleen whales (Cetacea, Mysticeti) and the occurrence of cranial asymmetry throughout cetacean evolution. *Naturwissenschaften* 102(9-10): 1309.

Fahlke, J.M., Gingerich, P.D., Welsh, R.C., Wood, A.R. 2011. Cranial asymmetry in Eocene archaeocete whales and the evolution of directional hearing. *Proceedings of the National Academy of Sciences USA* 408: 14,545-14,548.

Fahlke, J.M., Bastl, K.A., Semprebonn, G.M., Gingerich, P.D. 2013. Paleoecology of archaeocete whales throughout the Eocene: dietary adaptations revealed by microwear analysis. *Palaeogeography, Palaeoclimatology, and Palaeoecology* 386: 690-701.

Fordyce, R.E. 2009. Cetacean evolution. In: Perrin, W.F., Wursig, B., Thewissen, J.G.M. (eds), *Encyclopedia of Marine Mammals*, 2nd ed. Elsevier, San Diego, CA, pp. 201-207.

Gatesy, J., Geisler, J.H., Chang, J., Buell, C., Berta, A., Meredith, R.W., Springer, M.S., McGowen, M.R. 2013. A phylogenetic blueprint for a modern whale. *Molecular Phylogenetics and Evolution* 66: 479-506.

Gingerich, P.D. 1992. Marine mammals (Cetacea and Sirenia) from the Eocene of Gebel Mokattam and Fayum, Egypt: stratigraphy, age and paleoenvironments. *Papers on Paleontology, University of Michigan*, no. 30.

———. 2015a. Evolution of whales from land to sea. In: Dial, K.P., Shubin, N., Brainerd, E.L. (eds), *Major Transformations in Vertebrate Evolution.* University of Chicago Press, Chicago, IL, pp. 239-256.

———. 2015b. New partial skeleton and relative brain size in the late Eocene archaeocete *Zygorhiza kochii* (Mammalia, Cetacea) from the Pachuta marl of Alabama, with a note on contemporaneous *Pontogeneus brachyspondylus*. *Contributions from the Museum of Paleontology, University of Michigan* 32(10): 161-188.

———. 2016. Body weight and relative brain size (encephalization) in Eocene Archaeoceti (Cetacea). *Journal of Mammalian Evolution* 23(1): 17-31.

Gingerich, P.D., Russell, D.E. 1981. *Pakicetus inachus*, a new archaeocete (Mammalia: Cetacea). *Contributions from the Museum of Paleontology, University of Michigan* 25: 235-246.

Gingerich, P.D., Domning, D.P., Blane, C.E., Uhen, M.D. 1994. Cranial morphology of *Protosiren fraasi* (Mammalia, Sirenia) from the middle Eocene of Egypt: a new study using computed tomography. *Contributions from the Museum of Paleontology, University of Michigan* 29: 41-67.

Godfrey, S.J. 2013. On the olfactory apparatus in the Miocene odontocete *Squalodon* sp. (Squalodontidae). *Comptes Rendus Palevol* 12: 519-530.

Godfrey, S.J., Geisler, J., Fitzgerald, E. 2012. On the olfactory anatomy in an archaic whale (Protocetidae, Cetacea) and the minke whale *Balaenoptera acutorostrata* (Balaenopteridae, Cetacea). *Anatomical Record* 296: 257-272.

Gol'din, P., Zvonok, E. 2013. *Basilotritus uheni*, a new cetacean (Cetacea, Basilosauridae) from the late Middle Eocene of eastern Europe. *Journal of Paleontology* 87: 254-268.

Harlan, R. 1834. Notice of fossil bones found in the Tertiary formation of the state of Louisiana. *Transactions of the American Philosophical Society, Philadelphia* 4(12): 397-402.

Houssaye, A., Tafforeau, P., Muizon, C. de, Gingerich, P.D. 2015. Transition of Eocene whales from land to sea: evidence from bone microstructure. *PLOS ONE* 10(2): e0118409.

Kellogg, R. 1936. A review of the Archaeoceti. *Carnegie Institute of Washington Special Publication* 482: 1-366.

Kishida, T., Thewissen, J.G.M., Hayakawa, T., Imai, H., Agata, K. 2015. Aquatic adaptation and the evolution of smell and taste in whales. *Zoological Letters* 1: 9. doi: 10.1186/s40851-014-0002-z.

Newsome, S.D., Clementz, M.T., Koch, P.L. 2010. Using stable isotope biogeochemistry to study marine mammal ecology. *Marine Mammal Science* 26(3): 509-573.

Owen, R. 1839. Observations on the teeth of the *Zeuglodon, Basilosaurus* of Dr. Harlan. *Proceedings of the Geological Society of London* 1839: 24-28.

———. 1855. On the skull of a mammal (*Prorastomus sirenoides*, Owen), from the island of Jamaica. *Quarterly Journal of the Geological Society of London* 31: 559-567.

Ray, J. 1693. *Synopsis Methodica Animalium Quadrupedum et Serpentini Generis*. Robert Southwell, London.

Snively, E., Fahlke, J.M., Welsh, R.C. 2015. Bone-breaking bite force of *Basilosaurus isis* (Mammalia, Cetacea) from the late Eocene of Egypt estimated by finite element analysis. *PLOS ONE* 10(2): e0118380.

Stromer, E. 1908. *Die Archaeoceti des agyptischen Eozans*. W. Braumuller, Austria.

Thewissen, J.G.M. 2015. *The Walking Whales: From Land to Water in 8 Million years*. University of California Press, Berkeley, CA.

Thewissen, J.G.M., Williams, E.M. 2002. The early radiations of Cetacea (Mammalia): evolutionary pattern and developmental correlations. *Annual Reviews of Ecology and Systematics* 33: 73-90.

Thewissen, J.G.M., Hussain, S.T., Arif, M. 1994. Fossil evidence for the origin of aquatic locomotion in archaeocete whales. *Science* 263: 201-212.

Uhen, M.D. 2004. *Form, Function, and Anatomy of* Dorudon atrox *(Mammalia, Cetacea): An Archaeocete from the Middle to Late Eocene of Egypt*, University of Michigan, Papers on Paleontology, no. 34. University of Michigan, Ann Arbor, MI.

———. 2007. Evolution of marine mammals: back to the sea after 300 million years. *Anatomical Record* 290: 514-522.

Vélez-Juarbe, J., Domning, D.P. 2015. Fossil Sirenia of the West Atlantic and Caribbean region. XI: *Callistosiren boriquensis*, gen. et sp. nov. *Journal of Vertebrate Paleontology* 35(1): e885034.

West, R.M. 1980. Middle Eocene large mammal assemblage with Tethyan affinities, Ganda Kas region, Pakistan. *Journal of Paleontology* 54: 508-533.

第三章 后来分化的鲸类

Aguirre-Fernández, G., Fordyce, R.E. 2014. *Papahu taitapu*, gen. et sp. nov., an early Miocene stem odontocete (Cetacea) from New Zealand. *Journal of Vertebrate Paleontology* 34: 195-210.

Armfield, B., Zheng, Z., Bajpai, S., Vinyard, C.J., Thewissen, J.G.M. 2013. Development and evolution of the unique cetacean dentition. *PeerJ* 1: e24. http://dx.doi.org/10.7717/peerj.24.

Bajpai, S., Thewissen, J.G.M., Conley, R.W. 2011. Cranial anatomy of middle Eocene *Remingtonocetus* (Cetacea, Mammalia) from Kutch, India. *Journal of Paleontology* 85: 703-718.

Baldanza, A., Bizzarri, R., Famiani, F., Monaco, P., Pellegrino, R., Sassi, P. 2013. Enigmatic, biogenically induced structures in Pleistocene marine deposits: a first record of fossil ambergris. *Geology* 41(10): 1075-1078.

Barnes, L.G. 1978. A review of *Lophocetus* and *Liolithax* and their relationships to the delphinoid family Kentriodontidae (Cetacea: Odontoceti). *Natural History Museum of Los Angeles County Science Bulletin* 28: 1-35.

Beatty, B.L., Rothschild, B.M. 2008. Decompression syndrome and the evolution of deep diving physiology in cetaceans. *Naturwissenschaften* 95: 793-801.

Beneden, P.J. van. 1872. Les baleines fossiles d'anvers. *Bulletin de l'Academie des Sciences de Belgique* 34(2): 6-20.

Berta, A. (ed.). 2015. *Whales, Dolphins, and Porpoises*. University of Chicago Press, Chicago, IL.

Berta, A., Sumich, J.L., Kovacs, K.M. 2015. *Marine Mammals: Evolutionary Biology*. Elsevier, San Diego, CA.

Berta, A., Lanzetti, A., Ekdale, E.G., Deméré, T.A. 2016. From teeth to baleen and raptorial to bulk filter feeding in mysticete cetaceans: the role of paleontologic, genetic, and geochemical data in feeding evolution and ecology. *Integrative and Comparative Biology* 56(6): 1271-1284.

Bianucci, G. 1996. The Odontoceti (Mammalia, Cetacea) from Italian Pliocene: systematics and phylogenesis of Delphinidae. *Palaeontographia Italica* 83: 73-167.

———. 2013. *Septidelphis morii*, n. gen. et sp., from the Pliocene of Italy: new evidence of the explosive radiation of true dolphins (Odontoceti, Delphinidae). *Journal of Vertebrate Paleontology* 33(3): 722-740.

Bianucci, G., Landini, W. 2002. Change in diversity, ecological significance and biogeographical relationships of the Mediterranean Miocene toothed whale fauna. *Geobios*: 19-28.

Bianucci, G., Lambert, O., Post, K. 2007. A high diversity in fossil beaked whales (Odontoceti, Ziphiidae) recovered by trawling from the sea floor off South Africa. *Geodiversitas* 29: 561-618.

Bianucci, G., Lambert, O., Salas-Gismondi, R., Tejada, J., Pujos, F., Urbina, M., Antoine, P.O. 2013a. A Miocene relative of the Ganges River dolphin (Odontoceti, Platanistidae) from the Amazon Basin. *Journal of Vertebrate Paleontology* 33(3): 741-745.

Bianucci, G., Mijan, I., Lambert, O., Post, K., Mateus, O. 2013b. Bizarre fossil beaked whales (Odontoceti, Ziphiidae) fished from the Atlantic Ocean floor off the Iberian Peninsula. *Geodiversitas* 35(1): 105-152.

Bianucci, G., Di Celma, C., Urbina, M., Lambert, O. 2016. New beaked whales from the late Miocene of Peru and evidence of convergent evolution in stem and crown Ziphiidae (Cetacea, Odontoceti). *PeerJ* 4: e2479. doi: 10.7717/peerj.2479.

Bisconti, M. 2005. Taxonomic revision and phylogenetic relationships of the rorqual-like mysticete from the Pliocene of Mount Pulgnasco. northern Italy (Mammalia, Cetacea, Mysticeti). *Palaeontographia Italica* 91: 85-108.

———. 2006. *Titanocetus*, a new baleen whale from the middle Miocene of northern Italy (Mammalia, Cetacea, Mysticeti). *Journal of Vertebrate Paleontology* 26(2): 344-354.

———. 2007. A new basal balaenopterid whale from the Pliocene of northern Italy. *Palaeontology* 50(5): 1103-1122.

———. 2012. Comparative osteology and phylogenetic relationships of *Miocaperea pulchra*, the first fossil pygmy right whale genus and species (Cetacea, Mysticeti, Neobalaenidae). *Zoological Journal of the Linnean Society* 166: 876-911.

———. 2015. Anatomy of a new cetotheriid genus and species from the Miocene of Herentals, Belgium, and the phylogenetic and palaeobiogeographical relationships of Cetotheriidae s.s. (Mammalia, Cetacea, Mysticeti). *Systematic Paleontology* 13(5): 377-395.

Bisconti, M., Bosselaers, M. 2016. *Fragilicetus velponi*: a new mysticete genus and species and its implications for the origin of Balaenopteridae (Mammalia, Cetacea, Mysticeti). *Zoological Journal of the Linnean Society* 177: 450-474.

Bisconti, M., Lambert, O., Bosselaers, M. 2013. Taxonomic revision of *Isocetus depauwi* (Mammalia, Cetacea, Mysticeti) and the phylogenetic relationships of archaic "cetothere" mysticetes. *Palaeontology* 56(1): 95-127.

Boersma, A.T., Pyenson, N.D. 2015. *Albicetus oxymycterus*, a new generic name and redescription of a basal physeteroid (Mammalia, Cetacea) from the Miocene of California, and the evolution of body size in sperm whales. *PLOS ONE* 10(12): e0135551.

———. 2016. *Arktocara yakataga*, a new fossil odontocete (Mammalia, Cetacea) from the Oligocene of Alaska and the antiquity of Platanistoidea. *Peerj*, doi: 10.7717/peerj.2321.

Boessenecker, R.W. 2013. A new marine vertebrate assemblage from the Late Neogene Purisima Formation in Central California, part II: pinnipeds and cetaceans. *Geodiversitas* 35(4): 815-940.

Boessenecker, R.W., Fordyce, R.E. 2015a. Anatomy, feeding ecology, and ontogeny of a transitional baleen whale: a new genus and species of Eomysticetidae (Mammalia: Cetacea) from the Oligocene of New Zealand. *PeerJ*, doi: 10.7717/peerj.1129.

———. 2015b. A new eomysticetid (Mammalia: Cetacea) from the Late Oligocene of New Zealand and a re-evaluation of "*Mauicetus*" *waitakiensis*. *Papers in Palaeontology* 1: 107-140. doi: 10.1002/spp2.1005.

———. 2015c. A new genus and species of eomysticetid (Cetacea: Mysticeti) and a reinterpretation of "*Mauicetus lophocephalus*" Marples, 1956: transitional baleen whales from the upper Oligocene of New Zealand. *Zoological Journal of the Linnean Society* 175(3): 607-660.

———. 2016. A new eomysticetid from the Oligocene Kokoamu Greensand of New Zealand and a review of the Eomysticetidae (Mammalia, Cetacea). *Journal of Systematic Paleontology*, doi: 10.1080/14772019.2016.1191045.

Boessenecker, R.W., Poust, A.W. 2015. Freshwater occurrence of the extinct dolphin *Parapontoporia* (Cetacea: Lipotidae) from the upper Pliocene nonmarine Tulare Formation of California. *Palaeontology* 58(3): 489-496.

Boessenecker, R.W., Perry, F.A., Geisler, J.H. 2015. Globicephaline whales from the Mio-Pliocene Purisima Formation of central California, USA. *Acta Palaeontologica Polonica* 60(1): 113-122.

Buono, M.R., Dozo, M.T., Marx, F.G., Fordyce, R.E. 2014a. A late Miocene potential Neobalaenine mandible from Argentina sheds light on the origins of the living pygmy right whale. *Palaeontologica Polonica* 59(4): 787-793.

Buono, M.R., Fernández, M.S., Cozzuol, M.A. 2014b. Miocene balaenids (Cetacea: Mysticeti: Balaenidae) from Patagonia (Argentina) and their implication for early evolution of right whales. Abstract, 4th International Congress Mendoza, Argentina, p. 662.

Churchill, M., Martinez-Caceres, M., Muizon, C. de, Mnieckowski, J., Geisler, J.H. 2016. The origin of high-frequency hearing in whales. *Current Biology* 26: 1-6.

Clementz, M.T., Fordyce, R.E., Peek, S.L., Fox, D.L. 2014. Ancient marine isoscapes and isotopic evidence of bulk-feeding by Oligocene cetaceans, *Palaeogeography, Palaeoclimatology, and Palaeoecology* 400: 28-40.

Collareta, A., Landini, W., Lambert, O., Post, K., Tinelli, C., Di Celma, C., Panetta, D., Tripoli, M., Salvadori, P., Caramella, D., Marchi, D., Urbina, M., Bianucci, G. 2015. Piscivory in a Miocene Cetotheriidae of Peru: first-record of fossilized stomach content for an extinct baleen-bearing whale. *Science Nature*, doi: 10.1007/s00114-015-1319-y.

Cooper, L.N., Berta, A., Dawson, S.D., Reidenberg, J.S. 2007. Evolution of hyperphalangy and digit reduction in the cetacean manus. *Anatomical Record* 209: 654-672.

Cozzuol, M. 2010. Fossil record and the evolutionary history of Iniodea, In: Ruiz-Garcia, M., Shostell, J. (eds), *Biology, Evolution, and Conservation of River Dolphins*. Nova Science, Hauppauge, NY, pp. 193-217.

Cranford, T.W., Krysl, P., Hildebrand, J.A. 2008a. Acoustic pathway revealed: simulated sound transmission and reception in Cuvier's beaked whale (*Ziphius cavirostris*). *Bioinspiration and Biomimetics* 3: 1-10.

Cranford, T.W., McKenna, M.F., Soldevilla, M.S., Wiggins, S.M., Goldbogen, J.A., Shadwick, R.E., Krysl, P., St Leger, J.A., Hildebrand, J.A. 2008b. Anatomic geometry of sound transmission and reception in Cuvier's beaked whale (*Ziphius cavirostris*). *Anatomical Record* 291: 353-378.

Cranford, T.W., Krysl, P., Amundin, M. 2010. A new acoustic portal into the odontocete ear and vibrational analysis of the tympanoperiotic complex. *PLOS ONE* 5: e11927.

Deméré, T.A., McGowen, M.R., Berta, A., Gatesy, J. 2008. Morphological and molecular evidence for a stepwise evolutionary transition from teeth to baleen in mysticete whales. *Systematic Biology* 57: 15-37.

Dines, J.P., Otárola-Castillo, E., Ralph, P., Alas, J., Daley, T., Smith, A.D., Dean, M.D. 2014. Sexual selection targets cetacean pelvic bones. *Evolution* 68(11): 3296-3306.

Ekdale, E.G., Demere, T.A., Berta, A. 2015. Vascularization of the gray whale plate (Cetacea, Mysticeti, *Eschrichtius robustus*): soft tissue evidence for an alveolar source of blood to baleen. *Anatomical Record* 298: 691-702.

El Adli, J.J., Deméré, T.A., Boessenecker, R.W. 2014. *Herpetocetus morrowi* (Cetacea: Mysticeti), a new species of diminutive baleen whale from the upper Pliocene (Piacenzian) of California, USA, with observations on the evolution and relationships of the Cetotheriidae. *Zoological Journal of the Linnean Society* 170: 400-466.

Fahlke, J., Hampe, O. 2015. Cranial symmetry in baleen whales (Cetacea, Mysticeti) and the occurrence of cranial asymmetry throughout cetacean evolution. *Naturwissenschaften* 102(9-10): 1309.

Fitzgerald, E.M.G. 2006. A bizarre new toothed mysticete (Cetacea) from Australia and the early evolution of baleen whales. *Proceedings of the Royal Society B* 273: 2955-2963.

———. 2010. The morphology and systematics of *Mammalodon colliveri* (Cetacea: Mysticeti), a toothed mysticete from the Oligocene of Australia. *Zoological Journal of the Linnean Society* 158: 367-476.

———. 2012a. Archaeocete jaws in a baleen whale. *Biology Letters* 8(1): 94-96.

———. 2012b. Possible neobalaenid from the Miocene of Australia implies a long evolutionary history for the pygmy right whale *Caperea marginata* (Cetacea, Mysticeti). *Journal of Vertebrate Paleontology* 32: 976-980.

Fordyce, R.E. 1994. *Waipatia maerewhenua*, new genus and new species (Waipatiidae, new family), an archaic Late Oligocene dolphin (Cetacea: Odontoceti: Platanistoidea) from New Zealand. In: Berta, A., Deméré, T. (eds), *Contributions in Marine Mammal Paleontology Honoring Frank C. Whitmore, Jr.*, Proceedings of the San Diego Society of Natural History, vol. 29. San Diego Museum of Natural History San Diego, CA, pp. 147-176.

———. 2009. Cetacean evolution. In: Perrin, W.F., Wursig, B., Thewissen, J.G.M. (eds), *Encyclopedia of Marine Mammals*, 2nd ed. Elsevier, San Diego, CA, pp. 201-207.

Fordyce, R.E., Marx, F.G. 2013. The pygmy right whale *Capera marginata*: the last of the cetotheres. *Proceedings of the Royal Society B* 280(1753). doi: 10.1098/rspb.2012.2645.

———. 2016. Mysticetes baring their teeth: a new fossil whale, *Mammalodon hakataramea*, from the Southwest Pacific. *Memoirs of the Museum Victoria* 74: 107-116.

Friedman, M., Shimada, K., Martin, L.D., Everhart, M.J., Liston, J., Maltese, A., Triebold, M. 2010. 100-million year dynasty of giant planktivorous bony fishes in the Mesozoic seas. *Science* 327: 990-993.

Galatius, A., Berta, A., Frandsen, M.S., Goodall, R.N.P. 2011. Interspecific variation on ontogeny and skull shape among porpoises (Phocoenidae). *Journal of Morphology* 272: 136-148.

Gatesy, J., Geisler, J.H., Chang, J., Buell, C., Berta, A., Meredith, R.W., Springer, M.S., McGowen, M.R. 2013. A phylogenetic blueprint for a modern whale. *Molecular Phylogenetics and Evolution* 66: 479-506.

Geisler, J.H., McGowen, M.R., Yang, G., Gatesy, J. 2011. A supermatrix analysis of genomic, morphological and paleontological data from crown Cetacea. *BMC Evolutionary Biology* 11: 1-33.

Geisler, J.H., Godfrey, S.J., Lambert, O. 2012. A new genus and species of late Miocene inioid (Cetacea, Odontoceti) from the Meherrin River, North Carolina, U.S.A. *Journal of Vertebrate Paleontology* 32(1): 198-211.

Geisler, J.H., Colbert, M.W., Carew, J.L. 2014. A new fossil species supports an early origin for toothed whale echolocation. *Nature* 508: 383-386.

Gibson, M.L., Geisler, J.H. 2009. A new Pliocene dolphin (Cetacea: Pontoporiidae), from the Lee Creek Mine, North Carolina. *Journal of Vertebrate Paleontology* 29(3): 966-971.

Gingerich, P.D. 2015. New partial skeleton and relative brain size in the late Eocene archaeocete *Zygorhiza kochii* (Mammalia, Cetacea) from the Pachuta marl of Alabama, with a note on contemporaneous *Pontogeneus brachyspondylus*. *Contributions from the Museum of Paleontology, University of Michigan* 32(10): 161-188.

———. 2016. Body weight and relative brain size (encephalization) in Eocene Archaeoceti (Cetacea). *Journal of Mammalian Evolution* 23(1): 17-31.

Godfrey, S.J., Barnes, L.G. 2008. A new genus and species of late Miocene pontoporiid dolphin (Cetacea: Odontoceti) from the St. Marys Formation in Maryland. *Journal of Vertebrate Paleontology* 28(2): 520-528.

Godfrey, S.J., Uhen, M.D., Osborne J.E., Edwards, L.E. 2016. A new specimen of *Agorophius pygmaeus* (Agorophiidae, Odontoceti, Cetacea) from the early Oligocene Ashley Formation of South Carolina, USA. *Journal of Paleontology* 90: 154-169.

Gol'din, P. 2014. "Antlers inside": are the skull structures of beaked whales (Cetacea: Ziphiidae) used for echoic imaging and visual display? *Biological Journal of the Linnean Society* 113: 510-515.

Gol'din, P., Startsev, D. 2014. *Brandtocetus*, a new genus of baleen whales (Cetacea, Cetotheriidae) from the late Miocene of Crimea, Ukraine. *Journal of Vertebrate Paleontology* 34(2): 419-433.

Gol'din, P., Steeman, M.E. 2015. From problem taxa to problem solver: a new Miocene family, Tranatocetidae, brings perspective on baleen whale evolution. *PLOS ONE* 10(9): e0135500. doi: 10.1371/journal.pone.0135500.

Hrbek, T., da Silva, V.M.F., Dutra, N., Gravena, W., Martin, A.R., Farias, P.I. 2014. A new species of river dolphin from Brazil or: how little do we know our biodiversity. *PLOS ONE* 9(1): e83623.

Hussain, A., Delsuc, F., Ropiquet, A., Hammer, C., Jansen Van Vuuren, B., Mathee, C., Ruiz-Garcia, M., Catzeflis, F., Areskoug, V., Nguyen, T.T., Couloux, A. 2012. Pattern and timing of diversification of Cetartiodactyla (Mammalia, Laurasiatheria), as revealed by a comprehensive analysis of mitochondrial genomes. *Comptes Rendus Biologies* 335: 32-50.

Kellogg, R. 1923. Description of an apparently new toothed cetacean from South Carolina. *Smithsonian Miscellaneous Collections* 76(7): 1-7.

———. 1924. Description of a new species of whalebone whale from the Calvert Cliffs, Maryland. *Proceedings of the US National Museum* 63: 1-14.

Lambert, O., Muizon, C. de. 2013. A new long-snouted species of the Miocene pontoporiid dolphin *Brachydelphis* and a review of the Mio-Pliocene marine mammal levels in the Sacaco Basin, Peru. *Journal of Vertebrate Paleontology* 33(3): 709-721.

Lambert, O., Bianucci, G., Post, K., Muizon, C. de, Salas-Gismondi, R., Urbina, M., Reumer, J. 2010. The giant bite of a new raptorial sperm whale from the Miocene epoch of Peru. *Nature* 466: 105-108.

Lambert, O., Muizon, C. de, Bianucci, G. 2013. The most basal beaked whale *Ninoziphius platyrostris* Muizon, 1983: clues on the evolutionary history of the family Ziphiidae (Cetacea: Odontoceti). *Zoological Journal of the Linnean Society* 167: 569-598.

Lambert, O., Bianucci, G., Beatty, B.L. 2014a. Bony outgrowths on the jaws of an extinct sperm whale support macroraptorial feeding in several stem physeteroids. *Naturwissenschaften* 101: 517-521.

Lambert, O., Bianucci, G., Urbina, M. 2014b. *Huaridelphis raimondii*, a new early Miocene Squalodelphinidae (Cetacea, Odontoceti) from the Chilcatay Formation, Peru. *Journal of Vertebrate Paleontology* 34(5): 987-1004.

Lambert, O., Collareta, A., Landini, W., Post, K., Ramassamy, B., Di Celma, C., Urbina, M., Bianucci, G. 2015a. No deep diving: evidence of predation on epipelagic fish for a stem beaked whale from the Late Miocene of Peru. *Proceedings of the Royal Society B* 282(1815). doi: 10.1098/rspb.2015.1530.

Lambert O., Muizon, C. de, Bianucci, G. 2015b. A new archaic homodont toothed cetacean (Mammalia, Cetacea, Odontoceti) from the Early Miocene of Peru. *Geodiversitas* 37(1): 79-108.

Lambert, O., Bianucci, G., Muizon, C. de. 2016. Macroraptorial sperm whales (Cetacea, Odontoceti, Physeteroidea) from the Miocene of Peru. *Zoological Journal of the Linnean Society*, doi: 10.111/zoj.12456.

Lambert, O., Bianucci, G., Urbina, M., Geisler, J. 2017. A new inioid from the Miocene of Peru and the origin of modern dolphin and porpoise families. *Zoological Journal of the Linnean Society* 179: 919-946.

Lindberg, D.R., Pyenson, N.D. 2007. Things that go bump in the night: evolutionary interactions between cephalopods and cetaceans in the Tertiary. *Lethaia* 40(4): 335-342.

Loch, C., Kieser, J.A., Fordyce, R.E. 2015. Enamel ultrastructure in fossil cetaceans (Cetacea: Archaeoceti and Odontoceti). *PLOS ONE*, doi: 10.1371/journal.pone.0116557.

Madsen, P.T., Lammers, M., Wisniewska, D., Beedholm, K. 2013. Nasal sound production in echolocating delphinids (*Tursiops truncatus* and *Pseudorca crassidens*) is dynamic, but unilateral: clicking on the right side and whistling on the left side. *Journal of Experimental Biology* 216: 4091-4102.

Marx, F.G., Fordyce, R.E. 2015. Baleen boom or bust: a synthesis of mysticete phylogeny, diversity and disparity. *Royal Society Open Science* 2: 140434.

———. 2016. A link no longer missing: new evidence for the cetotheriid affinities of *Caperea*. *PLOS ONE* 11(10): e10164059.

Marx, F.G., Kohno, N. 2016. A new Miocene baleen whale from the Peruvian desert. *Royal Society Open Science*, dx.doi.org: 10.6084/m9.

Marx, F.G., Tsai, C.-H., Fordyce, R.E. 2015. A new early Oligocene toothed "baleen" whale (Mysticeti: Aetiocetidae) from western North America: one of the smallest. *Royal Society Open Science* 2. doi: 10.1098/rsos.150476.

Marx, F.G., Bosselears, M.E.J., Louwye, S. 2016a. A new species of *Metopocetus* (Cetacea, Mysticeti, Cetotheriidae) from the late Miocene of the Netherlands. *PeerJ* 4: e1572. doi: 10.7717/peerj.1572.

Marx, F.G., Hocking, D.P., Park, T., Ziegler, T., Evans, A.R., Fitzgerald, E.M.G. 2016b. Suction feeding preceded filtering in baleen whale evolution. *Memoirs of the Museum Victoria* 75: 71-82.

McGowen, M.R., Gatesy, J., Wildman, D. 2015. Molecular evolution tracks macroevolutionary transitions in Cetacea. *Trends in Ecology and Evolution* 29(6): 336-346.

Mead, J., Fordyce, R.E. 2009. *The Therian Skull: A Lexicon with Emphasis on Odontocetes*. Smithsonian Contributions to Zoology, no. 627. Smithsonian Institution Scholarly Press, Washington, DC.

Mirceta, S., Signore, A.V., Burns, J.M., Cossins, A.R., Campbell, K.L., Berenbrink, M. 2013. Evolution of mammalian diving capacity traced by myoglobin net surface charge. *Science* 340: 1303.

Montgomery, S.H., Geisler, J.H., McGowen, M.R., Fox, C., Marino, L., Gatesy, J. 2013. The evolutionary history of cetacean brain and body size. *Evolution* 67(11): 3339-3353.

Muizon, C. de. 1984. *Les vertébrés fossiles de la formation Pisco (Pérou) II: les odontocetes (Cetacea, Mammalia) du Pliocene inférieur de Sud-Sacaco*, Institut Français d'Études Andines Éditions Recherche sur les Civilizations Mémoire, no. 50. Paris.

———. 1988. Les relations phylogénétiques des Delphinida (Cetacea, Mammalia). *Annales de Paleontologie* 74: 159-227.

Muizon, C. de, Domning, D.P., Ketten, D.R. 2001. *Odobenocetops peruvianus*, the walrus convergent delphinoid (Cetacea, Mammalia) from the lower Pliocene of Peru. *Smithsonian Contributions in Paleobiology* 93: 223-261.

Murakami, M., Shimada, C., Hikida, Y., Soeda, Y., Hirano, H. 2014. *Eodelphis kabatensis*, a new name for the oldest true dolphin *Stenella kabatensis* Horikawa, 1977 (Cetacea, Odontoceti, Delphinidae), from the upper Miocene of Japan, and the phylogeny and paleobiogeography of Delphinoidea. *Journal of Vertebrate Paleontology* 34(3): 491-511.

Panagiotopoulou, O., Spyridis, P., Mehari Abrahu, H., Carrier, D.R., Pataky, T.C. 2016. Architecture of the sperm whale forehead facilitates ramming combat. *PeerJ* 4: e1895. https://doi.org/10.7717/peerj.1895.

Peredo, C.M., Uhen, M.D. 2016. A new basal Chaeomysticete (Mammalia: Cetacea) from the late Oligocene Pysht Formation of Washington, U.S.A. *Papers in Paleontology* 1-22. doi: 10.1002/spp2.1051.

Post, K., Kompanje, E.J.O. 2010. A new dolphin (Cetacea, Delphinidae) from the Plio-Pleistocene of the North Sea. *Deinsea* 14: 1-13.

Pyenson, N.D., Sponberg, S.N. 2011. Reconstructing body size in extinct crown Cetacea (Neoceti) using allometry, phylogenetic methods and tests from the fossil record. *Journal of Mammalian Evolution* 18: 269-288.

Pyenson, N.D., Irmis, R.B., Lipps, J.H., Barnes, L.G., Mitchell, E.D., McLeod, S.A. 2009. Origin of a widespread marine bonebed deposited during the Miocene Climatic Optimum. *Geology* 37(6): 519-522.

Pyenson, N.D., Goldbogen, J.A., Vogl, A.W., Szathmay, G., Drake, R.L., Shadwick, R.E. 2012. Discovery of a sensory organ that coordinates lunge feeding in rorquals. *Nature* 485: 498-501.

Pyenson, N.D., Vélez-Juarbe, J., Gutstein, C.S., Little, H., Vigil, D., O'Dea, A. 2015. *Isthminia panamensis*, a new fossil inioid (Mammalia, Cetacea) from the Chagres Formation of Panama and the evolution of "river dolphins" in the Americas. *PeerJ* 3: e1227. doi: 10.7717/peerj. 1227.

Racicot, R.A., Deméré, T.A., Beatty, B.L., Boessenecker, R.W. 2014. Unique feeding morphology in a new prognathous extinct porpoise from the Pliocene of California. *Current Biology* 24: 774-779.

Racicot, R.A., Gearty, W., Kohno, N., Flynn, J.J. 2016. Comparative anatomy of the bony labyrinth of extant and extinct porpoises (Cetacea: Phocoenidae). *Biological Journal of the Linnean Society*, doi: 10.1111/bij.12857.

Sanders, A.E., Geisler, J.H. 2015. A new basal odontocete from the upper Rupelian of South Carolina, U.S.A., with contributions to the systematics of *Xenorophus* and *Microcetus* (Mammalia, Cetacea). *Journal of Vertebrate Paleontology* 35(1): e890107.

Scilla, A. 1670. *La vana speculazione disingannata dal senso: lettera risponsiva circa i Corpi Marini, che Petrificati si trovano in varij luoghi terrestri*. Andrea Colicchia, Naples, Italy.

Tanaka, Y., Fordyce, R.E. 2014. Fossil dolphin *Otekaikea marplesi* (latest Oligocene, New Zealand) expands the morphological and taxonomic diversity of Oligocene cetaceans. *PLOS ONE* 9: e107972. doi: 10.1371/journal.pone.0107972.

———. 2015a. A new Oligo-Miocene dolphin from New Zealand: *Otekaikea huata* expands diversity of early Platanistoidea. *Palaeontologica Electronica* 18: 1-71.

———. 2015b. Historically significant late Oligocene dolphin *Microcetus hectori* Benham 1935: a new species of *Waipatia* (Platanistoidea). *Journal of the Royal Society of New Zealand* 45(3): 135-150.

———. 2016. *Awamokoa tokarahi*, a new basal dolphin in the Platanistoidea (late Oligocene, New Zealand). *Journal of Systematic Palaeontology*, doi: 10.1080/1477201999.2016.1202339.

Thewissen, J.G.M., Cohn, M.J., Stevens, L.S., Bajpai, S., Heyning, J., Horton, W.E. Jr. 2006. Developmental basis for hind-limb loss in dolphins and origin of the cetacean bodyplan. *Proceedings of the National Academy of Sciences USA* 103: 8414-8418.

Thewissen, J.G.M., Cooper, L.N., Behringrt, R.R. 2012. Developmental biology enriches paleontology. *Journal of Vertebrate Paleontology* 32: 1223-1234.

Tsai, C.-H., Ando, T. 2015. Niche partitioning in Oligocene toothed mysticetes. *Journal of Mammalian Evolution* 23(1): 33-41.

Tsai, C.-H., Fordyce, R.E. 2014. Disparate heterochronic processes in baleen whale evolution. *Evolutionary Biology* 41: 299-307.

———. 2015. The earliest gulp-feeding mysticetes (Cetacea: Mysticeti) from the Oligocene of New Zealand. *Journal of Mammalian Evolution* 22(4): 535-560.

———. 2016. Archaic baleen whale from the Kokoamu Greensand: earbones distinguish a new late Oligocene mysticete (Cetacea: Mysticeti) from New Zealand. *Journal of the Royal Society of New Zealand*, http://dx.doi.org/10.1080/03036758.2016.1156552.

Tsai, C.-H., Kohno, N. 2016. Multiple origins of gigantism in stem baleen whales. *Science in Nature* 103: 89.

Uhen, M.D. 2004. *Form, Function, and Anatomy of* Dorudon atrox *(Mammalia, Cetacea): An Archaeocete from the Middle to Late Eocene of Egypt*, University of Michigan, Papers on Paleontology, no. 34. University of Michigan, Ann Arbor, MI.

Vélez-Juarbe, J., Wood, A.R., De Gracia, C., Hendy, A.J.W. 2015. Evolutionary patterns among living and fossil kogiid sperm whales: evidence from the Neogene of Central America. *PLOS ONE* 10(4): e0123909. doi: 10.1371/journal.pone.0123909.

Yamato, M., Pyenson, N.D. 2015. Early development and orientation of the acoustic funnel into the evolution of sound reception pathways in cetaceans. *PLOS ONE* 10(3): e 0118582.

第四章　水生食肉动物

Adam, P.J., Berta, A. 2002. Evolution of prey capture strategies and diet in the Pinnipedimorpha (Mammalia, Carnivora). *Oryctos* 4: 83-107.

Amson, E., Muizon, C. de. 2014. A new durophagous phocid (Mammalia: Carnivora) from the late Neogene of Peru and considerations on monachine seals phylogeny. *Systematic Paleontology* 12: 523-548.

Bebej, R.M. 2009. Swimming mode inferred from skeletal proportions in the fossil pinnipeds *Enaliarctos* and *Allodesmus* (Mammalia, Carnivora). *Journal of Mammalian Evolution* 16: 77-97.

Berta, A., Deméré, T.A. 1986. *Callorhinus gilmorei* n. sp. (Carnivora: Otariidae) from the San Diego Formation (Blancan) and its implications for otariid phylogeny. *Transactions of the San Diego Society of Natural History* 21: 111-126.

Berta, A., Ray, C.E. 1990. Skeletal morphology and locomotor capabilities of the archaic pinniped *Enaliarctos mealsi*. *Journal of Vertebrate Paleontology* 10: 141-157.

Berta, A., Wyss, A.R. 1994. Pinniped phylogeny. *Proceedings of the San Diego Society of Natural History* 29: 33-56.

Berta, A., Sumich, J.L., Kovacs, K.K. 2015. *Marine Mammals: Evolutionary Biology*, 3rd ed. Elsevier, San Diego, CA.

Boessenecker, R.W. 2011. New records of the fur seal *Callorhinus* (Carnivora: Otariidae) from the Plio-Pleistocene Rio Dell formation of northern California and comments on otariid dental evolution. *Journal of Vertebrate Paleontology* 31: 454-467.

Boessenecker, R.W., Churchill, M. 2013. A reevaluation of the morphology, paleoecology, and phylogenetic relationships of the enigmatic walrus *Pelagiarctos*. *PLOS ONE* 8: e54311.

———. 2015. The oldest known fur seal. *Biology Letters*, no. 2: 20140835.

———. 2016. The origin of elephant seals: implications of a fragmentary late Pliocene seal (Phocidae: Miroungini) from New Zealand. *New Zealand Journal of Geology and Geophysics*, doi: 10.1080/00288306.2016.1199437.

Brunner, S. 2004. Fur seals and sea lions (Otariidae): identification of species and taxonomic review. *Systematics and Biodiversity* 1: 339-439.

Churchill, M., Boessenecker, R.W. 2016. Taxonomy and biogeography of the Pleistocene New Zealand sea lion *Neophoca palatina* (Carnivora: Otariidae). *Journal of Paleontology*, doi: 10.1017/jpa2016.15.

Churchill, M., Clementz, M.T. 2015. Functional implications of variation in tooth spacing and crown size in Pinnipedimorpha (Mammalia: Carnivora). *Anatomical Record* 298: 878-902.

Churchill, M., Boessenecker, R.W., Clementz, M.T. 2014. The late Miocene colonization of the southern hemisphere by fur seals and sea lions (Carnivora: Otariidae). *Zoological Journal of the Linnean Society* 172(1): 200-225.

Churchill, M., Clementz, M.T., Kohno, N. 2015. Cope's rule and the evolution of body size in Pinnipedimorpha (Mammalia: Carnivora). *Evolution* 69: 201-205.

Cozzuol, M. 2001. A "northern" seal from the Miocene of Argentina: implications for phocid phylogeny and biogeography. *Journal of Vertebrate Paleontology* 21(3): 415-421.

Cullen, T.M., Fraser, D., Rybczynski, N., Schroder-Adams, C. 2014. Early evolution of sexual dimorphism and polygyny in Pinnipedia. *Evolution* 68(5): 1464-1484.

Debey, L.B., Pyenson, N.D. 2013. Osteological correlates and phylogenetic analysis of deep diving in living and extinct pinnipeds: what good are big eyes? *Marine Mammal Science* 29: 48-83.

Deméré, T.A. 1994. Two new species of fossil walruses (Pinnipedia: Odobenidae) from the upper Pliocene San Diego Formation, California. *Proceedings of the San Diego Society of Natural History* 29: 77-98.

Deméré, T.A., Berta, A. 2002. The pinniped Miocene *Desmatophoca oregonensis* Condon, 1906 (Mammalia: Carnivora) from the Astoria Formation, Oregon. *Smithsonian Contributions to Paleobiology* 93: 113-147.

———. 2005. New skeletal material of *Thalassoleon* (Otariidae: Pinnipedia) from the late Miocene-early Pliocene (Hemphillian) of California. *Florida Museum of Natural History Bulletin* 45: 379-411.

Deméré, T.A., Berta, A., Adam, P.J. 2003. Pinnipedimorph evolutionary biogeography. *Bulletin of the American Museum of Natural History* 279: 32-76.

Dewaele, L., Lambert, O., Louwye, S. 2017. On *Prophoca* and *Leptophoca* (Pinnipedia, Phocidae) from the Miocene of the North Atlantic realm: redescription, phylogenetic affinities and paleobiogeographic implications. *Peerj* 5:e3024; doi 10.7717/peerj.3024.

Fordyce, R.E. 2009. Cetacean evolution. In: Perrin, W.F., Wursig, B., Thewissen, J.G.M. (eds), *Encyclopedia of Marine Mammals*, 2nd ed. Elsevier, San Diego, CA, pp. 201-207.

Fulton, T.L., Strobeck, C. 2010. Multiple markers and multiple individuals refine true seal phylogeny and bring molecules and morphology back in line. *Proceedings of the Royal Society B* 277: 1065-1070.

Govender, R. 2015. Preliminary phylogenetic and biogeographic history of the Pliocene seal, *Homiphoca capensis* from Langebaanweg, South Africa. *Transactions of the Royal Society of South Africa* 70(1): 25-39.

Higdon, J.W., Binida-Emonds, O.R.P., Beck, R.M.D., Ferguson, S.H. 2007. Phylogeny and divergence of the pinnipeds (Carnivora: Mammalia) assessed using a multigene dataset. *BMC Evolutionary Biology* 7: 216.

Hocking, D.P., Marx, F.G., Park, T., Fitzgerald, E.M.G., Evans, A.R. 2017. A behavioural framework for the evolution of feeding in predatory aquatic mammals. *Proceedings of the Royal Society B* 284: 20162750 http://dx.doi.org/10.1098/rspb.2016.2750

Jones, K.E., Goswami, A. 2010. Quantitative analysis of the influences of phylogeny and ecology on phocid and otariid pinniped (Mammalia; Carnivora) cranial morphology. *Journal of Zoology* 280: 297-308.

Jones, K.E., Smaers, J.B., Goswami, A. 2015. Impact of the terrestrial-aquatic transition on disparity and rates of evolution in the carnivoran skull. *BMC Evolutionary Biology* 15: 8.

Kienle, S.S., Berta, A. 2015. The better to eat you with: the comparative feeding morphology of phocid seals. *Journal of Anatomy* 228(3): 396-413.

Kohno, N., Ray, C.E. 2008. Pliocene walruses from the Yorktown Formation of Virginia and North Carolina, and a systematic revision of the North Atlantic Pliocene walruses. *Virginia Museum of Natural History Special Publication* 14: 39-80.

Koretsky, I.A., Rahmat, S. 2013. First record of fossil Cystophorinae (Carnivora, Phocidae): middle Miocene seals from the northern Paratethys. *Rivista italiana di paleontolgia e stratigrafia* 119(3): 325-350.

Koretsky, I.A., Ray, C.E. 2008. Phocidae of the Pliocene of eastern USA. In: Ray, C.E., Bohaska, D., Koretsky, I.A., Ward, L.W., Barnes, L.G. (eds), *Geology and Paleontology of the Lee Creek Mine, North Carolina*, IV, vol. 15. Virginia Museum of Natural History, Special Publication. Virginia Museum of Natural History, Martinsville, VA, pp. 81-140.

Koretsky, I.A, Rahmat, S. 2015. A new species of the subfamily Devinophocinae (Carnivora, Phocidae) from the central Paratethys. *Revista Italiana di Paleontologia e Stratigrafia* 121(1): 31-47.

Koretsky, I.A., Ray, C.E., Peters, N. 2012. A new species of *Leptophoca* (Carnivora, Phocidae, Phocinae) from both sides of the North Atlantic Ocean (Miocene seals of the Netherlands, part I). *Denisea-Annual of the Natural History Museum Rotterdam* 15: 1-2.

Koretsky, I.A., Sanders, A.E. 2002. Paleontology from the late Oligocene Ashley and Chandler Bridge Formations of

South Carolina, 1: Paleogene pinniped remains: the oldest known seal (Carnivora: Phocidae). *Smithsonian Contributions in Paleobiology* 93: 179-183.

Liwanag, H.E.M., Berta, A., Costa, D.P., Abney, M., Williams, T.M. 2012a. Morphological and thermal properties of mammalian insulation: the evolution of fur for aquatic living. *Biological Journal of the Linnean Society* 106: 926-939.

Liwanag, H.E.M., Berta, A., Costa, D.P., Budge, S.M., Williams, T.M. 2012b. Morphological and thermal properties of mammalian insulation: the evolutionary transition to blubber in pinnipeds. *Biological Journal of the Linnean Society* 107: 774-787.

Loch, C., Boessenecker, R.W, Churchill, M., Kieser, J. 2016. Enamel ultrastructure of fossil and modern pinnipeds: evaluating hypotheses of feeding adaptations in the extinct walrus *Pelagiarctos*. *Nature Communications* 103: 44.

Mitchell, E.D., Tedford, R.H. 1973. The Enaliarctinae: a new group of extinct aquatic Carnivora and a consideration of the origin of the Otariidae. *Bulletin of the American Museum of Natural History* 151: 201-284.

Rybczynski, N., Dawson, M.R., Tedford, R.H. 2009. A semi-aquatic Arctic mammalian carnivore from the Miocene epoch and origin of Pinnipedia. *Nature* 458: 1021-1024.

Scheel, D.-M., Slater, G.J., Kolokotronis, S.-O., Potter, C.W., Rotstein, D.S., Tsangaras, K., Greenwood, A.D., Helgen, K.M. 2014. Biogeography and taxonomy of extinct and endangered monk seals illuminated by ancient DNA and skull morphology. *ZooKeys* 409: 1-33.

Stirton, R.A. 1960. A marine carnivore from the Clallam Miocene Formation, Washington: its correlation with nonmarine faunas. *University of California Publications in the Geological Sciences* 36(7).

Tanaka, Y., Kohno, N. 2015. A new late Miocene odobenid (Mammalia: Carnivora) from Hokkaido, Japan suggests rapid diversification of basal Miocene odobenids. *PLOS ONE*, e0131856. doi: 10.1371/journal.pone.0131856.

Tedford, R.H., Barnes, L.G., Ray, C.E. 1994. The early Miocene littoral ursoid carnivoran *Kolponomos*: systematics and mode of life. *Proceedings of the San Diego Society of Natural History* 29: 11-32.

Tseng, Z.J., Grohé, C., Flynn, J.J. 2016. A unique feeding strategy of the extinct marine mammal *Kolponomos*: convergence on sabretooths and sea otters. *Proceedings of the Royal Society B* 283(1826). doi: 10.1098/rspb.2016.0044.

Valenzuela-Toro, A.M., Pyenson, N.D., Gutstein, C.S., Suarez, M.E. 2016. A new dwarf seal from the late Neogene of South America and the evolution of pinnipeds in the southern hemisphere. *Papers in Paleontology* 2(1): 101-115.

Velez-Juarbe, J. 2017. *Eotaria citrica*, sp. nov., a new stem otariid from the "Topanga" Formation of southern California. *Peerj* 5:e3022 https://doi.org/10.7717/peerj.3022.

Wallace, D.R. 2007. *Neptune's Ark: From Ichthyosaurs to Orcas*. University of California Press, Berkeley, CA.

Wyss, A.R. 1994. The evolution of body size in phocids: some ontogenetic and phylogenetic observations. *Proceedings of the San Diego Society of Natural History* 29: 69-75.

第五章　海牛目冠群及其索齿兽目近亲

Balaguer, J., Alba, D.M. 2016. A new dugong species (Sirenia, Dugongidae) from the Eocene of Catalonia (NE Iberian Peninsula). *Comptes Rendus Palevol* 13: 489-500.

Barnes, L.G. 2013. A new genus and species of late Miocene paleoparadoxiid (Mammalia, Desmostylia) from California. *Natural History Museum of Los Angeles County Contributions in Science* 521: 51-114.

Beatty, B.L. 2009. New material of *Cornwallius sookensis* (Mammalia: Desmostylia) from the Yaquina Formation of Oregon. *Journal of Vertebrate Paleontology* 29: 894-909.

Beatty, B.L., Cockburn, T.C. 2015. New insights on the most primitive desmostylians from a partial skeleton of *Behemotops* (Desmostylia, Mammalia) from Vancouver Island, British Columbia. *Journal of Vertebrate Paleontology*, doi: 10.1080/02724634.2015.979939.

Clementz, M.T., Hoppe, K.A., Koch, P.L. 2003. A paleoecological paradox: the habitat and dietary preferences of the extinct tethythere *Desmostylus*, inferred from stable isotope analysis. *Paleobiology* 29(4): 506-519.

Clementz, M.T., Sorbi, S., Domning, D.P. 2009. Evidence of Cenozoic environmental and ecological change from stable isotope analysis of sirenian remains from the Tethys-Mediterranean region. *Geology* 37: 307-310.

Crerar, L.L., Crerar, A.P., Domning, D.P., Parsons, E.C.M. 2014. Rewriting the history of an extinction: was a population of Steller's sea cows (*Hydrodamalis gigas*) at St. Lawrence Island also driven to extinction? *Biology Letters* 10. doi: 10.1098/rsbl.2014.0878.

Domning, D.P. 2002. The terrestrial posture of desmostylians. *Smithsonian Contributions in Paleobiology* 93: 99-111.

———. 2005. Sirenia of the West Atlantic and Caribbean region, VII: Pleistocene *Trichechus manatus* Linnaeus, 1758. *Journal of Vertebrate Paleontology* 25(3): 685-701.

Fitzgerald, E.M.G., Vélez-Juarbe, J., Wells, R.T. 2013. Miocene sea cow (Sirenia) from Papua New Guinea sheds light on sirenian evolution in the Indo-Pacific. *Journal of Vertebrate Paleontology* 33(4): 956-963.

Fordyce, R.E. 2009. Fossil sites, noted. In: Perrin, W.F., Wursig, B., Thewissen, J.G.M. (eds), *Encyclopedia of Marine Mammals*, 2nd ed. Elsevier, San Diego, CA, pp. 459–466.

Gheerbrant, E., Domning, D.P., Tassy, P. 2005. Paenungulata (Sirenian, Proboscidea, Hyracoidea, and relatives. In: Rose, K.D., Archibald, J.D. (eds), *The Rise of Placental Mammals: Origins and Relationships of the Major Extant Clades*. Johns Hopkins University Press, Baltimore, MD, pp. 84–105.

Hayashi, S., Houssaye, A., Nakajima, Y., Chiba, K., Ando, T., Sawamura, H., Inunzuka, N., Kaneko, N., Osaki, T. 2013. Bone inner structure suggests increasing aquatic adaptations in Desmostylia (Mammalia, Afrotheria). *PLOS ONE* 8: e59146.

Inuzuka, N. 1984. Skeletal restoration of the desmostylians: herpetiform mammals. *Memoirs of the Faculty of Science Kyoto University Series Biology* 9: 157 253.

Marsh, H., Beck, C.A., Vargo, T. 1999. Comparison of the capabilities of dugongs and West Indian manatees to masticate seagrasses. *Marine Mammal Science* 15: 250–255.

Reinhart, R. 1959. A review of the Sirenia and Desmostylia. *University of California Publications in the Geological Sciences* 36(1): 1–145.

Rommel, S., Reynolds, J.E. III. 2009. Skeleton, postcranial. In: Perrin, W.F., Wursig, B., Thewissen, J.G.M. (eds), *Encyclopedia of Marine Mammals*, 2nd ed. Elsevier, San Diego, CA, pp. 1021–1033.

Vélez-Juarbe, J., Domning, D.P. 2015. Fossil Sirenia of the West Atlantic and Caribbean region, XI: *Callistosiren boriquensis*, gen. et sp. nov. *Journal of Vertebrate Paleontology* 35(1): e885034. doi: 10.1080/02724634.2014.885034.

Vélez-Juarbe, J., Domning, D.P., Pyenson, N.D. 2012. Iterative evolution of sympatric seacow (Dugongidae, Sirenia) assemblages during the past ~26 million years. *PLOS ONE* 7: e31294.

Zalmout, I.S., Gingerich, P.D. 2012. Late Eocene sea cows (Mammalia, Sirenia) from Wadi Al Hitan in the western Desert of Fayum, Egypt. *Papers of the Michigan Museum of Paleontology*, no. 37.

第六章　水生树懒和最近的海洋居住者，海獭和北极熊

Amson, E., Argot, C., McDonald, H.G., Muizon, C. de. 2014. Osteology and functional morphology of the hind limb of the marine sloth *Thalassocnus* (Mammalia, Tardigrada). *Journal of Mammalian Evolution* 22(3): 355–419.

———. 2015a. Osteology and functional morphology of the axial postcranium of the marine sloth *Thalassocnus* (Mammalia, Tardigrada) with paleobiological implications. *Journal of Mammalian Evolution* 22(4): 473–518.

———. 2015b. Osteology and functional morphology of the forelimb of the marine sloth *Thalassocnus* (Mammalia, Tardigrada). *Journal of Mammalian Evolution* 22(2): 169–241.

Amson, E., Muizon, C. de, Gaudin, T.J. 2016. A reappraisal of the phylogeny of the Megatheria (Mammalia: Tardigrada), with emphasis on the relationships of the Thalassocninae, the marine sloths. *Zoological Journal of the Linnean Society*, doi: 10.1111/zoj.12450.

Berta, A., Morgan, G.S. 1985. A new sea otter (Carnivora: Mustelidae) from the late Miocene and early Pliocene (Hemphillian) of North America. *Journal of Paleontology* 59: 809–819.

Cahill, J.A., Green, R.E., Fulton, T.L., Stiller, M., Jay, F., Ovasyanikov, N., Salamzade, R., St John, J., Stirling, I., Slatkin, M., Shapiro, B. 2013. Genomic evidence for island population conversion resolves conflicting theories of polar bear evolution. *PLOS Genetics* 9: e10003345.

Estes, J.A., Bodkin, J.L. 2002. Otters. In: Perrin, W.F., Wursig, B., Thewissen, J.G.M. (eds), *Encyclopedia of Marine Mammals*, 1st ed. Academic Press, San Diego, CA, pp. 842–855.

Fordyce, R.E. 2009. Fossil sites, noted. In: Perrin, W.F., Wursig, B., Thewissen, J.G.M. (eds), *Encyclopedia of Marine Mammals*, 2nd ed. Elsevier, San Diego, CA, pp. 459–466.

Geraads, D., Alemseged, Z., Bobe, R., Reed, D. 2011. *Enhydriodon dikikae*, sp. nov. (Carnivora: Mammalia), a gigantic otter from the Pliocene of Dikika, Lower Awash, Ethiopia. *Journal of Vertebrate Paleontology* 31: 447–453.

Ingolfsson, O., Wiig, Ø. 2008. Late Pleistocene find in Svalbard: the oldest remains of a polar bear (*Ursus maritimus* Phipps, 1744) ever discovered. *Polar Research* 28: 455–462.

Lambert, W.D. 1997. The osteology and paleoecology of the giant otter *Enhydritherium terraenovae*. *Journal of Vertebrate Paleontology* 17: 738–749.

Lindqvist, C., Schuster, S.C., Sun, Y., Talbot, S.L., Qi, J., Ratan, A., Tomsco, L.P., Kasson, L., Zeyl, E., Aars, J., Miller, W., Ingólfsson, Ó., Bachmann, L., Wiig, Ø. 2010. Complete mitochondrial genome of a Pleistocene jawbone unveils the origin of polar bear. *Proceedings of the National Academy of Sciences USA* 107: 5053–5057.

Liu, S., Lorenzen, E.D., Fumagalli, M., Li, B., Harris, K., Xiong, Z., Zhou, L., Mead, J.I., Spies, A.E., Sobolik, K.D. 2000. Skeleton of extinct North American sea mink. *Quaternary Research* 53: 247–262.

Liu, S., Lorenzen, E.D., Fumagalli, M., Li, B., Harris, K., Xiong, Z., Zhou, L., Korneliussen, T.S., Somel, M., Babbitt, C., Wray, G., Li, J., He, W., Wang, Z., Fu, W.,

Xiang, X., Morgan, C.C., Doherty, A., O'Connell, M. J., McInerney, J.O., Born, E.W., Dalén, L., Dietz, R., Orlando, L., Sonne, C., Zhang, G., Nielsen, R. Willerslev, Wang, J. 2014. Population genomics reveal recent speciation and rapid evolutionary adaptation in polar bears. *Cell* 157: 785-794.

Mead, J.I., Spies, A.E., Sobolik, K.D. 2000. Skeleton of extinct North American sea mink. *Quaternary Research* 53: 247-262.

Muizon, C. de, McDonald, H.G. 1995. An aquatic sloth from the Pliocene of Peru. *Nature* 375: 224-227.

Muizon, C. de, McDonald, H.G., Salas, R., Urbina, M. 2003. A new early species of the aquatic sloth *Thalassocnus* (Mammalia, Xenarthra) from the late Miocene of Peru. *Journal of Vertebrate Paleontology* 23: 886-894.

———. 2004a.The evolution of feeding adaptations of the aquatic sloth *Thalassocnus*. *Journal of Vertebrate Paleontology* 24: 398-410.

———. 2004b. The youngest species of the aquatic sloth *Thalassocnus* and a reassessment of the relationships of the nothrothere sloths (Mammalia: Xenarthra). *Journal of Vertebrate Paleontology* 24: 287-397.

Pickford, M. 2007. Revision of the Mio-Pliocene bunodont otter-like mammals of the Indian subcontinent. *Estudios Geológicos* 63(1): 83-127.

Timm-Davis, L.L., DeWitt, T.J., Marshall, C.D. 2015. Divergent skull morphology supports two trophic specializations in Otters (Lutrinae). *PLOS ONE* 9(10): e0143236.

Willemsen, G.F. 1992. A revision of the Pliocene and Quaternary Lutrinae from Europe. *Scripta Geologica* 101: 1-115.

第七章　生物多样性的变化过程

Ainley, D., Ballard, G., Ackley, S., Blight, L.K., Eastman, J.T., Emslie, S.D., Lescroel, A., Olmanstron, S., Townsend, S.E., Tynan, C.T., Wilson, P., Woehler, E. 2007. Paradigm lost, or is top-down forcing no longer significant in the Antarctic marine ecosystem? *Antarctic Science* 19: 283-290.

Alter, S.E., Meyer, M., Post, K., Czechowski, P., Gravlund, P., Gaines, C., Rosenbaum, H., Kaschner, K., Turvey, S.T., Van Der Plicht, J., Shapiro, B., Hofreiter, M. 2015. Climate impacts on transocean dispersal and habitat in gray whales from the Pleistocene to 2100. *Molecular Ecology* 24: 1510-1522.

Ballance, L.T., Pitman, R.L., Hewitt, R.P., Siniff, D.B., Trivelpiece, W.Z., Clapham, P.J., Brownell, R.L. Jr. 2006. The removal of large whales from the Southern Ocean: evidence for long term ecosystem effects? In: Estes, J.A., Demaster, D.P., Doak, D.F., Williams, T.M., Brownell, R.L. Jr. (eds), *Whales, Whaling, and Ocean Ecosystems.* University of California Press, Berkeley, CA, pp. 215-230.

Benton, M.J. 2009. The Red Queen and Court Jester: species diversity and the role of biotic and abiotic factors through time. *Science* 323: 728-732.

Braje, T.H., Rick, T.C. (eds). 2011. *Human Impacts on Seals, Sea Lions, and Sea Otters.* University of California Press, Berkeley, CA.

Collins, C.J., Rawlence, N.J., Proust, S., Anderson, C.N.K., Knapp, M., Scofiled, R.P., Robertson, B.C., Smith, I., Matisoo-Smith, E.A., Chilvers, B.L., Waters, J.M. 2014. Extinction and recolonization of coastal megafauna following human arrival in New Zealand. *Proceedings of the Royal Society B*, doi: 10.1098/rspb.2014.0097.

Danise, S., Domenici, S. 2014. A record of shallow-water whale falls from Italy. *Lethaia* 47: 229-243.

Davidson, A.D., Boyer, A.G., Kim, H., Pompa-Mansilla, S., Hamilton, M.J., Costa, D.P., Ceballos, G., Brown, J.H. 2012. Drivers and hotspots of extinction risk in marine mammals. *Proceedings of the National Academy of Sciences USA* 109: 3395-3400.

De Bruyn, M., Hoelzel, A.R., Carvalho, G.R., Hofreiter, M. 2011. Faunal histories from Holocene ancient DNA. *Trends in Ecology and Evolution* 26(8): 405-413.

De Master, D.P., Trites, A.W., Clapham, P., Mizroch, S., Wade, P., Small, R.J., Ver Hoef, J. 2006. The sequential megafaunal collapse hypothesis: testing with existing data. *Progress in Oceanography* 68: 329-342.

Estes, J.A., Tinker, M.T., Williams, T.M., Doak, D.F. 1998. Killer whale predation on sea otters linking oceanic and nearshore ecosystems. *Science* 282: 473-476.

Estes, J.A., Terborgh, J., Brashares, J.S., Power, M.E., Berger, J., Bond, W.J., Carpenter, S.R., Essington, T.E., Holt, R.D., Jackson, J.B.C., Marquis, R.J., Oksanen, L., Okansen, T., Paine, R.T., Pikitch, E.K., Ripple, W.J., Sandin, S.A., Soule, M.E., Virtanen, R., Wardle, D.A. 2011. Trophic downgrading of planet Earth. *Science* 333: 301-306.

Estes, J.A., Burdin, A., Doak, D.F. 2015. Sea otters, kelp forests, and the extinction of Steller's sea cow. *Proceedings of the National Academy of Sciences USA* 113(4): 880-885.

Finnega, S., Anderson, S.C., Harnik, P.G., Simpson, C., Tittensour, D.P., Brynes, J.F., Finkel, Z.F., Lindberg, D.R., Liow, L.H., Lockwood, H.K., McClain, C.R., McGuire, J.L., O'Dea, A., Pandolfi, J.M. 2015. Paleontological baselines for evaluating extinction risk in the modern oceans. *Science* 348: 567-570.

Foote, A.D., Kaschner, K., Schultze, S.E., Garilao, C., Ho, S.Y.W., Klaas, P., Higham, T.F.G., Stokowska, C.B., van der Es, H., Embling, C.B., Gregersen, K., Johansson, F., Willerslev, E., Gilbert, M.T.P. 2013. Ancient DNA reveals that bowhead whale lineages survived Late Pleistocene climate change and habitat shifts. *Nature Communications* 4: 1677. doi: 10.1038/ncommuns2714.

Harnik, P.G., Lotze, H.K., Anderson, S.C., Finkel, Z.V., Finnegan, S., Lindberg, D.R., Liow, L.H., Lockwood, R., McClain, C.R., McGuire, J.L., O'Dea, A., Pandolfi, J.M., Simpson, C., Tittensor, D.P. 2012. Extinctions in ancient and modern seas. *Trends in Ecology and Evolution* 27(11): 608-617.

Hunt, K.E., Stimmelayr, R., George, C., Suydam, R., Brown, H. Jr., Rolland, R.M. 2014. Baleen hormones: a novel assessment of stress and reproduction in bowhead whales. *Conservation Physiology* 2. doi: 10.1093/conphys/cou030.

Jackson, J.B.C., Kirby, M.X., Berger, W.H., Bjorndal, K.A., Botsford, L.W., Bourqu, B.J., Bradbury, R.H., Cooke, R., Erlsandson, J., Estes, J.A., Hughes, T.P., Kidwell, S., Lange, C.B., Lenihan, H.S., Pandolfi, J.M., Peterson, C.H., Steneck, R.S., Tegner, M.J., Warner, R.R. 2001. Historical overfishing and the recent collapse of coastal ecosystems. *Science* 293: 629-638.

Kaschner, K., Tittensor, D.P., Ready, J., Gerrodette, T., Worm, B. 2011. Current and future patterns of global marine mammal biodiversity. *PLOS ONE*, e19653. doi: 10.1371/journal.pone.0019653.

Koch, P.L., Fox-Dobbs, K., Newsome, S.D. 2009. The isotopic ecology of fossil vertebrates and conservation paleobiology. *Paleontological Society Papers* 15: 95-112.

Lindberg, D.R., Pyenson, N.P. 2006. Evolutionary patterns in Cetacea: fishing up prey sizes through deep time. In: Estes, J.A., Demaster, D.P., Doak, D.F., Williams, T.M., Brownell, R.L. Jr. (eds), *Whales, Whaling, and Ocean Ecosystems*. University of California Press, Berkeley, CA, pp. 68-82.

Moore, S.E. 2008. Marine mammals as ecosystem sentinels. *Journal of Mammalogy* 89(3): 534-540.

Molnar, P.K., Derocher, A.E., Klanjscek, T., Lewis, M.A. 2011. Predicting climate change impacts on polar bear litter size. *Nature Communications* 2: 186.

Morin, P.A., Parsons, K.M, Archer, F.I., Ávila-Arcos, M.C., Barrett-Lennard, L.G., Dalla Rosa, L., Duchêne, S., Durban, J.W., Ellis, G.M., Ferguson, S.H., Ford, J.K., Ford, M.J., Garilao, C., Gilbert, M.T., Kaschner, K., Matkin, C.O., Petersen, S.D., Robertson, K.M., Visser, I.N., Wade, P.R., Ho, S.Y., Foote, A.D. 2015. Geographic and temporal dynamics of a global radiation and diversification in the killer whale. *Molecular Ecology* 24: 3964-3979.

Newsome, S.D., Etnier, M.A., Gifford-Gonzalez, D., Phillips, D.L., van Tuinen, M., Hadly, E.A., Costa, D.P., Kennett, D.J., Guilderson, T.P., Koch, P.L. 2007. The shifting baseline of northern fur seal ecology in the northeast Pacific Ocean. *Proceedings of the National Academy of Sciences USA* 104(23): 9709-9714.

Newsome, S.D., Clementz, M.T., Koch, P.L. 2010. Using stable isotope biogeochemistry to study marine mammal ecology. *Marine Mammal Science* 26(3): 509-572.

Pinsky, M.L., Newsome, S.D., Dickerson, B.R., Fang, Y., Van Tuinen, M., Kennett, D.J., Ream R.R., Hadly, E.A. 2010. Dispersal provided resilience to range collapse in a marine mammal: insights from the past to inform conservation biology. *Molecular Ecology* 19: 2418-2429.

Pyenson, N.P. 2011. The high fidelity of the cetacean stranding record: insights into measuring diversity by integrating taphonomy and macroecology. *Proceedings of the Royal Society B* 278: 3608-3616.

Pyenson, N.P., Lindberg, D.R. 2011. What happened to gray whales during the Pleistocene? The ecological impact of sea-level change on benthic feeding areas in the North Pacific Ocean. *PLOS ONE* 6(7): e21295.

Pyenson, N.P., Gutstein, C.S., Parham, J.F., Le Roux, J.P., Chavarria, C.C., Little, H., Metallo, A., Rossi, V., Valenzuela-Toro, A., Vélez-Jarbe, J., Santelli, C.M., Rodgers, D.R., Cozzuol, M.A., Suarez, M.E. 2014. Repeated mass strandings of Miocene marine mammals from the Atacama Region of Chile point to sudden death at sea. *Proceedings of the Royal Society B* 277: 3097-3104.

Ramp, C., Delarue, J., Palsboll, P.J., Sears, R., Hammond, P.S. 2015. Adapting to a warmer ocean-seasonal shift of baleen whale movements over three decades. *PLOS ONE*, doi: 10.1371/journal.pone.0121374.

Ruegg, K.C., Anderson, E.C., Baker, C.S., Vant, M., Jackson, J.A., Palumbi, S.R. 2010. Are Antarctic minke whales unusually abundant because of 20th century whaling. *Molecular Ecology* 19: 281-291.

Sarrazin, F., Lecomte, J. 2016. Evolution in the Anthropocene. *Science* 351(6276): 922-923.

Slater, G.J., Price, S.A., Santinia, F., Alfaro, M.J. 2010. Diversity vs disparity and the radiation of modern cetaceans. *Proceedings of the Royal Society B* 277(1697): 3097-3104.

Smith, C.R., Glover, A.G., Treude, T., Higgs, N.D., Amon, D.J. 2015. Whale-fall ecosystems: recent insights into ecology, paleoecology, and evolution. *Annual Reviews of Marine Science* 7: 571-596.

Springer, A.M., Estes, J.A., Vliet, G.B. van, Williams, T.M., Doak, D.F., Danner, E.M., Forney, K.A., Pfister, B. 2003.

Sequential megafaunal collapse in the North Pacific Ocean: an ongoing legacy of industrial whaling? *Proceedings of the National Academy of Sciences USA* 100(21): 12,223-12,228.

Springer, A.M., Estes, J.A, Vliet, G.B. van, Williams, T.M., Doak, D.F., Danner, E.M., Pfister, B. 2008. Mammal-eating killer whales, industrial whaling, and the sequential megafaunal collapse in the North Pacific Ocean: a reply to critics of Springer *et al*. 2003. *Marine Mammal Science* 24(2): 414-442.

Steeman, M.E., Hebsgaard, M.B., Fordyce, R.E., Ho, S.Y.W., Rabosky, D.L., Nielsen, R., Rahbek, C., Glenner, H., Sørensen, M.V., Willerslev, E. 2009. Radiation of extant cetaceans driven by restructuring of the ocean. *Systematic Biology* 58: 573-585.

Sydeman, W.J., Poloczanska, E., Reed, T.E., Thompson, S.A. 2015. Climate change and marine vertebrates. *Science* 356: 772-777.

Thomas, H.W., Barnes, L.G. 2015. The bone pathology osteochondrosis in extant and fossil marine mammals. *Los Angeles County Museum Contributions in Science* 523: 1-35.

Trumble, S.J., Robinson, E.M., Berman-Kowalewski, M., Potter, C.W., Usenko, S. 2013. Blue whale earplug reveals lifetime contaminant exposure and hormone profiles. *Proceedings of the National Academy of Sciences USA* 110: 16,922-16,926.

Wittemann, T.A., Izzo, C., Doubleday, Z.A., McKenzie, J., Delean, S., Gillanders, B.M. 2016. Reconstructing climate-growth relations from teeth of a marine mammal. *Marine Biology* 163: 71.

Younger, J.L., Emmerson, L.M., Miller, K.J. 2016. The influence of historical climate changes on Southern Ocean marine predator populations: a comparative analysis. *Global Change Biology* 22: 474-493.

译者说明

本译本所根据原书 *The Rise of Marine Mammals: 50 Million Years of Evolution* 由美国约翰·霍普金斯大学出版社（Johns Hopkins University Press）出版。书中涉及古生物化石的专有名词，凡查学界有统一汉语译文的，都一一译出，没有或未查到有汉语译文的，保留了原文，对一些不好翻译的古生物名称及其他生僻的专有名词也保留了原文，未擅自进行翻译。

原著通过一系列的化石发现，结合先进的现代科技，以妙趣横生的笔调，将一个光怪陆离的海洋哺乳动物世界呈现在我们的面前。书中详尽的叙述以及生动的插图一同为我们献上了一场缤纷绚烂的视觉盛宴。畅游其中，我们看到的将不仅是物种的更迭、时况的变迁，更是生命的延续、自然的力量。

由于译者在海洋哺乳动物及化石研究方面不是专家，译文中免不了有谬误不妥之处，敬请读者批评指正。

王文潇

2018年10月16日于中国地质大学（武汉）